矩阵论简明教程

王　钢　编著

U0255358

電子工業出版社
Publishing House of Electronics Industry
北京 · BEIJING

内 容 简 介

本书从求解“鸡兔同笼”问题和线性变换两个角度引出矩阵的概念，分别从矩阵化简、矩阵分解、矩阵度量和矩阵分析4个方面，介绍了线性代数基础、矩阵的初等性质、矩阵的主要分解方法、范数理论、矩阵分析、矩阵的广义逆和特征值估计等主要内容。最后，结合图像处理的一个例子，简单介绍了矩阵知识如何与实际问题相结合。

本书叙述深入浅出、思路清晰，并配有少量习题，既可作为工科院校硕士研究生的教材，又可作为高等院校数学系高年级本科生的选修课教材，还可作为工科院校有关专业教师、工程技术或研究人员的参考资料。

未经许可，不得以任何方式复制或抄袭本书之部分或全部内容。
版权所有，侵权必究。

图书在版编目（CIP）数据

矩阵论简明教程 / 王钢编著. —北京：电子工业出版社，2018.5

ISBN 978-7-121-34110-6

I. ①矩… II. ①王… III. ①矩阵论－高等学校－教材 IV. ①O151.21

中国版本图书馆 CIP 数据核字(2018)第 082195 号

策划编辑：竺南直
责任编辑：张　京
印　　刷：北京盛通商印快线网络科技有限公司
装　　订：北京盛通商印快线网络科技有限公司
出版发行：电子工业出版社
　　　　　北京市海淀区万寿路 173 信箱　　邮编：100036
开　　本：787×1 092　1/16　印张：9.5　　字数：243.2 千字
版　　次：2018 年 5 月第 1 版
印　　次：2023 年 7 月第 5 次印刷
定　　价：29.00 元

凡所购买电子工业出版社图书有缺损问题，请向购买书店调换。若书店售缺，请与本社发行部联系，联系及邮购电话：(010)88254888，88258888。

质量投诉请发邮件至 zlts@phei.com.cn，盗版侵权举报请发邮件至 dbqq@phei.com.cn。

本书咨询联系方式：davidzhu@phei.com.cn。

前 言

矩阵论作为数学的一个重要分支，不但具有丰富的内容，而且在信息科学与技术、管理科学与工程等学科中都有十分广泛的应用，因此，学习和掌握矩阵理论的基本概念和基本方法就显得十分必要。目前，高等院校许多专业都把矩阵论设置成研究生的一门必修课，而本书就是针对工科院校非数学专业研究生编写的。

本书是在近十年课堂教学经验的基础上，参考了国内其他院校的相关课程讲义编写而成的。全书共分 7 章，具体内容包括：第 1 章介绍矩阵的由来，分别从“鸡兔同笼”解线性方程组和线性变换两个角度进行叙述；第 2 章介绍矩阵的基本概念、基本性质和常见的几种矩阵；第 3 章介绍矩阵化简问题，即如何把矩阵化简成对角矩阵或分块对角化(Jordon 标准型)；第 4 章介绍矩阵分解问题，即把一个矩阵拆分成几个特殊矩阵乘积的形式，这一章的最后还介绍了矩阵的广义逆问题；第 5 章介绍矩阵度量问题，即把“向量距离”的概念推广到“矩阵范数”的概念，并介绍了如何利用范数理论估计矩阵的特征值；第 6 章介绍矩阵分析问题，即利用微积分的方法来处理矩阵；第 7 章从一个图像处理的简单例子出发，介绍了矩阵如何和实际问题相结合，并拓展介绍了非负矩阵的一些相关知识。同时，在每章章末都配备了一定数量的习题，希望这些习题能够帮助读者巩固本章的知识点。

面向工科院校硕士研究生 48 课时的授课内容，在编写过程中，本书力求兼顾基础理论和应用，培养学生逻辑思维、抽象思维及实际应用的能力。为了使读者在较短时间内尽可能多地掌握矩阵理论基础知识，本书在内容的取舍和结构编排上，还做了如下一些新的尝试。

(1) 适当压缩了广义逆的内容，只介绍广义逆的基本概念和基本求解方法，并放在矩阵分解一章中，使得学生在掌握了矩阵分解的主要方法之后，能够应用这些方法去求解广义逆。

(2) 删掉了特征值估计中一些证明较复杂的理论界结果，并把它放在范数理论一章中，让学生更好地去理解范数这一概念的内涵。

(3) 采用由简入繁的思路组织内容，通过从一些已经学过的、简单的知识中引出要介绍的一些抽象知识，如从解方程组引出矩阵、从欧氏空间的距离概念引出范数的概念，从而避免一开始就介绍过于抽象的知识而打消读者进一步学习的热情。

(4) 本书每一章都采用“基本概念—基本性质—基本定理—例题”的方式展开介绍。对于一些性质和定理的证明非常详细，同时也留出一部分性质作为练习。

本书的主要内容曾为北京航空航天大学电子信息工程学院、软件学院研究生讲授。感谢北京航空航天大学电子信息工程学院给我提供了一个良好的教学、科研平台，感谢张有光副院长、陈杰副院长、王俊副院长、孙则怡老师、张颖老师、郎荣玲老师、原仓周老师在教学过程中给我提供的帮助和支持，感谢电子工业出版社竺南直编辑和张京编辑的帮助。由于作者水平有限，难免有疏漏之处，迫切希望读者批评指正。

编著者

符号说明

$R(C)$	实(复)数集合
$R^n(C^n)$	n维实(复)向量集合
$R^{m\times n}(C^{m\times n})$	$m\times n$维实(复)矩阵集合
$R_r^{m\times n}(C_r^{m\times n})$	秩为r的$m\times n$维实(复)矩阵集合
V^n	n维线性空间
$\dim V$	线性空间的维数
$\mathbf{0}$	零向量、零矩阵或线性空间零元素
$\boldsymbol{I}$	单位矩阵
$\det \boldsymbol{A}$	方阵$\boldsymbol{A}$的行列式
$\mathrm{tr}\boldsymbol{A}$	方阵$\boldsymbol{A}$的迹
$\boldsymbol{A}^{\mathrm{T}}$	矩阵$\boldsymbol{A}$的转置
$\boldsymbol{A}^{\mathrm{H}}$	矩阵$\boldsymbol{A}$的复共轭转置
$\mathrm{rank}\boldsymbol{A}$	矩阵$\boldsymbol{A}$的秩
$\rho(\boldsymbol{A})$	矩阵$\boldsymbol{A}$的谱半径
$\Vert\boldsymbol{A}\Vert$	矩阵$\boldsymbol{A}$的范数
$\boldsymbol{A}^{-1}$	矩阵$\boldsymbol{A}$的逆矩阵
$\boldsymbol{A}^{(i,j,\cdots,l)}$	矩阵$\boldsymbol{A}$的$\{i,j,\cdots,l\}$——广义逆
i	虚数单位

目　录

第 1 章　线性代数基础

1.1　从线性方程组谈起

中国古代重要的数学著作《孙子算经》中记载着一类著名的问题——“鸡兔同笼”。书中是这样叙述的：“今有鸡兔同笼，上有三十五头，下有九十四足，问鸡、兔各几何？”这四句话的意思是：有若干只鸡和兔同在一个笼子里，从上面数，有 35 个头；从下面数，有 94 只脚，求笼中各有几只鸡和兔？

利用初中学过的知识，通过假设有 x 只鸡，y 只兔，根据题意可以列出下面的一个二元一次方程组：

$$\begin{cases} x+y=35 \\ 2x+4y=94 \end{cases} \tag{1-1}$$

利用消元法，第二行减去第一行乘以 2，我们有

$$\begin{cases} x+y=35 \\ 2y=24 \end{cases}$$

根据第 2 行可以得到 y=12，再代入第一个方程中，可得到 x=23，即笼中有 23 只鸡和 12 只兔。

通过以上例子，我们可以发现，在消元法求解的过程中，变量 x 和 y 没有参与运算，所以我们可以把上面的二元一次方程组写成下面这种简洁的数表形式：

$$\begin{pmatrix} 1 & 1 & 35 \\ 2 & 4 & 94 \end{pmatrix} \tag{1-2}$$

进一步，上述消元法的求解过程可以仅通过简单的行初等变换加以实现，过程如下：

$$\begin{pmatrix} 1 & 1 & 35 \\ 2 & 4 & 94 \end{pmatrix} \xrightarrow{\text{第1行}\times(-2)+\text{第2行}} \begin{pmatrix} 1 & 1 & 35 \\ 0 & 2 & 24 \end{pmatrix} \xrightarrow{\text{第2行}\div 2} \begin{pmatrix} 1 & 1 & 35 \\ 0 & 1 & 12 \end{pmatrix} \xrightarrow{\text{第2行}\times(-1)+\text{第1行}} \begin{pmatrix} 1 & 0 & 23 \\ 0 & 1 & 12 \end{pmatrix}$$

采用式(1-2)这种数表的紧凑表达形式，我们同样可以得到该方程组的解，而这个数表就是本书要研究的对象——矩阵。矩阵的正式定义如下：

定义 1.1　数域 F 上的 $m\times n$ 个数构成的数表

$$\begin{pmatrix} a_{11} & a_{12} & \cdots & a_{1n} \\ a_{21} & a_{22} & \cdots & a_{2n} \\ \vdots & \vdots & \ddots & \vdots \\ a_{m1} & a_{m2} & \cdots & a_{mn} \end{pmatrix} \tag{1-3}$$

称为 F 上 m 行、n 列的矩阵，记为 $\boldsymbol{A}_{m\times n}=(a_{ij})_{m\times n}$，其中 $a_{ij}\in F, i=1,2,\cdots,m; j=1,2,\cdots,n$，称为 $\boldsymbol{A}$ 的第 i 行、第 j 列元素。这里，$m\times n$ 叫作矩阵 $\boldsymbol{A}$ 的大小或维数。为了方便，在不引起混淆的情况下，本书一般省略矩阵的维数下标，即 $\boldsymbol{A}=\boldsymbol{A}_{m\times n}$。

注：①若数集 F 含有数 1 且对四则运算封闭，则称 F 为数域，这里的数域一般是指实数域或复数域；②数域 F 上的一切 m 行、n 列的矩阵的集合记为 $F^{m\times n}$。

特别地，当一个矩阵的所有元素全为零时，称这样的矩阵为零矩阵。当行数和列数相同时，称这样的矩阵为方阵，且把行数(或列数)为 n 的方阵称为 n 阶方阵。

对于一个 n 阶方阵 $\boldsymbol{A}=(a_{ij})_{n\times n}$，我们称 $a_{11},a_{22},\cdots,a_{nn}$ 为矩阵 $\boldsymbol{A}$ 的主对角线元素，同时称 $a_{1n},a_{2(n-1)},\cdots,a_{n1}$ 为矩阵 $\boldsymbol{A}$ 的副对角线元素。由此得到如下常用矩阵。

(1)形如 $\begin{pmatrix} a_{11} & a_{12} & \cdots & a_{1n} \\ 0 & a_{22} & \cdots & a_{2n} \\ \vdots & \vdots & \ddots & \vdots \\ 0 & 0 & \cdots & a_{nn} \end{pmatrix}$，即主对角线以下的所有元素都为 0 的矩阵称为上三角矩阵；进一步，主对角线上所有元素都是 1 的上三角矩阵称为单位上三角矩阵，即

$$\boldsymbol{R}=\begin{pmatrix} 1 & a_{12} & \cdots & a_{1n} \\ 0 & 1 & \cdots & a_{2n} \\ \vdots & \vdots & \ddots & \vdots \\ 0 & 0 & \cdots & 1 \end{pmatrix}$$

(2)形如 $\begin{pmatrix} a_{11} & 0 & \cdots & 0 \\ a_{21} & a_{22} & \cdots & 0 \\ \vdots & \vdots & \ddots & \vdots \\ a_{n1} & a_{n2} & \cdots & a_{nn} \end{pmatrix}$，即主对角线以上的所有元素都为 0 的矩阵称为下三角矩阵；进一步，主对角线上所有元素都是 1 的下三角矩阵称为单位下三角矩阵，即

$$\boldsymbol{L}=\begin{pmatrix} 1 & 0 & \cdots & 0 \\ a_{21} & 1 & \cdots & 0 \\ \vdots & \vdots & \ddots & \vdots \\ a_{n1} & a_{n2} & \cdots & 1 \end{pmatrix}$$

(3)除了主对角线元素以外，其余元素均为 0 的方阵称为对角矩阵(简称对角阵)，即

$$\boldsymbol{A}=\begin{pmatrix} a_{11} & 0 & \cdots & 0 \\ 0 & a_{22} & \cdots & 0 \\ \vdots & \vdots & \ddots & \vdots \\ 0 & 0 & \cdots & a_{nn} \end{pmatrix}$$

为了方便，有时把对角矩阵记作：$\boldsymbol{A}=\mathrm{diag}\{a_{11},a_{22},\cdots,a_{nn}\}$。

(4)主对角线元素全为 1 的对角阵称为单位阵，简记为 $\boldsymbol{I}$，即 $\boldsymbol{I}=\begin{pmatrix} 1 & 0 & \cdots & 0 \\ 0 & 1 & \cdots & 0 \\ \vdots & \vdots & \ddots & \vdots \\ 0 & 0 & \cdots & 1 \end{pmatrix}$。

通过前面的介绍，我们可以直观地看出，引入矩阵的概念，可以更加简练地描述线性方程组的求解过程。当然，矩阵的引入不仅是为了简化线性方程组的求解，下面，我们将从线性空间和线性变换的角度去理解矩阵这一基本概念。

1.2　线性空间、线性变换和矩阵

回顾线性代数知识可以知道，线性空间和线性变换是线性代数中最基本的两个概念。线性空间是某类客观事物从量的方法的一个抽象，而线性变换则是研究线性空间中的元素之间的最基本联系。由于矩阵也是基于线性空间发展而来的，这一节，我们先从线性空间讲起，介绍如何通过线性变换引出矩阵这一基本概念，从而使读者可以更加深刻地理解矩阵的本质。

线性空间具体定义如下。

定义 1.2　设 V 是一个非空集合，其元素用 x,y,z 等表示；F 是一个数域，其元素用 k,l,m 等表示。如果 V 满足以下 8 条性质：

(I) 在 V 中定义一个“加法”运算，即当 $x,y\in V$ 时，有唯一的和 $x+y\in V$（封闭性），且加法运算满足下列性质：

① 结合律　$x+(y+z)=(x+y)+z$；

② 交换律　$x+y=y+x$；

③ 零元律　存在零元素 $\mathbf{0}$，使 $x+\mathbf{0}=x$；

④ 负元律　对于任一元素 $x\in V$，存在一元素 $y\in V$，使 $x+y=\mathbf{0}$，且称 y 为 x 的负元素，记为 $(-x)$，则有 $x+(-x)=\mathbf{0}$。

(II) 在 V 中定义一个“数乘”运算，即当 $x\in V,k\in F$ 时，有唯一的 $kx\in V$（封闭性），且数乘运算满足下列性质：

⑤ 分配律　$k(x+y)=kx+ky$；

⑥ 分配律　$(k+l)x=kx+lx$；

⑦ 结合律　$k(lx)=(kl)x$；

⑧ 恒等律　$1x=x$；（前面已经提及：数域中一定有元素 1）

则称 V 为数域 F 上的线性空间或向量空间。

简言之，线性空间是指一个非空集合，在其上定义了两种基本运算：加法运算和数乘运算，对这两种运算各自定义了 4 条性质，共 8 条性质。关于对线性空间这一概念的理解，需要注意以下几点：

(1) 线性空间 V 是关于某一个数域上的非空集合。同一个集合，对于不同数域，可能构成不同的线性空间，甚至对有的数域能构成线性空间，而对其他数域不能构成线性空间。当数域 F 为实数域时，V 就称为实线性空间；当 F 为复数域时，V 就称为复线性空间。

(2) 因为 V 中所定义的加法和数乘运算统称为 V 的线性运算，所以不难理解为什么称 V 为线性空间了。关于线性运算应该注意是否满足唯一性、封闭性。

例 1.1　设 $R^{+}=\{$全体正实数$\}$，$k\in R$，其“加法”及“数乘”运算定义为：

$$x \oplus y = xy, \quad k \circ x = x^k$$

证明：R^+ 是实数域 R 上的线性空间。

证明：首先需要证明两种运算的唯一性和封闭性，其次再证明满足 8 条性质。

(1) 唯一性是显然的，对于封闭性，我们有：

若 $x>0$，$y>0$，$k \in R$，则有：

$$x \oplus y = xy \in R^+, \quad k \circ x = x^k \in R^+$$

封闭性得证。

(2) 验证 8 条性质成立。

① $x \oplus (y \oplus z) = x \oplus (yz) = xyz = (xy)z = (x \oplus y) \oplus z$；

② $x \oplus y = xy = yx = y \oplus x$；

③ 1 是零元素，因为 $x \oplus 1 = x \cdot 1 = x$；

④ $\dfrac{1}{x}$ 是 x 的负元素，因为 $x \oplus \dfrac{1}{x} = x \cdot \dfrac{1}{x} = 1$；

⑤ $k \circ (x \oplus y) = (xy)^k = x^k y^k = (k \circ x) \oplus (k \circ y)$；

⑥ $(k+l) \circ x = x^{k+l} = x^k x^l = (k \circ x) \oplus (l \circ x)$；

⑦ $k \circ (l \circ x) = (x^l)^k = x^{kl} = (kl) \circ x$；

⑧ $1 \circ x = x^1 = x$。

由此可证，R^+ 是实数域 R 上的线性空间。

定理 1.1 线性空间 V 具有如下性质：

(1) 零元素是唯一的，任一元素的负元素也是唯一的。

(2) 如下恒等式成立：$0x = \mathbf{0}$，$(-1)x = (-x)$。

证明思路：(1) 的证明采用反证法。

(2) 第一个恒等式中需要注意：等号左边是数字 0，等号右边是一个零向量。

两个结论的证明非常简单，具体过程这里留作练习。

空间是现代数学的一个基本概念。引出了线性空间的概念之后，我们面临一个如何清晰地表述出线性空间的问题。首先，我们引出线性表示的定义。

定义 1.3 对于 $\boldsymbol{x} \in V$，一组向量 $\boldsymbol{x}_1, \boldsymbol{x}_2, \cdots, \boldsymbol{x}_m \in V$，且存在数域 F 中的一组数 $c_1, c_2 \cdots, c_m$，使得

$$\boldsymbol{x} = c_1 \boldsymbol{x}_1 + c_2 \boldsymbol{x}_2 + \cdots + c_m \boldsymbol{x}_m \tag{1-4}$$

则称 $\boldsymbol{x}$ 为向量组 $\boldsymbol{x}_1, \boldsymbol{x}_2, \cdots, \boldsymbol{x}_m$ 的线性组合，或称 $\boldsymbol{x}$ 可由向量组 $\boldsymbol{x}_1, \boldsymbol{x}_2, \cdots, \boldsymbol{x}_m$ 线性表示。

更进一步，我们有如下定义。

定义 1.4 如果存在一组不全为零的数 $c_1, c_2, \cdots, c_m \in F$，使得对于向量组 $\boldsymbol{x}_1, \boldsymbol{x}_2, \cdots, \boldsymbol{x}_m \in V$ 的线性组合满足：

$$\sum_{i=1}^{m} c_i \boldsymbol{x}_i = \mathbf{0} \tag{1-5}$$

则称向量组 $\boldsymbol{x}_1,\boldsymbol{x}_2,\cdots,\boldsymbol{x}_m$ 线性相关，否则称其线性无关。

定义 1.5　线性空间 V 中线性无关向量组所含向量的最大个数称为 V 的维数。当线性空间 V 的维数为 n 时，记作 $\dim V=n$。

维数为 n 的线性空间 V 称为 n 维线性空间；当 $n=+\infty$ 时，称为无限维线性空间。本书仅介绍有限维线性空间。

下面，我们介绍线性代数中的两个重要概念：基和坐标。对于线性空间中的任意一个向量都可以在一组基(相当于度量单位)下表示成一组坐标(相当于具体的尺度)。这里，对于度量标准——基的选取，不但希望对线性空间中的每一个向量都适用，同时也希望尽可能简洁，这就要求基的定义满足以下两个约束：①基的组成向量线性无关；②线性空间中的任何一个向量都可以由基线性表示。

定义 1.6　设 V 是数域 F 上的线性空间，$\boldsymbol{x}_1,\boldsymbol{x}_2,\cdots,\boldsymbol{x}_r(r\geqslant 1)$ 是属于 V 的 r 个任意向量，如果它满足：

(1) $\boldsymbol{x}_1,\boldsymbol{x}_2,\cdots,\boldsymbol{x}_r$ 线性无关；

(2) V 中任一元素 $\boldsymbol{x}$ 均可由 $\boldsymbol{x}_1,\boldsymbol{x}_2,\cdots,\boldsymbol{x}_r$ 线性表示，即存在一组数 $c_1,c_2,\cdots,c_r\in F$，使得

$$\boldsymbol{x}=c_1\boldsymbol{x}_1+c_2\boldsymbol{x}_2+\cdots+c_r\boldsymbol{x}_r$$

则称 $\boldsymbol{x}_1,\boldsymbol{x}_2,\cdots,\boldsymbol{x}_r$ 为线性空间 V 的一个基，并称 $\boldsymbol{x}_1,\boldsymbol{x}_2,\cdots,\boldsymbol{x}_r$ 为该基的基向量。

根据基的定义可知，系数 $c_1,c_2,\cdots,c_r$ 是被向量 $\boldsymbol{x}$ 和基 $\boldsymbol{x}_1,\boldsymbol{x}_2,\cdots,\boldsymbol{x}_r$ 唯一确定的，称之为向量 x 在基 $\boldsymbol{x}_1,\boldsymbol{x}_2,\cdots,\boldsymbol{x}_r$ 下的坐标，记作 $(c_1,c_2,\cdots,c_r)$。

关于对线性空间的基这一概念的理解，需要注意以下几点：

(1) 基是线性空间 V 中的最大线性无关向量组；

(2) 基中所含向量的个数也是线性空间 V 的维数；

(3) 一个线性空间的基是不唯一的，但不同的基所含向量的个数相等。

由于线性空间中基的选取不具有唯一性，那么，两个不同的基之间存在什么关系呢？为了刻画不同基之间的转换关系，得到了过渡矩阵的概念。假设 $\boldsymbol{x}_1,\boldsymbol{x}_2,\cdots,\boldsymbol{x}_r$ 及 $\boldsymbol{y}_1,\boldsymbol{y}_2,\cdots,\boldsymbol{y}_r$ 都是线性空间 V 的基，根据基的定义可知，一组基可以由另一组基线性表示，即有如下关系：

$$\begin{cases}\boldsymbol{y}_1=c_{11}\boldsymbol{x}_1+c_{21}\boldsymbol{x}_2+\cdots+c_{r1}\boldsymbol{x}_r\\ \boldsymbol{y}_2=c_{12}\boldsymbol{x}_1+c_{22}\boldsymbol{x}_2+\cdots+c_{r2}\boldsymbol{x}_r\\ \qquad\vdots\\ \boldsymbol{y}_r=c_{1r}\boldsymbol{x}_1+c_{2r}\boldsymbol{x}_2+\cdots+c_{rr}\boldsymbol{x}_r\end{cases}$$

写成矩阵形式就有：

$$(\boldsymbol{y}_1,\boldsymbol{y}_2,\cdots,\boldsymbol{y}_r)=(\boldsymbol{x}_1,\boldsymbol{x}_2,\cdots,\boldsymbol{x}_r)\cdot\boldsymbol{A}$$

这里，$\boldsymbol{A}=\begin{bmatrix}c_{11}&c_{12}&\cdots&c_{1r}\\c_{21}&c_{22}&\cdots&c_{2r}\\\vdots&\vdots&\ddots&\vdots\\c_{r1}&c_{r2}&\cdots&c_{rr}\end{bmatrix}$，则称矩阵 $\boldsymbol{A}$ 为从基 $\boldsymbol{x}_1,\boldsymbol{x}_2,\cdots,\boldsymbol{x}_r$ 到基 $\boldsymbol{y}_1,\boldsymbol{y}_2,\cdots,\boldsymbol{y}_r$ 的过渡矩阵。

通过过渡矩阵可以把同一线性空间中的不同基联系起来，即不同基之间是可以相互转换的。

我们知道，线性空间描述的是一个满足某些性质的元素的集合。如果把线性空间理解成一个“静态”概念，则线性变换描述的是线性空间中一个元素“运动”到另一个元素的“动态”概念。

定义 1.7 设 V 是数域 F 上的一个线性空间，T 是 V 到自身的一个映射，使得对于 V 中的任意元素 $\boldsymbol{x}$ 均存在唯一的 $\boldsymbol{y}\in V$ 与之对应，则称 T 为 V 的一个变换或算子，记为

$$T\boldsymbol{x}=\boldsymbol{y}$$

称 $\boldsymbol{y}$ 为 $\boldsymbol{x}$ 在变换 T 下的像，$\boldsymbol{x}$ 为 $\boldsymbol{y}$ 的原像。若变换 T 同时还满足如下性质：

$$T(k\boldsymbol{x}+l\boldsymbol{y})=k(T\boldsymbol{x})+l(T\boldsymbol{y}) \qquad \forall \boldsymbol{x},\boldsymbol{y}\in V,k,l\in F$$

称 T 为线性变换或线性算子。

例 1.2 对于一个二维实向量空间 $R^2=\left\{\begin{pmatrix}\xi_1\\ \xi_2\end{pmatrix}\middle|\ \xi_i\in R,\ i=1,2\right\}$，我们可以证明如下结论：将其绕原点旋转 θ 角的操作就是一个线性变换。

证明：关于旋转操作，如图 1-1 所示。

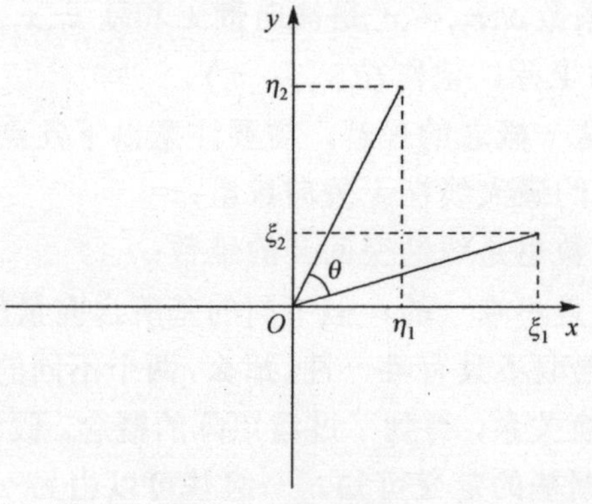

图 1-1 旋转操作

我们取 $\boldsymbol{x}=\begin{pmatrix}\xi_1\\ \xi_2\end{pmatrix}\in R^2$，将其绕原点旋转 θ 角后得到点 $\boldsymbol{y}=T\boldsymbol{x}=\begin{pmatrix}\eta_1\\ \eta_2\end{pmatrix}$，这里有 $\begin{cases}\eta_1=\xi_1\cos\theta-\xi_2\sin\theta\\ \eta_2=\xi_1\sin\theta+\xi_2\cos\theta\end{cases}$，写成矩阵的形式：

$$\begin{pmatrix}\eta_1\\ \eta_2\end{pmatrix}=\begin{pmatrix}\cos\theta & -\sin\theta\\ \sin\theta & \cos\theta\end{pmatrix}\begin{pmatrix}\xi_1\\ \xi_2\end{pmatrix}\in R^2$$

显然，这种旋转操作是一种变换，下面证明其为线性变换。

$$\forall \boldsymbol{x}=\begin{pmatrix}x_1\\ x_2\end{pmatrix},\ \ \boldsymbol{z}=\begin{pmatrix}z_1\\ z_2\end{pmatrix}\in R^2,\ \ k,l\in R$$

简单计算可得：

$$k\boldsymbol{x}+l\boldsymbol{z}=\begin{pmatrix}kx_1\\kx_2\end{pmatrix}+\begin{pmatrix}lz_1\\lz_2\end{pmatrix}=\begin{pmatrix}kx_1+lz_1\\kx_2+lz_2\end{pmatrix}$$

$$\begin{aligned}T(k\boldsymbol{x}+l\boldsymbol{z})&=\begin{pmatrix}\cos\theta & -\sin\theta\\ \sin\theta & \cos\theta\end{pmatrix}\begin{pmatrix}kx_1+lz_1\\kx_2+lz_2\end{pmatrix}\\&=k\begin{pmatrix}\cos\theta & -\sin\theta\\ \sin\theta & \cos\theta\end{pmatrix}\begin{pmatrix}x_1\\x_2\end{pmatrix}+l\begin{pmatrix}\cos\theta & -\sin\theta\\ \sin\theta & \cos\theta\end{pmatrix}\begin{pmatrix}z_1\\z_2\end{pmatrix}\\&=k(T\boldsymbol{x})+l(T\boldsymbol{z})\end{aligned}$$

所以，T 是线性变换。

证毕。

介绍了线性变换的定义之后，接下来简单介绍线性变换的几个性质。

性质 1：$T(0)=0$，$T(-\boldsymbol{x})=-T(\boldsymbol{x})$。

性质 2：如果向量组 $\boldsymbol{x}_1,\cdots,\boldsymbol{x}_n$ 线性相关，则 $T\boldsymbol{x}_1,\cdots,T\boldsymbol{x}_n$ 也线性相关。

性质 3：如果向量组 $\boldsymbol{x}_1,\cdots,\boldsymbol{x}_n$ 线性无关，且 T 是单射，则 $T\boldsymbol{x}_1,\cdots,T\boldsymbol{x}_n$ 线性无关。

证明：反证法，假设 $T\boldsymbol{x}_1,\cdots,T\boldsymbol{x}_2$ 线性相关，根据线性相关的定义，存在一组不全为 0 的数 $k_1,k_2,\cdots,k_n$，使得 $k_1T\boldsymbol{x}_1+k_2T\boldsymbol{x}_2+\cdots+k_nT\boldsymbol{x}_n=0$。根据线性变换的定义，可得

$$k_1T\boldsymbol{x}_1+k_2T\boldsymbol{x}_2+\cdots+k_nT\boldsymbol{x}_n=T\left(k_1\boldsymbol{x}_1+k_2\boldsymbol{x}_2+\cdots+k_n\boldsymbol{x}_n\right)=0$$

因为线性变换 T 是单射，则有 $k_1\boldsymbol{x}_1+k_2\boldsymbol{x}_2+\cdots+k_n\boldsymbol{x}_n=0$，这与假设向量组 $\boldsymbol{x}_1,\cdots,\boldsymbol{x}_n$ 线性无关矛盾。

证毕。

本小节的最后，我们讨论如何将抽象的线性变换转化为具体的矩阵形式，即线性变换用矩阵表示问题。

设 T 是 n 维线性空间 V 的一个线性变换，且 $\boldsymbol{x}_1,\boldsymbol{x}_2,\cdots,\boldsymbol{x}_n$ 是 V 的一个基，$\forall\boldsymbol{x}\in V$，根据线性代数的知识，可知其存在唯一的坐标表示，即

$$\boldsymbol{x}=\xi_1\boldsymbol{x}_1+\xi_2\boldsymbol{x}_2+\cdots+\xi_n\boldsymbol{x}_n=[\boldsymbol{x}_1,\boldsymbol{x}_2,\cdots,\boldsymbol{x}_n]\begin{pmatrix}\xi_1\\\xi_2\\\vdots\\\xi_n\end{pmatrix}$$

根据线性变换的定义，对上式两端同时作用线性变换 T，可以得到

$$\begin{aligned}T\boldsymbol{x}&=T(\xi_1\boldsymbol{x}_1+\xi_2\boldsymbol{x}_2+\cdots+\xi_n\boldsymbol{x}_n)=T(\xi_1\boldsymbol{x}_1)+T(\xi_2\boldsymbol{x}_2)+\cdots+T(\xi_n\boldsymbol{x}_n)\\&=\xi_1T\boldsymbol{x}_1+\xi_2T\boldsymbol{x}_2+\cdots+\xi_nT\boldsymbol{x}_n\\&=[T\boldsymbol{x}_1,T\boldsymbol{x}_2,\cdots,T\boldsymbol{x}_n]\begin{pmatrix}\xi_1\\\xi_2\\\vdots\\\xi_n\end{pmatrix}=[T(\boldsymbol{x}_1,\boldsymbol{x}_2,\cdots,\boldsymbol{x}_n)]\begin{pmatrix}\xi_1\\\xi_2\\\vdots\\\xi_n\end{pmatrix}\end{aligned}\tag{1-6}$$

通过式(1-6)可以看出：要想确定线性变换 T，只需确定基元素在该变换下的像就可以了。

下面，我们假设 $T\boldsymbol{x}_i=[\boldsymbol{x}_1,\boldsymbol{x}_2,\cdots,\boldsymbol{x}_n]\begin{pmatrix}a_{i1}\\a_{i2}\\\vdots\\a_{in}\end{pmatrix}$，$i=1,2,\cdots,n$，则写成矩阵的形式为：

$$T[\boldsymbol{x}_1,\boldsymbol{x}_2,\cdots,\boldsymbol{x}_n]=[\boldsymbol{x}_1,\boldsymbol{x}_2,\cdots,\boldsymbol{x}_n]\begin{pmatrix}a_{11}&a_{21}&\cdots&a_{n1}\\a_{12}&a_{22}&\cdots&a_{n2}\\\vdots&\vdots&\ddots&\vdots\\a_{1n}&a_{2n}&\cdots&a_{nn}\end{pmatrix}=[\boldsymbol{x}_1,\boldsymbol{x}_2,\cdots,\boldsymbol{x}_n]\boldsymbol{A} \tag{1-7}$$

这里，$\boldsymbol{A}=\begin{pmatrix}a_{11}&a_{21}&\cdots&a_{n1}\\a_{12}&a_{22}&\cdots&a_{n2}\\\vdots&\vdots&\ddots&\vdots\\a_{1n}&a_{2n}&\cdots&a_{nn}\end{pmatrix}$。

下面，在相同的基 $\boldsymbol{x}_1,\boldsymbol{x}_2,\cdots,\boldsymbol{x}_n$ 下，对于任意向量 $\boldsymbol{x}$，变换后 $T\boldsymbol{x}$ 的坐标表示为：

$$T\boldsymbol{x}=[\boldsymbol{x}_1,\boldsymbol{x}_2,\cdots,\boldsymbol{x}_n]\begin{pmatrix}\eta_1\\\eta_2\\\vdots\\\eta_n\end{pmatrix} \tag{1-8}$$

同时，根据式(1-6)和式(1-7)，我们还有：

$$T\boldsymbol{x}=[T(\boldsymbol{x}_1,\boldsymbol{x}_2,\cdots,\boldsymbol{x}_n)]\begin{pmatrix}\xi_1\\\xi_2\\\vdots\\\xi_n\end{pmatrix}=[\boldsymbol{x}_1,\boldsymbol{x}_2,\cdots,\boldsymbol{x}_n]\boldsymbol{A}\begin{pmatrix}\xi_1\\\xi_2\\\vdots\\\xi_n\end{pmatrix} \tag{1-9}$$

上式与式(1-8)对比可知：

$$\begin{pmatrix}\eta_1\\\eta_2\\\vdots\\\eta_n\end{pmatrix}=\boldsymbol{A}\begin{pmatrix}\xi_1\\\xi_2\\\vdots\\\xi_n\end{pmatrix} \tag{1-10}$$

即：当 $\boldsymbol{x}\leftrightarrow\begin{pmatrix}\xi_1\\\xi_2\\\vdots\\\xi_n\end{pmatrix}$ 时，$T\boldsymbol{x}\leftrightarrow\boldsymbol{A}\begin{pmatrix}\xi_1\\\xi_2\\\vdots\\\xi_n\end{pmatrix}$。

这里，把 $\boldsymbol{A}$ 称为 T 在基 $\boldsymbol{x}_1,\boldsymbol{x}_2,\cdots,\boldsymbol{x}_n$ 下的矩阵。

综上所述，线性空间、线性变换和矩阵三者之间的关系可以简述为：线性空间是包含一些元素的非空集合，基是刻画这个线性空间的一个“计量基准”；线性变换是把线性空间中的一个元素映射到另一个元素的变换，相当于定义在线性空间上的一种“运算”；矩阵就是这种线性变换在线性空间某一个基准条件下的具体体现。

总结前面介绍的知识，我们可以从以下两个方面来理解矩阵：

(1) 从定义的角度来看，矩阵就是一个数表，用它可以更加简洁地处理线性方程组；

(2) 基是线性空间的一个本质特征，从线性空间的某一个具体的基的角度来看，矩阵和线性变换是等价的。

1.3　线性子空间基本概念

虽然本书以介绍矩阵理论为主，但是线性子空间的相关知识在实际工程中被广泛应用，所以本节简单介绍线性子空间的相关概念。

定义 1.8　数域 F 上的线性空间 V 的一个非空子集合 W 称为 V 的一个线性子空间(或简称子空间)，如果 W 对于 V 中所定义的加法和数乘两种运算也构成数域 F 上的线性空间，即：

(1) 如果 $\boldsymbol{x},\boldsymbol{y}\in W$，则 $\boldsymbol{x}+\boldsymbol{y}\in W$；

(2) 如果 $\boldsymbol{x}\in W,k\in F$，则 $k\boldsymbol{x}\in W$。

关于线性子空间的概念，需要指出的是：

(1) 因为 W 是 V 的一个子集，且关于线性运算封闭，所以线性子空间也是线性空间。

(2) 容易看出，每个非零线性空间至少还有两个子空间，一个是它自身，另一个是仅由零向量构成的子集，称后者为零子空间。这两个特殊子空间有时被称为平凡子空间，而其他线性子空间叫作非平凡子空间。

(3) 由于零子空间不含有线性无关的向量，因此没有基，规定其维数等于 0。

(4) 任何一个线性子空间 W 的维数都不大于整个线性空间 V 的维数，即 $\dim W\leqslant\dim V$。

例 1.3　在线性空间 R^n 中，齐次线性方程组：

$$\begin{cases}a_{11}\boldsymbol{x}_1+a_{12}\boldsymbol{x}_2+\cdots+a_{1n}\boldsymbol{x}_n=0\\a_{21}\boldsymbol{x}_1+a_{22}\boldsymbol{x}_2+\cdots+a_{2n}\boldsymbol{x}_n=0\\\qquad\qquad\vdots\\a_{n1}\boldsymbol{x}_1+a_{n2}\boldsymbol{x}_2+\cdots+a_{nn}\boldsymbol{x}_n=0\end{cases}$$

的全部解向量组成一个子空间，这个子空间叫作齐次线性方程组的解空间。解空间的基就是方程组的基础解系。

通过举例说明了线性子空间的存在性以后，介绍线性子空间的生成问题。

定义 1.9　设 $\boldsymbol{x}_1,\boldsymbol{x}_2,\cdots,\boldsymbol{x}_m$ 是线性空间 V 中的一组向量，这组向量所有可能的线性组合所构成的集合 $\{c_1\boldsymbol{x}_1+c_2\boldsymbol{x}_2+\cdots+c_m\boldsymbol{x}_m\,|\,c_i\in F,i=1,2,\cdots,m\}$ 是非空的，而且容易验证对线性空间 V 的两种运算封闭，因而是 V 的一个子空间，这个子空间称为由 $\boldsymbol{x}_1,\boldsymbol{x}_2,\cdots,\boldsymbol{x}_m$ 生成的子

空间，记作 $L(\boldsymbol{x}_1,\boldsymbol{x}_2,\cdots,\boldsymbol{x}_m)=\{c_1\boldsymbol{x}_1+c_2\boldsymbol{x}_2+\cdots+c_m\boldsymbol{x}_m \mid c_i\in F, i=1,2,\cdots,m\}$。有时也把 $L(\boldsymbol{x}_1,\boldsymbol{x}_2,\cdots,\boldsymbol{x}_m)$ 记作 $\mathrm{span}(\boldsymbol{x}_1,\boldsymbol{x}_2,\cdots,\boldsymbol{x}_m)$。

关于线性子空间有如下几个比较重要的性质。

性质 4：两个向量组生成相同子空间的充分必要条件是这两个向量组等价。

性质 5：$L(\boldsymbol{x}_1,\boldsymbol{x}_2,\cdots,\boldsymbol{x}_m)$ 的维数等于生成向量组 $\boldsymbol{x}_1,\boldsymbol{x}_2,\cdots,\boldsymbol{x}_m$ 的极大线性无关向量组的向量个数。

性质 6：设 W 是数域 F 上 n 维线性空间 V 的一个 $m(0\leqslant m\leqslant n)$ 维子空间，$\boldsymbol{x}_1,\boldsymbol{x}_2,\cdots,\boldsymbol{x}_m$ 是 W 的一组基，那么这组向量必定可扩充为整个线性空间 V 的一组基，即在 V 中必定可以找到 $n-m$ 个向量 $\boldsymbol{x}_{m+1},\boldsymbol{x}_{m+2},\cdots,\boldsymbol{x}_n$，使得 $\boldsymbol{x}_1,\boldsymbol{x}_2,\cdots,\boldsymbol{x}_n$ 是 V 的一组基。

证明：证明思路是对维数差 $n-m$ 做数学归纳法。设 $\boldsymbol{x}_1,\boldsymbol{x}_2,\cdots,\boldsymbol{x}_m$ 是 W 的一个基，当 $n-m=0$ 时，$\boldsymbol{x}_1,\boldsymbol{x}_2,\cdots,\boldsymbol{x}_m$ 已是 V 的一个基。

假定 $n-m=k$ 时定理成立，考虑 $n-m=k+1$ 的情形。因为 $\boldsymbol{x}_1,\boldsymbol{x}_2,\cdots,\boldsymbol{x}_m\in V$ 且线性无关，但又不是 V 的基，故有 $\boldsymbol{x}_{m+1}\in V$ 且 $\boldsymbol{x}_{m+1}$ 不能由 $\boldsymbol{x}_1,\boldsymbol{x}_2,\cdots,\boldsymbol{x}_m$ 线性表示，因而 $\boldsymbol{x}_1,\boldsymbol{x}_2,\cdots,\boldsymbol{x}_m,\boldsymbol{x}_{m+1}$ 是线性无关的。由于 $L(\boldsymbol{x}_1,\boldsymbol{x}_2,\cdots,\boldsymbol{x}_m,\boldsymbol{x}_{m+1})$ 是 V 的 $m+1$ 维子空间，且 $n-(m+1)=k$，由归纳假设知 $\boldsymbol{x}_1,\boldsymbol{x}_2,\cdots,\boldsymbol{x}_m,\boldsymbol{x}_{m+1}$ 可以扩充成 V 的基，故 $\boldsymbol{x}_1,\boldsymbol{x}_2,\cdots,\boldsymbol{x}_m$ 可以扩充成 V 的基。

证毕。

下面介绍子空间的交、和、直和等重要概念。

定义 1.10 设 W_1、W_2 是线性空间 V 的两个子空间，称

$$W_1\cap W_2=\{\boldsymbol{\alpha}\mid \boldsymbol{\alpha}\in W_1,\ 且\boldsymbol{\alpha}\in W_2\}$$

为 W_1、W_2 的交。

两个子空间的交具有以下性质。

性质 7：设 W_1、W_2 是线性空间 V 的两个子空间，那么它们的交 $W_1\cap W_2$ 也是 V 的子空间。

性质 8：交换律，即 $W_1\cap W_2=W_2\cap W_1$。

性质 9：结合律，即 $(W_1\cap W_2)\cap W_3=W_1\cap(W_2\cap W_3)$。

以上性质的证明仅根据子空间的交的定义即可完成，具体证明留作练习。这里需要指出的是，以上 3 条性质可以推广到多个子空间的交。

定义 1.11 设 W_1、W_2 是线性空间 V 的两个子空间，称

$$W_1+W_2=\{\boldsymbol{x}+\boldsymbol{y}\mid \boldsymbol{x}\in W_1,\ \boldsymbol{y}\in W_2\}$$

为 W_1、W_2 的和。

两个子空间的和具有以下性质。

性质 10：设 W_1、W_2 是线性空间 V 的两个子空间，那么它们的和 W_1+W_2 也是 V 的子空间。

性质 11：交换律，即 $W_1+W_2=W_2+W_1$。

性质 12：结合律，即 $(W_1+W_2)+W_3=W_1+(W_2+W_3)$。

以上性质的证明仅根据子空间的和的定义即可完成，具体证明留作练习。以上性质同样可以推广到多个子空间的和。

关于子空间的交与和，其实可以看作子空间的两种运算。这里需要强调的是，两个

子空间的并集不一定是子空间。例如，在线性空间 R^2 中，分别取两个子空间 $W_1 = L((1,0))$，$W_2 = L((0,1))$，则两个子空间的并集：

$$W_1 \cup W_2 = \{(c_1, c_2) \mid c_1 \cdot c_2 = 0, c_1, c_2 \in R\}$$

显然，对于二维向量 $\boldsymbol{e}_1 = (1,0)$，$\boldsymbol{e}_2 = (0,1)$，$\boldsymbol{e}_1 + \boldsymbol{e}_2 = (1,1) \notin W_1 \cup W_2$，即在 $W_1 \cup W_2$ 中加法运算不封闭。

关于子空间的交与和的维数，不加证明地介绍以下定理。

定理 1.2　(维数公式) 设 W_1、W_2 是线性空间 V 的两个子空间，则：

$$\dim W_1 + \dim W_2 = \dim(W_1 \cap W_2) + \dim(W_1 + W_2) \tag{1-11}$$

通过一个例子来说明维数公式是成立的。例如，在三维几何空间中，两个通过原点的不同的平面之和是整个三维空间，而其维数之和却等于 4，从而说明这两张平面的交是一维的直线。另外，维数公式还表明了和空间的维数通常比两个子空间维数的和要小。

例 1.4　设 R^4 的两个子空间为 $V_1 = \{(a_1, a_2, a_3, a_4) \mid a_1 = a_2 = a_3, a_i \in R, i = 1,2,3,4\}$，$V_2 = L(\boldsymbol{x}_1, \boldsymbol{x}_2)$，$\boldsymbol{x}_1 = (1,0,1,0)$，$\boldsymbol{x}_2 = (0,1,0,1)$，求：(1) $V_1 + V_2$ 的基与维数；(2) $V_1 \cap V_2$ 的基与维数。

解：(1) 对于子空间 V_1 中的任意一个向量 (a_1, a_2, a_3, a_4)，都可以表示成：

$$(a_1, a_2, a_3, a_4) = (a_1, a_1, a_1, a_4) = a_1(1,1,1,0) + a_4(0,0,0,1)$$

设 $\boldsymbol{y}_1 = (1,1,1,0), \boldsymbol{y}_2 = (0,0,0,1)$，则有 $V_1 = L(\boldsymbol{y}_1, \boldsymbol{y}_2)$，故 $V_1 + V_2 = L(\boldsymbol{y}_1, \boldsymbol{y}_2; \boldsymbol{x}_1, \boldsymbol{x}_2)$。因为 $\boldsymbol{y}_1, \boldsymbol{y}_2, \boldsymbol{x}_1$ 是向量组 $\boldsymbol{y}_1, \boldsymbol{y}_2, \boldsymbol{x}_1, \boldsymbol{x}_2$ 的极大无关组，所以 $\dim(V_1 + V_2) = 3$，$\boldsymbol{y}_1, \boldsymbol{y}_2, \boldsymbol{x}_1$ 是 $V_1 + V_2$ 的一个基。

(2) 设 $\boldsymbol{x} \in V_1 \cap V_2$，则有一组系数 k_1, k_2, l_1, l_2 使得：

$$\boldsymbol{x} = k_1 \boldsymbol{y}_1 + k_2 \boldsymbol{y}_2 = l_1 \boldsymbol{x}_1 + l_2 \boldsymbol{x}_2$$

把 $\boldsymbol{x}_1 = (1,0,1,0)$，$\boldsymbol{x}_2 = (0,1,0,1)$，$\boldsymbol{y}_1 = (1,1,1,0)$，$\boldsymbol{y}_2 = (0,0,0,1)$ 代入上式，得到如下线性方程组：

$$\begin{cases} k_1 - l_1 = 0 \\ k_1 - l_2 = 0 \\ k_1 - l_1 = 0 \\ k_2 - l_2 = 0 \end{cases}$$

解得

$$\begin{cases} k_1 = l_2 \\ k_2 = l_2 \\ l_1 = l_2 \end{cases}$$

代入 $\boldsymbol{x}$ 的表达式中，得 $\boldsymbol{x} = l_2(1,1,1,1)$，所以 $(1,1,1,1)$ 为 $V_1 \cap V_2$ 的一个基，即 $\dim(V_1 \cap V_2) = 1$。

通过例 1.4 验证了维数公式。根据定义 1.11 可以看出，和空间的向量表示不一定是唯一的。为了解决这个问题，引入了直和的定义。

定义 1.12　设 W_1、W_2 是线性空间 V 的两个子空间，如果和空间 $W_1 + W_2$ 中每个向量 $\boldsymbol{x}$ 的分解式

$$\boldsymbol{x} = \boldsymbol{x}_1 + \boldsymbol{x}_2 \qquad \boldsymbol{x}_1 \in W_1，\ \boldsymbol{x}_2 \in W_2$$

是唯一的，这个和就称为直和，记为 $W_1 \oplus W_2$。

子空间的直和是子空间和的一个重要特殊情形，在实际中有着较多的应用。下面，给出一个判断直和的充要条件。

定理 1.3 和空间 W_1+W_2 是直和 $\Leftrightarrow W_1 \cap W_2 = L(\mathbf{0}) \Leftrightarrow$ 零向量的分解式是唯一的。

证明：这里仅就第一个充要条件进行证明，第二个充要条件的证明留作练习。

(1) 充分性：因为 $W_1 \cap W_2 = L(0)$ 成立，任取一个向量 $\boldsymbol{z} \in W_1+W_2$，根据子空间和的定义，如果有：

$$\boldsymbol{z} = \boldsymbol{w}_1 + \boldsymbol{w}_2, \quad \boldsymbol{w}_1 \in W_1, \boldsymbol{w}_2 \in W_2$$

$$\boldsymbol{z} = \boldsymbol{v}_1 + \boldsymbol{v}_2, \quad \boldsymbol{v}_1 \in W_1, \boldsymbol{v}_2 \in W_2$$

两式相减，得到

$$(\boldsymbol{w}_1 - \boldsymbol{v}_1) + (\boldsymbol{w}_2 - \boldsymbol{v}_2) = \mathbf{0}, \quad \boldsymbol{w}_1 - \boldsymbol{v}_1 \in W_1, \boldsymbol{w}_2 - \boldsymbol{v}_2 \in W_2$$

即

$$(\boldsymbol{w}_1 - \boldsymbol{v}_1) = -(\boldsymbol{w}_2 - \boldsymbol{v}_2) \in W_2$$

根据 $W_1 \cap W_2 = L(\mathbf{0})$，所以 $\boldsymbol{w}_1 - \boldsymbol{v}_1 = \mathbf{0}$；同理，$\boldsymbol{w}_2 - \boldsymbol{v}_2 = \mathbf{0}$，所以向量 $\boldsymbol{z}$ 的分解式是唯一的，得到 W_1+W_2 是直和。

(2) 必要性：假设 W_1+W_2 是直和，采用反证法证明 $W_1 \cap W_2 = L(\mathbf{0})$ 成立。如果 $W_1 \cap W_2$ 不是零空间，则存在一个非零向量 $\boldsymbol{x} \in W_1 \cap W_2$。因为 $W_1 \cap W_2$ 是线性空间，所以 $(-\boldsymbol{x}) \in W_1 \cap W_2$，那么，对于零向量而言，存在两种表达式：

$$\mathbf{0} = \mathbf{0} + \mathbf{0}; \quad \mathbf{0} = \boldsymbol{x} + (-\boldsymbol{x})$$

这与假设 W_1+W_2 是直和矛盾。

证毕。

定理 1.4 设 W 是线性空间 V 的一个子空间，那么一定存在一个子空间 U，使得 $V = U \oplus W$。

这时 U 叫作 W 的补空间，或者 U 与 W 是互补子空间。利用前述性质，具体的证明过程较简单，留作练习。

1.4 特殊的线性子空间

本节介绍几种特殊的线性子空间。

定义 1.13 设 $\boldsymbol{A} = (a_{ij})_{m \times n} \in R^{m \times n}$，以 $\boldsymbol{a}_i$ $(i = 1, 2, \cdots, n)$ 表示矩阵 $\boldsymbol{A}$ 的第 i 个列向量，称子空间 $L(\boldsymbol{a}_1, \boldsymbol{a}_2, \cdots, \boldsymbol{a}_n)$ 为矩阵 $\boldsymbol{A}$ 的值域（列空间），记作

$$R(\boldsymbol{A}) = L(\boldsymbol{a}_1, \boldsymbol{a}_2, \cdots, \boldsymbol{a}_n) \tag{1-12}$$

关于值域还有另一个重要的表达式：$R(\boldsymbol{A}) = \{\boldsymbol{A}\boldsymbol{x} \mid \boldsymbol{x} \in R^n\}$。

定义 1.14 设 $\boldsymbol{A} = (a_{ij})_{m \times n} \in R^{m \times n}$，称集合 $\{\boldsymbol{x} \mid \boldsymbol{A}\boldsymbol{x} = 0\}$ 为矩阵 $\boldsymbol{A}$ 的核空间（零空间），记作 $N(\boldsymbol{A})$，即

$$N(\boldsymbol{A}) = \{\boldsymbol{x} \mid \boldsymbol{A}\boldsymbol{x} = 0\} \tag{1-13}$$

显然，核空间$N(A)$是齐次线性方程组$Ax=0$的解空间，也是线性空间R^n的一个子空间。

定义 1.15　矩阵A的核空间$N(A)$的维数称为A的零度，记作$n(A)$。

第 1.2 节分析了线性变换和矩阵之间的关系，显然，对于线性变换也有如上一些概念。

定义 1.16　设T是线性空间V的线性变换，V中所有向量的像构成的集合称为T的值域，记作$R(T)$，即

$$R(T)=\{Tx \mid x\in V\}$$

而V中所有被T变为零向量的原像构成的集合称为T的核，记作$N(T)$，即$N(T)=\{x \mid Tx=0, x\in V\}$。

定理 1.5　线性空间V的线性变换T的值域和核都是V的线性子空间。

证明：因为根据线性空间的定义可知V非空，所以$R(T)$也非空。根据线性变换的定义可知，对于任意两个向量x, y和一个数k，有：

$$Tx+Ty=T(x+y),\quad k\cdot(Tx)=T(kx)$$

由此可知，$R(T)$关于线性运算是封闭的，从而是V的线性子空间。

又若$Tx=0, Ty=0$，由上式可知

$$T(x+y)=Tx+Ty=0,\quad T(kx)=k\cdot(Tx)=0$$

由此可知，$N(T)$关于线性运算是封闭的，且因为$T(0)=0$，所以$0\in N(T)$，从而$N(T)$也是V的线性子空间。

根据定理 1.5，$R(T)$也称为线性变换T的像子空间；$N(T)$也称为线性变换T的核子空间。

定义 1.17　像子空间$R(T)$的维数称为线性变换T的秩；核子空间$N(T)$的维数称为线性变换T的亏(或零度)。

基于以上基本概念，这里介绍几个重要的性质。设T是n维线性空间V的线性变换，A是V的线性变换T的矩阵，则有以下性质。

性质 13：$\dim R(T)+\dim N(T)=n$。

性质 14：$\dim R(T)=\dim R(A)$。

性质 15：$\dim N(T)=\dim N(A)$。

本节的最后介绍一类重要的线性子空间。

定义 1.18　设T是数域F上线性空间V的线性变换，W是V的一个子空间，如果对于任意一个向量$x\in W$都有$Tx\in W$，称W是T的不变子空间。

不变子空间具有以下几个基本性质。

性质 16：整个线性空间V和零子空间$L(0)$，对于每个线性变换T来说都是不变子空间。

性质 17：线性变换T的值域与核都是T的不变子空间。

性质 18：若线性变换T_1与T_2是可交换的，则T_2的核与值域都是T_1的不变子空间。

性质 19：线性变换T的不变子空间的交与和仍为线性变换T的不变子空间。

习　题

1．思考题：有没有一个向量的线性空间？有没有两个向量的线性空间？有没有 m 个向量的线性空间？

2．齐次线性方程组

$$\begin{cases}2x_1+x_2+x_3+x_4=0\\x_1+2x_2+x_3+3x_4=0\end{cases}$$

的全部解是否构成一个线性空间？

3．求线性方程组

$$\begin{cases}x_1+x_2-3x_3-x_4=0\\x_1+2x_2+x_3+3x_4=0\\x_1+5x_2+x_3+8x_4=0\end{cases}$$

的解空间的维数与基。

4．已知 $\boldsymbol{\varepsilon}_1,\boldsymbol{\varepsilon}_2,\boldsymbol{\varepsilon}_3$ 是 3 维线性空间 V 的一组基，$\boldsymbol{\eta}_1,\boldsymbol{\eta}_2,\boldsymbol{\eta}_3$ 满足：

$$\begin{aligned}\boldsymbol{\eta}_1+\boldsymbol{\eta}_3&=\boldsymbol{\varepsilon}_1+\boldsymbol{\varepsilon}_2+\boldsymbol{\varepsilon}_3\\\boldsymbol{\eta}_1+\boldsymbol{\eta}_2&=\boldsymbol{\varepsilon}_2+\boldsymbol{\varepsilon}_3\\\boldsymbol{\eta}_2+\boldsymbol{\eta}_3&=\boldsymbol{\varepsilon}_1+\boldsymbol{\varepsilon}_3\end{aligned}$$

(1) 证明 $\boldsymbol{\eta}_1,\boldsymbol{\eta}_2,\boldsymbol{\eta}_3$ 也是 V 的一组基，并求出从基 $\boldsymbol{\eta}_1,\boldsymbol{\eta}_2,\boldsymbol{\eta}_3$ 到 $\boldsymbol{\varepsilon}_1,\boldsymbol{\varepsilon}_2,\boldsymbol{\varepsilon}_3$ 的过渡矩阵；

(2) 求向量 $\boldsymbol{\alpha}=\boldsymbol{\alpha}_1+2\boldsymbol{\alpha}_2-\boldsymbol{\alpha}_3$ 在基 $\boldsymbol{\eta}_1,\boldsymbol{\eta}_2,\boldsymbol{\eta}_3$ 下的坐标。

5．设线性变换 T 在 3 维线性空间 V 的一组基 $\boldsymbol{\varepsilon}_1,\boldsymbol{\varepsilon}_2,\boldsymbol{\varepsilon}_3$ 下的矩阵：

$$\boldsymbol{A}=\begin{pmatrix}1&2&-1\\2&1&0\\3&0&1\end{pmatrix}$$

(1) 求 T 在基 $\boldsymbol{\eta}_1,\boldsymbol{\eta}_2,\boldsymbol{\eta}_3$ 下的矩阵，其中：

$$\begin{aligned}\boldsymbol{\eta}_1&=2\boldsymbol{\varepsilon}_1+\boldsymbol{\varepsilon}_2+3\boldsymbol{\varepsilon}_3\\\boldsymbol{\eta}_2&=\boldsymbol{\varepsilon}_1+\boldsymbol{\varepsilon}_2+2\boldsymbol{\varepsilon}_3\\\boldsymbol{\eta}_3&=-\boldsymbol{\varepsilon}_1+\boldsymbol{\varepsilon}_2+\boldsymbol{\varepsilon}_3\end{aligned}$$

(2) 求 T 的值域和核；

(3) 在 T 的核中选一组基，把它扩充成 V 的一组基，并求 T 在这组基下的矩阵；

(4) 在 T 的值域中选一组基，把它扩充成 V 的一组基，并求 T 在这组基下的矩阵。

6．已知矩阵 $\boldsymbol{A}=\begin{pmatrix}1&2&2\\2&3&5\\3&5&7\end{pmatrix}$，求 $\boldsymbol{A}$ 的秩和零度。

7．设 V 是数域 F 上的 n 维线性空间，T 是 V 上的线性变换，T 在基 $\varepsilon_1,\varepsilon_2,\cdots,\varepsilon_n$ 下的矩阵是

$$\boldsymbol{A}=\begin{pmatrix}3 & 1 & 0 & \cdots & 0 & 0\\ 0 & 3 & 1 & \cdots & 0 & 0\\ 0 & 0 & 3 & \cdots & 0 & 0\\ \vdots & \vdots & \vdots & \ddots & \vdots & \vdots\\ 0 & 0 & 0 & \cdots & 3 & 1\\ 0 & 0 & 0 & \cdots & 0 & 3\end{pmatrix}$$

(1) 证明：如果 ε_n 属于 T 的不变子空间 W，那么 $W=V$。

(2) 证明：ε_1 属于 T 的任意一个非零不变子空间。

(3) 证明：V 不能分解成 T 的两个非平凡不变子空间的直和。

(4) 求 T 的所有不变子空间。

8．设 T_1 和 T_2 是 R^3 上的线性变换，分别定义为：

$$T_1[(\varepsilon_1,\varepsilon_2,\varepsilon_3)]=(\varepsilon_1+\varepsilon_2+\varepsilon_3,0,0),\quad T_2[(\varepsilon_1,\varepsilon_2,\varepsilon_3)]=(\varepsilon_2,\varepsilon_3,\varepsilon_1)$$

试证：T_1+T_2 的像子空间（值域）是 R^3，即 $(T_1+T_2)(R^3)=R^3$。

第 2 章　矩阵的基本概念

2.1　矩阵的基本运算

本节介绍矩阵的基本运算及其性质。矩阵的基本运算包括矩阵的转置、加法、乘法等。

定义 2.1　设 $\boldsymbol{A}=(a_{ij})$ 是一个 $m\times n$ 矩阵，则 $\boldsymbol{A}$ 的转置记作 $\boldsymbol{A}^{\mathrm{T}}=(a_{ji})$ 是一个 $n\times m$ 矩阵；矩阵 $\boldsymbol{A}$ 的复数共轭 $\overline{\boldsymbol{A}}=(\overline{a_{ij}})$ 仍是一个 $m\times n$ 矩阵；而矩阵 $\boldsymbol{A}$ 的(复数)共轭转置记作 $\boldsymbol{A}^{\mathrm{H}}=(\overline{a_{ji}})$ 是一个 $n\times m$ 矩阵。

共轭转置和转置之间存在如下关系，即转置和取共轭的运算顺序可以交换：

$$\boldsymbol{A}^{\mathrm{H}}=(\overline{\boldsymbol{A}})^{\mathrm{T}}=(\overline{\boldsymbol{A}^{\mathrm{T}}})$$

定义 2.2　两个矩阵 $\boldsymbol{A}=(a_{ij})$，$\boldsymbol{B}=(b_{ij})\in F^{m\times n}$ 称作相等的，并记作 $\boldsymbol{A}$=$\boldsymbol{B}$，假如它们对应位置的元素都相等，即 $a_{ij}=b_{ij}$，$i=1,2,\cdots,m$; $j=1,2,\cdots,n$。

这里需要注意的是，矩阵相等不但包括对应元素相等，还包括维数相等。下面定义矩阵的加法和乘法运算。

定义 2.3　两个矩阵 $\boldsymbol{A}=\begin{pmatrix} a_{11} & a_{12} & \cdots & a_{1n} \\ a_{21} & a_{22} & \cdots & a_{2n} \\ \vdots & \vdots & \ddots & \vdots \\ a_{m1} & a_{m2} & \cdots & a_{mn} \end{pmatrix}$，$\boldsymbol{B}=\begin{pmatrix} b_{11} & b_{12} & \cdots & b_{1n} \\ b_{21} & b_{22} & \cdots & b_{2n} \\ \vdots & \vdots & \ddots & \vdots \\ b_{m1} & b_{m2} & \cdots & b_{mn} \end{pmatrix}$，则矩阵 $\boldsymbol{C}=(a_{ij}+b_{ij})_{m\times n}=\begin{pmatrix} a_{11}+b_{11} & a_{12}+b_{12} & \cdots & a_{1n}+b_{1n} \\ a_{21}+b_{21} & a_{22}+b_{22} & \cdots & a_{2n}+b_{2n} \\ \vdots & \vdots & \ddots & \vdots \\ a_{m1}+b_{m1} & a_{m2}+b_{m2} & \cdots & a_{mn}+b_{mn} \end{pmatrix}$称作矩阵 $\boldsymbol{A}$ 与矩阵 $\boldsymbol{B}$ 的和，记为 $\boldsymbol{C}=\boldsymbol{A}+\boldsymbol{B}$。

定义 2.4　设矩阵 $\boldsymbol{A}\in F^{m\times n}$，$k\in F$，令 $\boldsymbol{M}=(ka_{ij})_{m\times n}$，则称矩阵 $\boldsymbol{M}$ 是数 k 与矩阵 $\boldsymbol{A}$ 的数量乘积，记作 $\boldsymbol{M}=k\boldsymbol{A}$。

有了数乘运算，可以很容易地定义出矩阵的减法运算，即对于矩阵 $\boldsymbol{A}$、$\boldsymbol{B}\in F^{m\times n}$，定义 $\boldsymbol{A}-\boldsymbol{B}=\boldsymbol{A}+(-1)\cdot\boldsymbol{B}$。

下面，我们讨论矩阵乘法的定义。第 1 章中的例 1.2 讨论了向量旋转的问题，即取 $\boldsymbol{x}=\begin{pmatrix}\xi_1\\ \xi_2\end{pmatrix}\in R^2$，将其绕原点旋转 θ 角后得到点 $\boldsymbol{y}=\begin{pmatrix}\eta_1\\ \eta_2\end{pmatrix}$，这里有

$$\begin{cases}\eta_1=\xi_1\cos\theta-\xi_2\sin\theta\\ \eta_2=\xi_1\sin\theta+\xi_2\cos\theta\end{cases}$$

写成矩阵的形式：

$$\begin{pmatrix}\eta_1\\ \eta_2\end{pmatrix}=\begin{pmatrix}\cos\theta & -\sin\theta\\ \sin\theta & \cos\theta\end{pmatrix}\begin{pmatrix}\xi_1\\ \xi_2\end{pmatrix}\in R^2 \tag{2-1}$$

记矩阵 $\boldsymbol{A}=\begin{pmatrix}\cos\theta & -\sin\theta\\ \sin\theta & \cos\theta\end{pmatrix}$ 表示线性变换 σ：旋转角度 θ。

同理，定义线性变换 τ：旋转角度 φ，可以用矩阵 $\boldsymbol{B}=\begin{pmatrix}\cos\varphi & -\sin\varphi\\ \sin\varphi & \cos\varphi\end{pmatrix}$ 来表示。那么，再定义一个线性变换 ψ：先旋转角度 θ，在此基础之上，再旋转角度 φ，即旋转了角度 $\theta+\varphi$，可以用矩阵 $\boldsymbol{C}=\begin{pmatrix}\cos(\theta+\varphi) & -\sin(\theta+\varphi)\\ \sin(\theta+\varphi) & \cos(\theta+\varphi)\end{pmatrix}$ 来表示。由于线性变换 ψ 可以看作相继做了线性变换 σ 和线性变换 τ 的总效果，称之为这两个线性变换的乘积，即 $\psi=\tau\circ\sigma$。于是，根据第 1 章介绍的线性变换和矩阵之间的关系，自然地把对应的矩阵 $\boldsymbol{C}$ 看作矩阵 $\boldsymbol{A}$ 和 $\boldsymbol{B}$ 的乘积，即 $\boldsymbol{C}=\boldsymbol{AB}$。进一步分析矩阵 $\boldsymbol{C}$、$\boldsymbol{A}$、$\boldsymbol{B}$ 元素之间的关系，利用两角和的正、余弦公式，可得：

$$\boldsymbol{C}=\begin{pmatrix}\cos(\theta+\varphi) & -\sin(\theta+\varphi)\\ \sin(\theta+\varphi) & \cos(\theta+\varphi)\end{pmatrix}=\begin{pmatrix}\cos\theta\cos\varphi-\sin\theta\sin\varphi & -\sin\theta\cos\varphi-\cos\theta\sin\varphi\\ \sin\theta\cos\varphi+\cos\theta\sin\varphi & \cos\theta\cos\varphi-\sin\theta\sin\varphi\end{pmatrix}$$

比较矩阵对应位置的元素，可以得到如下关系式：

$$\begin{aligned}&\boldsymbol{C}(1;1)=\boldsymbol{A}(1;1)\boldsymbol{B}(1;1)+\boldsymbol{A}(1;2)\boldsymbol{B}(2;1);\\&\boldsymbol{C}(1;2)=\boldsymbol{A}(1;1)\boldsymbol{B}(1;2)+\boldsymbol{A}(1;2)\boldsymbol{B}(2;2);\\&\boldsymbol{C}(2;1)=\boldsymbol{A}(2;1)\boldsymbol{B}(1;1)+\boldsymbol{A}(2;2)\boldsymbol{B}(2;1);\\&\boldsymbol{C}(2;2)=\boldsymbol{A}(2;1)\boldsymbol{B}(1;2)+\boldsymbol{A}(2;2)\boldsymbol{B}(2;2);\end{aligned}$$

即矩阵 $\boldsymbol{C}$ 的第一行第一列的元素等于矩阵 $\boldsymbol{A}$ 的第一行与矩阵 $\boldsymbol{B}$ 的第一列对应元素的乘积之和，其他元素以此类推。

从上例受到启发，引出了如下矩阵乘法的定义。

定义 2.5　两个矩阵 $\boldsymbol{A}=\begin{pmatrix}a_{11} & a_{12} & \cdots & a_{1n}\\ a_{21} & a_{22} & \cdots & a_{2n}\\ \vdots & \vdots & \ddots & \vdots\\ a_{m1} & a_{m2} & \cdots & a_{mn}\end{pmatrix}$，$\boldsymbol{B}=\begin{pmatrix}b_{11} & b_{12} & \cdots & b_{1s}\\ b_{21} & b_{22} & \cdots & b_{2s}\\ \vdots & \vdots & \ddots & \vdots\\ b_{n1} & b_{n2} & \cdots & b_{ns}\end{pmatrix}$，则矩阵 $\boldsymbol{C}=(c_{ij})_{m\times s}$，其中 $c_{ij}=a_{i1}\cdot b_{1j}+a_{i2}\cdot b_{2j}+\cdots+a_{in}\cdot b_{nj}$，$i=1,2,\cdots,m$；$j=1,2,\cdots,s$，称作矩阵 $\boldsymbol{A}$ 与矩阵 $\boldsymbol{B}$ 的乘积，记为 $\boldsymbol{C}=\boldsymbol{AB}$。显然，定义 2.4 的数乘运算是矩阵乘法的一个特例。

下面介绍矩阵的一些运算性质。根据线性代数的知识，我们知道：

(1) 矩阵的加法满足交换律和结合律；

(2) 矩阵的乘法满足结合律；

(3) 矩阵的加法和乘法满足分配律。

需要注意的是，矩阵的乘法需要满足可乘的条件，即前一个矩阵的列数等于后一个矩阵的行数。除此之外，矩阵乘法还有几个特殊性质。下面通过一个例子加以说明。

例 2.1 取 $\boldsymbol{A}=\begin{pmatrix}1 & 1\\ -1 & -1\end{pmatrix}$，$\boldsymbol{B}=\begin{pmatrix}1 & 1\\ 1 & 1\end{pmatrix}$，$\boldsymbol{C}=\begin{pmatrix}-1 & 2\\ 3 & 0\end{pmatrix}$，计算 $\boldsymbol{AB}$，$\boldsymbol{BA}$，$\boldsymbol{AC}$，$\boldsymbol{A}^2\triangleq\boldsymbol{A}\cdot\boldsymbol{A}$。

解：简单计算可知

$$\boldsymbol{AB}=\begin{pmatrix}1 & 1\\ -1 & -1\end{pmatrix}\begin{pmatrix}1 & 1\\ 1 & 1\end{pmatrix}=\begin{pmatrix}2 & 2\\ -2 & -2\end{pmatrix}$$

$$\boldsymbol{BA}=\begin{pmatrix}1 & 1\\ 1 & 1\end{pmatrix}\begin{pmatrix}1 & 1\\ -1 & -1\end{pmatrix}=\begin{pmatrix}0 & 0\\ 0 & 0\end{pmatrix}$$

$$\boldsymbol{AC}=\begin{pmatrix}1 & 1\\ -1 & -1\end{pmatrix}\begin{pmatrix}-1 & 2\\ 3 & 0\end{pmatrix}=\begin{pmatrix}2 & 2\\ -2 & -2\end{pmatrix}$$

$$\boldsymbol{A}^2\triangleq\boldsymbol{A}\cdot\boldsymbol{A}=\begin{pmatrix}1 & 1\\ -1 & -1\end{pmatrix}\cdot\begin{pmatrix}1 & 1\\ -1 & -1\end{pmatrix}=\begin{pmatrix}0 & 0\\ 0 & 0\end{pmatrix}$$

通过以上计算，可以有以下结论：

(1) 由 $\boldsymbol{AB}\neq\boldsymbol{BA}$，可知矩阵乘法不满足交换律；

(2) 由 $\boldsymbol{AB}=\boldsymbol{AC}$，但 $\boldsymbol{B}\neq\boldsymbol{C}$，可知矩阵乘法不满足消去律；

(3) 虽然 $\boldsymbol{BA}=\boldsymbol{0}$，但是矩阵 $\boldsymbol{B}\neq\boldsymbol{0}$，$\boldsymbol{A}\neq\boldsymbol{0}$，这里，$\boldsymbol{0}$ 表示零矩阵；

(4) 虽然 $\boldsymbol{A}^2=\boldsymbol{0}$，但是矩阵 $\boldsymbol{A}\neq\boldsymbol{0}$。

为了更好地理解矩阵的乘法运算，下面再举一个例子。

例 2.2 已知 $\boldsymbol{\alpha}=(1,2,1)^{\mathrm{T}},\boldsymbol{\beta}=(2,-1,2)^{\mathrm{T}},\boldsymbol{A}=\boldsymbol{\alpha\beta}^{\mathrm{T}}$，计算 $\boldsymbol{A}^{101}$。

解：由定义可得 $\boldsymbol{A}=\begin{pmatrix}1\\ 2\\ 1\end{pmatrix}(2,-1,2)=\begin{pmatrix}2 & -1 & 2\\ 4 & -2 & 4\\ 2 & -1 & 2\end{pmatrix}$，$\boldsymbol{\beta}^{\mathrm{T}}\boldsymbol{\alpha}=(2,-1,2)\begin{pmatrix}1\\ 2\\ 1\end{pmatrix}=2$。另外，根据矩阵乘法的结合律，可知 $\boldsymbol{A}^2=(\boldsymbol{\alpha\beta}^{\mathrm{T}})(\boldsymbol{\alpha\beta}^{\mathrm{T}})=\boldsymbol{\alpha}(\boldsymbol{\beta}^{\mathrm{T}}\boldsymbol{\alpha})\boldsymbol{\beta}^{\mathrm{T}}=2\boldsymbol{A}$，从而

$$\boldsymbol{A}^{101}=\boldsymbol{A}^2\boldsymbol{A}^{99}=2\boldsymbol{A}\boldsymbol{A}^{99}=2\boldsymbol{A}^{100}=\cdots=2^{100}\boldsymbol{A}$$

在介绍了矩阵的乘法运算之后，接下来，我们介绍矩阵的逆。

定义 2.6 对于数域 F 上的矩阵 $\boldsymbol{A}$，如果存在数域 F 上的矩阵 $\boldsymbol{B}$，使得

$$\boldsymbol{AB}=\boldsymbol{BA}=\boldsymbol{I} \tag{2-2}$$

那么，称 $\boldsymbol{A}$ 是可逆矩阵或非奇异矩阵，否则称 $\boldsymbol{A}$ 是非可逆矩阵或奇异矩阵。这里的 $\boldsymbol{B}$ 称为 $\boldsymbol{A}$ 的逆矩阵，记作 $\boldsymbol{A}^{-1}$。

这里需要注意：从式(2-2)可以看出，$\boldsymbol{A}$ 和 $\boldsymbol{B}$ 是可交换的，因此，可逆矩阵一定是一个方阵。除此之外，还有以下性质。

性质 1：如果 $\boldsymbol{A}$ 是可逆矩阵，则 $\boldsymbol{A}^{-1}$ 也是可逆矩阵，且 $(\boldsymbol{A}^{-1})^{-1}=\boldsymbol{A}$。

性质 2：如果 $\boldsymbol{A}$ 是可逆矩阵，$\lambda\neq0$，则 $\lambda\boldsymbol{A}$ 也是可逆矩阵，且 $(\lambda\boldsymbol{A})^{-1}=\dfrac{1}{\lambda}\boldsymbol{A}^{-1}$。

性质 3：如果 $\boldsymbol{A}$、$\boldsymbol{B}$ 都是同阶的可逆矩阵，则 $\boldsymbol{AB}$ 也是可逆矩阵，且 $(\boldsymbol{AB})^{-1}=\boldsymbol{B}^{-1}\boldsymbol{A}^{-1}$。

接下来，我们总结共轭、转置、共轭转置和可逆 4 个概念之间的一些性质。

性质 4：假设 $\boldsymbol{A}$、$\boldsymbol{B}$ 都是同阶的矩阵，矩阵的共轭、转置和共轭转置满足分配律，即

$$\overline{(\boldsymbol{A}+\boldsymbol{B})}=\overline{\boldsymbol{A}}+\overline{\boldsymbol{B}};(\boldsymbol{A}+\boldsymbol{B})^{\mathrm{T}}=\boldsymbol{A}^{\mathrm{T}}+\boldsymbol{B}^{\mathrm{T}},(\boldsymbol{A}+\boldsymbol{B})^{\mathrm{H}}=\boldsymbol{A}^{\mathrm{H}}+\boldsymbol{B}^{\mathrm{H}}$$

性质 5：$(\boldsymbol{AB})^{\mathrm{T}}=\boldsymbol{B}^{\mathrm{T}}\boldsymbol{A}^{\mathrm{T}},(\boldsymbol{AB})^{\mathrm{H}}=\boldsymbol{B}^{\mathrm{H}}\boldsymbol{A}^{\mathrm{H}}$，这里矩阵 $\boldsymbol{A}$ 和 $\boldsymbol{B}$ 满足可乘的条件：前一个矩阵 $\boldsymbol{A}$ 的列数等于后一个矩阵 $\boldsymbol{B}$ 的行数。

性质 6：共轭、转置和共轭转置都可以与求逆运算交换顺序，即

$$(\overline{\boldsymbol{A}})^{-1}=\overline{\boldsymbol{A}^{-1}};\ (\boldsymbol{A}^{\mathrm{T}})^{-1}=(\boldsymbol{A}^{-1})^{\mathrm{T}};\ (\boldsymbol{A}^{\mathrm{H}})^{-1}=(\boldsymbol{A}^{-1})^{\mathrm{H}}$$

除了前面介绍的矩阵乘积运算方式以外，还有一种矩阵的乘法运算也非常重要。

定义 2.7　给定两个矩阵 $\boldsymbol{A}=(a_{ij})\in F^{m\times n},\boldsymbol{B}\in F^{p\times q}$，如下形式的矩阵乘法运算：

$$\boldsymbol{A}\otimes\boldsymbol{B}\triangleq\begin{pmatrix}a_{11}B & a_{12}B & \cdots & a_{1n}B\\ a_{21}B & a_{22}B & \cdots & a_{2n}B\\ \vdots & \vdots & \ddots & \vdots\\ a_{m1}B & a_{m2}B & \cdots & a_{mn}B\end{pmatrix} \tag{2-3}$$

称为矩阵 $\boldsymbol{A}$ 和 $\boldsymbol{B}$ 的克罗内克(Kronecker)积。显然，$\boldsymbol{A}\otimes\boldsymbol{B}$ 的阶数等于 $mp\times nq$。

Kronecker 积在矩阵理论和计算数学等领域的研究中都起到了非常重要的作用。下面，简单介绍它具有的几个基本性质。

性质 7：对于任意的常数 $k,l\in F$，有 $(k\boldsymbol{A})\otimes(l\boldsymbol{B})=(kl)\boldsymbol{A}\otimes\boldsymbol{B}$。

性质 8：$(\boldsymbol{A}\otimes\boldsymbol{B})^{\mathrm{T}}=\boldsymbol{A}^{\mathrm{T}}\otimes\boldsymbol{B}^{\mathrm{T}}$。

性质 9：$(\boldsymbol{A}\otimes\boldsymbol{B})\otimes\boldsymbol{C}=\boldsymbol{A}\otimes(\boldsymbol{B}\otimes\boldsymbol{C})$。

性质 10：给定矩阵 $\boldsymbol{A},\boldsymbol{C}\in F^{m\times n},\boldsymbol{B}\in F^{p\times q}$，有 $(\boldsymbol{A}+\boldsymbol{C})\otimes\boldsymbol{B}=\boldsymbol{A}\otimes\boldsymbol{B}+\boldsymbol{C}\otimes\boldsymbol{B}$ 和 $\boldsymbol{B}\otimes(\boldsymbol{A}+\boldsymbol{C})=\boldsymbol{B}\otimes\boldsymbol{A}+\boldsymbol{B}\otimes\boldsymbol{C}$。

性质 11：给定矩阵 $\boldsymbol{A}\in F^{m\times n},\boldsymbol{C}\in F^{n\times r},\boldsymbol{B}\in F^{p\times q},\boldsymbol{D}\in F^{q\times s}$，有

$$(\boldsymbol{A}\otimes\boldsymbol{B})\cdot(\boldsymbol{C}\otimes\boldsymbol{D})=(\boldsymbol{AC})\otimes(\boldsymbol{BD})$$

性质 12：若 m 阶矩阵 $\boldsymbol{A}$ 和 n 阶矩阵 $\boldsymbol{B}$ 都是可逆的，则 $\boldsymbol{A}\otimes\boldsymbol{B}$ 是可逆的，且有

$$(\boldsymbol{A}\otimes\boldsymbol{B})^{-1}=\boldsymbol{A}^{-1}\otimes\boldsymbol{B}^{-1}$$

以上基本性质都可以通过定义直接证明，具体证明过程略过。

2.2 矩 阵 的 秩

本节首先回忆一下线性代数里讲过的行列式的概念。在一个 n 元排列中，如果一对数中前面的数大于后面的数，则称这对数构成一个逆序。一个 n 元排列中出现的逆序总数称为这个 n 元排列的逆序数。逆序数为偶数的 n 元排列称为偶排列，否则称为奇排列。

定义 2.8 数域F上的n阶方阵$\boldsymbol{A}=(a_{ij})$的行列式是由$\boldsymbol{A}$的元素组成的n! 项的代数和，其中每一项是$\boldsymbol{A}$的位于不同行和不同列的n个元素的乘积，把每一项的n个元素按照行下标成自然序排好位置，当列下标的排序是一个偶排列时，该项带正号，否则带负号，即

$$|\boldsymbol{A}|=\sum_{j_1j_2\cdots j_n}(-1)^{\tau(j_1j_2\cdots j_n)}\boldsymbol{a}_{1j_1}\boldsymbol{a}_{2j_2}\cdots\boldsymbol{a}_{nj_n}$$

其中，$j_1j_2\cdots j_n$是$1,2,\cdots,n$的任一n元排列，$\tau(j_1j_2\cdots j_n)$是其逆序数。矩阵$\boldsymbol{A}$的行列式通常记作$|\boldsymbol{A}|$或$\det\boldsymbol{A}$。

注：只有方阵可以计算行列式。这里需要强调一下行列式和方阵之间的区别，即行列式是一个数值；矩阵是一个数表。

设$\boldsymbol{A}$、$\boldsymbol{B}$为n阶方阵，λ为实数，方阵的行列式还有以下运算性质：

性质 13：$|\boldsymbol{A}^{\mathrm{T}}|=|\boldsymbol{A}|$。

性质 14：$|\lambda\boldsymbol{A}|=\lambda^n|\boldsymbol{A}|$。

性质 15：$|\boldsymbol{AB}|=|\boldsymbol{A}|\cdot|\boldsymbol{B}|$。

下面用矩阵的行列式来表述著名的 Cauchy-Schwartz 不等式。

Cauchy-Schwartz 不等式：若$\boldsymbol{A}$、$\boldsymbol{B}$都是$m\times n$矩阵，则

$$(\det(\boldsymbol{A}^{\mathrm{H}}\boldsymbol{B}))^2\leqslant\det(\boldsymbol{A}^{\mathrm{H}}\boldsymbol{A})\det(\boldsymbol{B}^{\mathrm{H}}\boldsymbol{B})\tag{2-4}$$

读者可以通过练习证明这个不等式来深刻理解行列式、矩阵、矩阵乘积、矩阵转置这些基本概念。

我们接下来介绍k阶子式的定义。

定义 2.9 设$\boldsymbol{A}\in F^{m\times n}$，在$\boldsymbol{A}$中任取$k$行、$k$列$(1\leqslant k\leqslant\min(m,n))$，位于这些行、列相交处的元素构成的$k$阶行列式称为矩阵$\boldsymbol{A}$的一个$k$阶子式。

进一步，根据k阶子式的定义，我们可以得到矩阵的秩的定义。

定义 2.10 若$\boldsymbol{A}\neq\boldsymbol{0}\in F^{m\times n}$，$\boldsymbol{A}$中非零子式的最高阶数$r$称为$\boldsymbol{A}$的秩，记为：$r=\mathrm{rank}(\boldsymbol{A})$。若$\boldsymbol{A}=\boldsymbol{0}$，则定义$\mathrm{rank}(\boldsymbol{A})\triangleq 0$。

关于矩阵的秩存在以下基本性质。

性质 16：对于$\boldsymbol{A}\in F^{m\times n}$，则$\mathrm{rank}(\boldsymbol{A})\leqslant\min\{m,n\}$。

性质 17：对于$\boldsymbol{A}\in F^{m\times n}$，则$\mathrm{rank}(\boldsymbol{A})=\mathrm{rank}(\boldsymbol{A}^{\mathrm{T}})$。

性质 18：对于$\boldsymbol{A}\in F^{m\times n},\boldsymbol{B}\in F^{n\times p}$，则$\mathrm{rank}(\boldsymbol{AB})\leqslant\min\{\mathrm{rank}(\boldsymbol{A}),\mathrm{rank}(\boldsymbol{B})\}$。

性质 19：对于$\boldsymbol{A}\in F^{m\times n},\boldsymbol{B}\in F^{n\times p}$，则$\mathrm{rank}(\boldsymbol{A}+\boldsymbol{B})\leqslant\mathrm{rank}(\boldsymbol{A})+\mathrm{rank}(\boldsymbol{B})$。

秩是矩阵论中一个非常重要的概念。通过回忆线性代数的知识可以知道，矩阵的秩度量的就是矩阵的行向量(或列向量)之间的相关性。进一步，如果矩阵的行向量之间是线性无关的，则矩阵就是行满秩的，也就是秩等于行数。为了叙述方便，我们把F上所有m行n列且秩为r的矩阵的集合记为$F_r^{m\times n}$。关于矩阵的秩有以下 3 种特殊情况。

情况 1：若$\boldsymbol{A}\in F_m^{m\times n}$，称$\boldsymbol{A}$是行满秩的；否则称$\boldsymbol{A}$是行降秩的，即$r<m$。

情况 2：若$\boldsymbol{A}\in F_n^{m\times n}$，称$\boldsymbol{A}$是列满秩的；否则称$\boldsymbol{A}$是列降秩的，即$r<n$。

情况 3：若 $A\in F_m^{m\times m}$，称 A 是满秩的。

下面，我们介绍一个关于矩阵可逆的重要的判定定理。

定理 2.1　方阵 $A\neq 0\in F^{n\times n}$ 可逆的充分必要条件为 $|A|\neq 0$，且满足此条件时，A 有唯一的逆：$A^{-1}=\dfrac{1}{\det A}A^{*}\in F_n^{n\times n}$。

证明：(1) 必要性。当 $A\neq 0\in F^{n\times n}$ 可逆时，即存在一个矩阵 A^{-1}，满足 $A\cdot A^{-1}=I$，两边同时取行列式，得到

$$\left|A\cdot A^{-1}\right|=|A|\cdot\left|A^{-1}\right|=|I|=1$$

显然有 $|A|\neq 0$。

(2) 充分性。当 $|A|\neq 0$ 时，证明矩阵 A 是可逆矩阵，关键在于找到一个矩阵 B，使得 $A\cdot B=B\cdot A=I$。假设矩阵 $A=(a_{ij})$，根据线性代数的知识可知：

$$\begin{pmatrix} a_{11} & a_{12} & \cdots & a_{1n} \\ a_{21} & a_{22} & \cdots & a_{2n} \\ \vdots & \vdots & \ddots & \vdots \\ a_{n1} & a_{n2} & \cdots & a_{nn} \end{pmatrix}\cdot\begin{pmatrix} A_{11} & A_{21} & \cdots & A_{n1} \\ A_{12} & A_{22} & \cdots & A_{n2} \\ \vdots & \vdots & \ddots & \vdots \\ A_{1n} & A_{2n} & \cdots & A_{nn} \end{pmatrix}=\begin{pmatrix} |A| & 0 & \cdots & 0 \\ 0 & |A| & \cdots & 0 \\ \vdots & \vdots & \ddots & \vdots \\ 0 & 0 & \cdots & |A| \end{pmatrix}=|A|\cdot I$$

这里，矩阵 $\begin{pmatrix} A_{11} & A_{21} & \cdots & A_{n1} \\ A_{12} & A_{22} & \cdots & A_{n2} \\ \vdots & \vdots & \ddots & \vdots \\ A_{1n} & A_{2n} & \cdots & A_{nn} \end{pmatrix}$ 称为 A 的伴随矩阵，记作 A^{*}。由此，上式可以简化为

$$A\cdot A^{*}=A^{*}\cdot A=|A|\cdot I$$

由于 $|A|\neq 0$，两边同时除以 $|A|$，得到

$$A\cdot\left(\frac{A^{*}}{|A|}\right)=\left(\frac{A^{*}}{|A|}\right)\cdot A=I$$

这样，我们就构造出了一个矩阵 A 的逆矩阵 $\left(\dfrac{A^{*}}{|A|}\right)$。

证毕。

这里需要强调的是，若 $|A|\neq 0$，则称 A 是满秩的，由以上结论可知，A 也是可逆的，所以满秩、可逆和非奇异三个概念是等价的。

例 2.3　设 A 为 3 阶方阵，且 $|A|=\dfrac{1}{2}$，计算 $\left|(2A)^{-1}-5A^{*}\right|$。

解：根据伴随矩阵 A^{*} 的定义，可知 $A^{*}=|A|A^{-1}=\dfrac{1}{2}A^{-1}$，所以

$$\left|(2A)^{-1}-5A^{*}\right|=\left|\frac{1}{2}A^{-1}-\frac{5}{2}A^{-1}\right|=\left|-2A^{-1}\right|=(-2)^{3}\frac{1}{|A|}=-16$$

这个解题过程中用到了一个重要结论：$\left|k\cdot A_{n\times n}\right|=k^{n}\cdot\left|A_{n\times n}\right|$。而这个结论可以使读者加

深理解行列式和矩阵两个概念关于数乘运算的区别，即矩阵的数乘运算是矩阵中每一个元素都乘以这个数；而一个数乘以一个行列式等价于这个数乘以行列式的某一行或某一列。

2.3 矩阵的迹

下面介绍矩阵的迹的概念。

定义 2.11 设矩阵 $\boldsymbol{A}=(a_{ij})\in F^{n\times n}$，定义

$$\mathrm{tr}(\boldsymbol{A})=a_{11}+a_{22}+\cdots+a_{nn}=\sum_{i=1}^{n}a_{ii} \tag{2-5}$$

为矩阵 $\boldsymbol{A}$ 的迹。

关于矩阵的迹需要注意以下两点：

(1)矩阵的迹就是矩阵的主对角线上的元素的和；

(2)非方阵没有迹的定义。

接下来，我们介绍矩阵的迹的基本性质。

性质 20：若 $\boldsymbol{A}$、$\boldsymbol{B}\in F^{n\times n}$，则 $\mathrm{tr}(\boldsymbol{A}+\boldsymbol{B})=\mathrm{tr}(\boldsymbol{A})+\mathrm{tr}(\boldsymbol{B})$。

性质 21：若 $\boldsymbol{A}$、$\boldsymbol{B}\in F^{n\times n}$，且 c_1、c_2 是常数，则 $\mathrm{tr}(c_1\boldsymbol{A}\pm c_2\boldsymbol{B})=c_1\mathrm{tr}(\boldsymbol{A})\pm c_2\mathrm{tr}(\boldsymbol{B})$。

性质 22： $\mathrm{tr}(\boldsymbol{A}^{\mathrm{T}})=\mathrm{tr}(\boldsymbol{A});\mathrm{tr}(\overline{\boldsymbol{A}})=\overline{\mathrm{tr}(\boldsymbol{A})};\mathrm{tr}(\boldsymbol{A}^{\mathrm{H}})=\overline{(\mathrm{tr}(\boldsymbol{A}))}$。

性质 23：若 $\boldsymbol{A}\in F^{m\times n}$、$\boldsymbol{B}\in F^{n\times m}$，则 $\mathrm{tr}(\boldsymbol{AB})=\mathrm{tr}(\boldsymbol{BA})$。

性质 24：若 $\boldsymbol{A}\in F^{m\times n}$，则 $\mathrm{tr}(\boldsymbol{A}\boldsymbol{A}^{\mathrm{H}})=\mathrm{tr}(\boldsymbol{A}^{\mathrm{H}}\boldsymbol{A})=\sum_{i=1}^{m}\sum_{j=1}^{n}a_{ij}\cdot\overline{a_{ij}}$。

注：这个性质非常重要，将在随后的章节中用到。

性质 25： $\mathrm{tr}(\boldsymbol{A}^2)\leqslant\mathrm{tr}(\boldsymbol{A}^{\mathrm{T}}\boldsymbol{A})$。

性质 26：若 $\boldsymbol{A}\in F^{m\times n}$、$\boldsymbol{B}\in F^{m\times n}$，则 $\mathrm{tr}((\boldsymbol{A}^{\mathrm{T}}\boldsymbol{B})^2)\leqslant\mathrm{tr}(\boldsymbol{A}^{\mathrm{T}}\boldsymbol{A})\mathrm{tr}(\boldsymbol{B}^{\mathrm{T}}\boldsymbol{B})$ (Cauchy-Schwartz 不等式)。注意和式(2-4)的不同。

以上性质的证明可以直接采用迹的定义，这里略过。

2.4 矩阵的特征值和特征向量

定义 2.12 设 $\boldsymbol{A}\in F^{n\times n}$，若存在数 λ 及非零向量 $\boldsymbol{x}$，使得 $\boldsymbol{Ax}=\lambda\boldsymbol{x}$,则称 λ 为 $\boldsymbol{A}$ 的特征值，$\boldsymbol{x}$ 为 $\boldsymbol{A}$ 的属于特征值 λ 的特征向量。

这里需要强调两点：

(1)特征向量是一个非零向量；

(2)特征向量不唯一。

因为如果 $\boldsymbol{x}$ 为 $\boldsymbol{A}$ 的属于特征值 λ 的特征向量,则对于任意一个非零常数 k,有 $\boldsymbol{A}\cdot(k\boldsymbol{x})=k\cdot\boldsymbol{Ax}=\lambda\cdot(k\boldsymbol{x})$，$k\boldsymbol{x}$ 为 $\boldsymbol{A}$ 的属于特征值 λ 的特征向量。

由于特征值和特征向量在矩阵论中起到非常重要的作用，这里有必要来深刻理解这两个概念。

首先，从工程应用的角度来看，一种观点是把矩阵 $\boldsymbol{A}$ 理解成一个线性时不变系统，向量 $\boldsymbol{x}$ 看作系统的输入，向量 $\lambda\boldsymbol{x}$ 则被看作系统的输出，那么参数 λ 可以看作系统的增益。由于只有当特征向量是线性时不变系统的输入时，系统的输出才具有只与输入向量相差一个倍数因子(特征值 λ)的特征，所以特征向量可以看作表征系统特征的向量。这就是从线性系统的观点给出特征向量的物理解释。

另外一种解释是，矩阵特征值是对特征向量进行伸缩和旋转程度的度量，实数是只进行伸缩，虚数是只进行旋转，复数就是有伸缩有旋转。其实，最重要的概念是特征向量，从它的定义可以看出，特征向量是在矩阵变换下只进行“规则”变换的向量，这个“规则”就是特征值。

下面，我们考虑如何求解特征值和特征向量的问题。根据定义，我们可知，特征向量是满足 $(\lambda\boldsymbol{I}-\boldsymbol{A})\boldsymbol{x}=0$ 的非零解。利用线性代数中线性方程组的求解法则，可得特征向量存在的充要条件是 $\det(\lambda\boldsymbol{I}-\boldsymbol{A})=0$。根据行列式展开定理可知，$\det(\lambda\boldsymbol{I}-\boldsymbol{A})$ 展开后是一个关于 λ 的多项式，由此，我们有下面两个定义：

定义 2.13　称 $\det(\lambda\boldsymbol{I}-\boldsymbol{A})$ 为矩阵 $\boldsymbol{A}$ 的特征多项式。

定义 2.14　称方程 $\det(\lambda\boldsymbol{I}-\boldsymbol{A})=0$ 为 $\boldsymbol{A}$ 的特征方程(首一的一元 n 次方程)。

下面，我们通过一个例题来介绍矩阵的特征值和特征向量的求解过程。

例 2.4　求矩阵 $\boldsymbol{A}=\begin{pmatrix}1 & -2 & 2\\ -2 & -2 & 4\\ 2 & 4 & -2\end{pmatrix}$ 的特征值和特征向量。

解：第一步，求特征方程的所有解。

$$|\lambda\boldsymbol{I}-\boldsymbol{A}|=\begin{pmatrix}\lambda-1 & 2 & -2\\ 2 & \lambda+2 & -4\\ -2 & -4 & \lambda+2\end{pmatrix}=(\lambda-2)^2(\lambda+7)=0$$

可得矩阵 $\boldsymbol{A}$ 的特征值：$\lambda_1=\lambda_2=2$（二重根）和 $\lambda_3=-7$（单根）。

第二步，求矩阵 $\boldsymbol{A}$ 的属于特征值 $\lambda_1=\lambda_2=2$ 的特征向量，即求解齐次线性方程组：

$$(2\boldsymbol{I}-\boldsymbol{A})\boldsymbol{x}=0$$

$$2\boldsymbol{I}-\boldsymbol{A}=\begin{pmatrix}1 & 2 & -2\\ 2 & 4 & -4\\ -2 & -4 & 4\end{pmatrix}\xrightarrow[\text{第1行}\times 2+\text{第3行}]{\text{第1行}\times(-2)+\text{第2行}}\begin{pmatrix}1 & 2 & -2\\ 0 & 0 & 0\\ 0 & 0 & 0\end{pmatrix}$$

得到相应的基础解系：$\boldsymbol{p}_1=\begin{pmatrix}-2\\ 1\\ 0\end{pmatrix},\boldsymbol{p}_2=\begin{pmatrix}2\\ 0\\ 1\end{pmatrix}$。则矩阵 $\boldsymbol{A}$ 的属于特征值 $\lambda_1=\lambda_2=2$ 的全部特征向量可以表示成如下线性组合：

$$k_1\boldsymbol{p}_1+k_2\boldsymbol{p}_2$$

这里 $k_1,k_2\in F$，且不能同时为 0。(为什么？请读者考虑。)

第三步，求矩阵 $\boldsymbol{A}$ 的属于特征值 $\lambda_3=-7$ 的特征向量，即求解齐次线性方程组：

$$(-7\boldsymbol{I}-\boldsymbol{A})\boldsymbol{x}=0$$

$$7\boldsymbol{I}+\boldsymbol{A}=\begin{pmatrix}8&-2&2\\-2&5&4\\2&4&5\end{pmatrix}\xrightarrow[\text{第2行}\times 2+\text{第1行}]{\substack{\text{第2行+第3行}\\\text{第3行}\times(-4)+\text{第1行}}}\begin{pmatrix}0&0&0\\0&9&9\\2&4&5\end{pmatrix}\xrightarrow[\text{第2行}\times(-4)+\text{第3行}]{\text{第2行}\div 9}\begin{pmatrix}0&0&0\\0&1&1\\2&0&1\end{pmatrix}$$

写成方程组为：

$$\begin{cases}x_2+x_3=0\\2x_1+x_3=0\end{cases}$$

显然，上述方程组只有一个自由变量 x_3，为了避免出现分数(当然，这一要求不是必须满足的)，取 $x_3=-2$，得到解空间的基础解系：$\boldsymbol{p}_3=\begin{pmatrix}1\\2\\-2\end{pmatrix}$，则矩阵 $\boldsymbol{A}$ 的属于特征值 $\lambda_3=-7$ 的全部特征向量可以表示成如下线性组合：$k_3\boldsymbol{p}_3$，这里 $k_3\neq 0\in F$。

定理 2.2 矩阵 $\boldsymbol{A}=(a_{ij})\in F^{n\times n}$，有且仅有 n 个特征值，且若 $\lambda_1,\lambda_2,\cdots,\lambda_n\in F$ 是 $\boldsymbol{A}$ 的 n 个特征值，则 $\sum_{i=1}^{n}\lambda_i=\operatorname{tr}\boldsymbol{A}$，$\prod_{i=1}^{n}\lambda_i=\det\boldsymbol{A}$。

证明：对矩阵 $\boldsymbol{A}$ 的阶数用数学归纳法。当 $\boldsymbol{A}$ 的阶数为 1 时，$\det(\lambda\boldsymbol{I}-\boldsymbol{A})=\lambda-a_{11}$，定理成立。设 $\boldsymbol{A}$ 的阶数为 n–1 时定理成立，需要证明 $\boldsymbol{A}$ 的阶数为 n 时，定理也成立。证明的关键在于：

$$\det(\lambda\boldsymbol{I}-\boldsymbol{A})=\begin{vmatrix}\lambda-a_{11}&-a_{12}&\cdots&-a_{1n}\\-a_{21}&\lambda-a_{22}&\cdots&-a_{2n}\\\vdots&\vdots&\ddots&\vdots\\-a_{n1}&-a_{n2}&\cdots&\lambda-a_{nn}\end{vmatrix}$$

$$=\begin{vmatrix}\lambda-a_{11}-1+1&-a_{12}&\cdots&-a_{1n}\\-a_{21}&\lambda-a_{22}&\cdots&-a_{2n}\\\vdots&\vdots&\ddots&\vdots\\-a_{n1}&-a_{n2}&\cdots&\lambda-a_{nn}\end{vmatrix}$$

$$=\begin{vmatrix}\lambda-a_{11}-1&-a_{12}&\cdots&-a_{1n}\\0&\lambda-a_{22}&\cdots&-a_{2n}\\\vdots&\vdots&\ddots&\vdots\\0&-a_{n2}&\cdots&\lambda-a_{nn}\end{vmatrix}+\begin{vmatrix}1&-a_{12}&\cdots&-a_{1n}\\-a_{21}&\lambda-a_{22}&\cdots&-a_{2n}\\\vdots&\vdots&\ddots&\vdots\\-a_{n1}&-a_{n2}&\cdots&\lambda-a_{nn}\end{vmatrix}$$

$$=\begin{vmatrix}\lambda-a_{11}-1&-a_{12}&\cdots&-a_{1n}\\0&\lambda-a_{22}&\cdots&-a_{2n}\\\vdots&\vdots&\ddots&\vdots\\0&-a_{n2}&\cdots&\lambda-a_{nn}\end{vmatrix}+\begin{vmatrix}1&-a_{12}&\cdots&-a_{1n}\\0&\lambda-a_{22}-a_{12}a_{21}&\cdots&-a_{2n}-a_{1n}a_{21}\\\vdots&\vdots&\ddots&\vdots\\0&-a_{n2}-a_{12}a_{n1}&\cdots&\lambda-a_{nn}-a_{1n}a_{n1}\end{vmatrix}$$

$$=(\lambda-a_{11}-1)\begin{vmatrix}\lambda-a_{22} & \cdots & -a_{2n}\\ \vdots & \ddots & \vdots\\ -a_{n2} & \cdots & \lambda-a_{nn}\end{vmatrix}+\begin{vmatrix}\lambda-a_{22}-a_{12}a_{21} & \cdots & -a_{2n}-a_{1n}a_{21}\\ \vdots & \ddots & \vdots\\ -a_{n2}-a_{12}a_{n1} & \cdots & \lambda-a_{nn}-a_{1n}a_{n1}\end{vmatrix}$$

由于
$$\begin{vmatrix}\lambda-a_{22} & \cdots & -a_{2n}\\ \vdots & \ddots & \vdots\\ -a_{n2} & \cdots & \lambda-a_{nn}\end{vmatrix}=\lambda^{n-1}-(a_{22}+\cdots+a_{nn})\lambda^{n-2}+\cdots+c_1$$

$$\begin{vmatrix}\lambda-a_{22}-a_{12}a_{21} & \cdots & -a_{2n}-a_{1n}a_{21}\\ \vdots & \ddots & \vdots\\ -a_{n2}-a_{12}a_{n1} & \cdots & \lambda-a_{nn}-a_{1n}a_{n1}\end{vmatrix}=\lambda^{n-1}+c_2\lambda^{n-2}+\cdots+c_3$$

$$\begin{aligned}\det(\lambda\boldsymbol{I}-\boldsymbol{A})&=(\lambda-a_{11}-1)[\lambda^{n-1}-(a_{22}+\cdots+a_{nn})\lambda^{n-2}+\cdots+c_1]+(\lambda^{n-1}+c_2\lambda^{n-2}+\cdots+c_3)\\&=\lambda^n-(\mathrm{tr}\,\boldsymbol{A})\lambda^{n-1}+\cdots+c\end{aligned}$$

这里，$c=-(a_{11}+1)c_1+c_3\in F$。再令上式中 $\lambda=0$，则有

$$c=\det(-\boldsymbol{A})=(-1)^n\det\boldsymbol{A}$$

又因为 $\lambda_1,\lambda_2,\cdots,\lambda_n$ 是矩阵 $\boldsymbol{A}$ 的 n 个特征根，所以

$$\begin{aligned}\det(\lambda\boldsymbol{I}-\boldsymbol{A})&=(\lambda-\lambda_1)(\lambda-\lambda_2)\cdots(\lambda-\lambda_n)\\&=\lambda^n-(\lambda_1+\lambda_2+\cdots+\lambda_n)\lambda^{n-1}+\cdots+(-1)^n\lambda_1\lambda_2\cdots\lambda_n\end{aligned}$$

通过比较两个多项式两边的系数，可知结论成立。

证毕。

除此之外，关于矩阵的特征值还有以下一些性质。

性质 27：$\boldsymbol{A}\in F^{n\times n}$ 满秩的充要条件是 $\boldsymbol{A}$ 的所有特征值都不等于零。

性质 28：对于 $\boldsymbol{A}\in F^{n\times n}$，0 是 $\boldsymbol{A}$ 的特征值的充要条件是 $|\boldsymbol{A}|=0$。

性质 29：矩阵 $\boldsymbol{A}$ 和 $\boldsymbol{A}^{\mathrm{T}}$ 具有相同的特征值。

性质 30：若 λ 是 $\boldsymbol{A}\in F^{n\times n}$ 的特征值，则有：

(1) λ^k 是 $\boldsymbol{A}^k$ 的特征值；

(2) 若 $\boldsymbol{A}$ 非奇异，则 $\boldsymbol{A}^{-1}$ 具有特征值 λ^{-1}；

(3) 矩阵 $\boldsymbol{A}+\sigma^2\boldsymbol{I}$ 的特征值为 $\lambda+\sigma^2$。

以上性质的证明比较简单，留给读者作为理解相关定义的练习。

定义 2.15　矩阵 $\boldsymbol{A}\in F^{n\times n}$ 的所有特征值的集合称为矩阵 $\boldsymbol{A}$ 的谱，记作 $\lambda(\boldsymbol{A})$；而矩阵 $\boldsymbol{A}$ 的谱半径是一个非负实数，定义为

$$\rho(\boldsymbol{A})=\max|\lambda|,\forall\lambda\in\lambda(\boldsymbol{A})\tag{2-6}$$

下面，介绍关于谱半径的两个常用性质。

性质 31：设 $\boldsymbol{A}\in C^{n\times n}$，则有 $\rho(\boldsymbol{A}^k)=(\rho(\boldsymbol{A}))^k$。

证明：用数学归纳法证明 $\lambda_1^k,\lambda_2^k,\cdots,\lambda_n^k$ 是 $\boldsymbol{A}^k$ 的特征值。

性质 32：设 $\boldsymbol{A}\in C^{n\times n}$，则有 $\rho(\boldsymbol{A}^{\mathrm{H}}\boldsymbol{A})=\rho(\boldsymbol{A}\boldsymbol{A}^{\mathrm{H}})$。

证：根据性质 29 和关系式：$(\boldsymbol{A}^{\mathrm{H}}\boldsymbol{A})^{\mathrm{H}}=\boldsymbol{A}^{\mathrm{H}}\boldsymbol{A}$，可知结论成立。

特征值的代数重数与几何重数在随后的章节中将会用到，这里先进行简单介绍。

定义 2.16 若 λ_i 是 $\boldsymbol{A}\in C^{n\times n}$ 的 r_i 重特征值，则称 λ_i 的代数重数为 r_i；对应 λ_i 有 s_i 个线性无关的特征向量，则称 λ_i 的几何重数为 s_i。

关于特征值的代数重数与几何重数之间的关系，我们不加证明地引入下面的定理。

定理 2.3 特征值的几何重数不超过它的代数重数，即 $1\leqslant s_i\leqslant r_i$。

关于特征值的几何重数，还有另一种定义：$(\lambda\boldsymbol{I}-\boldsymbol{A})x=0$ 的解空间称为 $\boldsymbol{A}$ 的属于特征值 λ 的特征子空间，记为 V_λ。特征子空间的维数 $\dim V_\lambda=n-\mathrm{rank}(\lambda\boldsymbol{I}-\boldsymbol{A})$ 称为 $\boldsymbol{A}$ 的特征值 λ 的几何重数。

例 2.4 中，矩阵 $\boldsymbol{A}$ 的特征值 2 是两重根，即特征值 2 的代数重数为 2；对应的特征向量有 2 个，则特征值 2 的几何重数也为 2。这里几何重数和代数重数相等，验证了定理 2.3 的结论成立。同时也引出一个问题：几何重数和代数重数相等的矩阵有什么性质？这个问题在下一章中进行解答。

矩阵的特征值及其特征向量之间存在如下关系。

定理 2.4 属于不同特征值的特征向量必线性无关，即设 $\lambda_1,\lambda_2,\cdots,\lambda_s\in C$ 是矩阵 $\boldsymbol{A}\in C^{n\times n}$ 的互不相同的特征值，$\boldsymbol{x}_1,\boldsymbol{x}_2,\cdots,\boldsymbol{x}_s\in C^n$ 是分别与之对应的特征向量，则 $\boldsymbol{x}_1,\boldsymbol{x}_2,\cdots,\boldsymbol{x}_s\in C^n$ 是线性无关的。

证明：对 s 用数学归纳法。当 s=1 时，显然成立。设结论对 s–1 时成立，下面证明结论对 s 也成立。假设有一组常数 $k_1,k_2,\cdots,k_s$，使得下式成立

$$k_1\boldsymbol{x}_1+k_2\boldsymbol{x}_2+\cdots+k_s\boldsymbol{x}_s=0$$

根据特征值和特征向量的定义可知 $\boldsymbol{A}\boldsymbol{x}_i=\lambda_i\boldsymbol{x}_i(i=1,2,\cdots,s)$，用 $\boldsymbol{A}$ 左乘上式两端，并化简得

$$k_1\lambda_1\boldsymbol{x}_1+k_2\lambda_2\boldsymbol{x}_2+\cdots+k_s\lambda_s\boldsymbol{x}_s=0$$

从上面两个等式中消去变量 $\boldsymbol{x}_s$，得

$$k_1(\lambda_1-\lambda_s)\boldsymbol{x}_1+k_2(\lambda_2-\lambda_s)\boldsymbol{x}_2+\cdots+k_{s-1}(\lambda_{s-1}-\lambda_s)\boldsymbol{x}_{s-1}=0$$

由归纳假定 $\boldsymbol{x}_1,\boldsymbol{x}_2,\cdots,\boldsymbol{x}_{s-1}$ 线性无关，又特征值互不相同，即 $\lambda_i-\lambda_s\neq 0(i=1,2,\cdots,s-1)$，可得

$$k_1=k_2=\cdots=k_{s-1}=0$$

进而得 $k_s=0$，故 $\boldsymbol{x}_1,\boldsymbol{x}_2,\cdots,\boldsymbol{x}_s$ 线性无关。

证毕。

定理 2.4 的结论可以进一步推广，得到如下定理。

定理 2.5 属于不同特征值的线性无关的特征向量组，组合起来仍线性无关，即设 $\lambda_1,\lambda_2,\cdots,\lambda_s\in C$ 是 $\boldsymbol{A}\in C^{n\times n}$ 的互不相同的特征值，$\boldsymbol{x}_{i1},\boldsymbol{x}_{i2},\cdots,\boldsymbol{x}_{ir_i}\in C^n$ 是分别与 λ_i 对应的 r_i 个线性无关的特征向量组，$i=1,2,\cdots,s$，则向量组 $\boldsymbol{x}_{11},\cdots,\boldsymbol{x}_{1r_1},\boldsymbol{x}_{21},\cdots,\boldsymbol{x}_{2r_2},\cdots,\boldsymbol{x}_{s1},\cdots,\boldsymbol{x}_{sr_s}\in C^n$ 也是线性无关的。

证明：这个定理的证明思路是对特征值的个数采用归纳法。证明过程类似于定理 2.4，具体过程从略。

接下来的章节里，我们将介绍矩阵论里经常用到的几类矩阵，包括正交矩阵、酉矩阵、正规矩阵、正定矩阵、半正定矩阵和幂矩阵等。

2.5 正交矩阵和酉矩阵

本节介绍的这一类矩阵具有非常特殊的性质：它的逆矩阵等于它的转置。这类矩阵称为正交矩阵，而正交的概念可以理解成以前学过的垂直这一概念的推广。

定义 2.17 设 A 为一个 n 阶实矩阵，如果其满足 $A^{\mathrm{T}}A=AA^{\mathrm{T}}=I$，则称 A 是正交矩阵。对于一个 n 阶复矩阵 A，如果其满足 $A^{\mathrm{H}}A=AA^{\mathrm{H}}=I$，则称 A 是酉矩阵。

正交矩阵(或酉矩阵)满足以下 3 个基本性质。

性质 33：若 A 是正交矩阵，则 $A^{-1}=A^{\mathrm{T}}$；若 A 是酉矩阵，则 $A^{-1}=A^{\mathrm{H}}$。

性质 34：若 A 是正交矩阵，则 $\det(A)=\pm1$；若 A 是酉矩阵，则 $\det(A)=1$。

性质 35：若 A、B 都是正交矩阵，则 AB、BA 也都是正交矩阵；若 A、B 都是酉矩阵，则 AB、BA 也都是酉矩阵。

下面介绍三种向量正交化方法：Gram-Schmidt 正交化方法、Given 变换和 Householder 变换。

2.5.1 Gram-Schmidt 正交化方法

首先，我们回忆线性代数中关于内积的定义。

定义 2.18 在 R^n 上，任给两个向量 $\boldsymbol{\alpha}=(a_1,a_2,\cdots,a_n),\boldsymbol{\beta}=(b_1,b_2,\cdots,b_n)$，规定：

$$(\boldsymbol{\alpha},\boldsymbol{\beta})\triangleq a_1b_1+a_2b_2+\cdots+a_nb_n=\boldsymbol{\alpha}\boldsymbol{\beta}^{\mathrm{T}} \tag{2-7}$$

这个二元实值函数 $(\boldsymbol{\alpha},\boldsymbol{\beta})$ 称为 R^n 上的一个内积。

我们知道，欧式空间是定义了内积运算的实线性空间。欧式空间里有两个重要概念：长度和正交。

定义 2.19 在欧式空间里，非负实数 $\sqrt{(\boldsymbol{x},\boldsymbol{x})}$ 称为向量 $\boldsymbol{x}$ 的长度(或模，范数)，记作 $|\boldsymbol{x}|$，即

$$|\boldsymbol{x}|=\sqrt{(\boldsymbol{x},\boldsymbol{x})} \tag{2-8}$$

特别的，长度为 1 的向量称为单位向量。如果向量 $\boldsymbol{x}\neq0$，则 $\boldsymbol{x}_0=\dfrac{1}{|\boldsymbol{x}|}\cdot\boldsymbol{x}$ 是一个单位向量，这个计算过程叫作向量 $\boldsymbol{x}$ 的单位化或者规范化。

定义 2.20 在欧式空间里，任给两个向量 $\boldsymbol{\alpha},\boldsymbol{\beta}$，若

$$(\boldsymbol{\alpha},\boldsymbol{\beta})=0 \tag{2-9}$$

则称向量 $\boldsymbol{\alpha},\boldsymbol{\beta}$ 是正交的或相互垂直的，记作 $\boldsymbol{\alpha}\perp\boldsymbol{\beta}$。

我们通常把一组两两正交的非零向量称作正交向量组。在 n 维欧式空间 V 中，由 n

个非零向量组成的正交向量组称为 V 的正交基；由单位向量组成的正交基称为标准正交基。下面，介绍 Gram-Schmidt 正交化方法实现正交化过程。

设 $\{\boldsymbol{\alpha}_1,\boldsymbol{\alpha}_2,\cdots,\boldsymbol{\alpha}_r\}$ 为 n 维线性空间 V 中的 r 个线性无关的向量，利用这 r 个向量构造一个正交向量组的步骤如下：

$$\begin{aligned}
\boldsymbol{\beta}_1 &= \boldsymbol{\alpha}_1 \\
\boldsymbol{\beta}_2 &= \boldsymbol{\alpha}_2 - \frac{(\boldsymbol{\alpha}_2,\boldsymbol{\beta}_1)}{(\boldsymbol{\beta}_1,\boldsymbol{\beta}_1)}\boldsymbol{\beta}_1 \\
&\vdots \\
\boldsymbol{\beta}_r &= \boldsymbol{\alpha}_r - \frac{(\boldsymbol{\alpha}_r,\boldsymbol{\beta}_1)}{(\boldsymbol{\beta}_1,\boldsymbol{\beta}_1)}\boldsymbol{\beta}_1 - \cdots - \frac{(\boldsymbol{\alpha}_r,\boldsymbol{\beta}_{r-1})}{(\boldsymbol{\beta}_{r-1},\boldsymbol{\beta}_{r-1})}\boldsymbol{\beta}_{r-1}
\end{aligned} \tag{2-10}$$

容易验证 $\{\boldsymbol{\beta}_1,\boldsymbol{\beta}_2,\cdots,\boldsymbol{\beta}_r\}$ 是一个正交向量组。

例 2.5 设 $\boldsymbol{a}_1=\begin{pmatrix}1\\2\\-1\end{pmatrix}$，$\boldsymbol{a}_2=\begin{pmatrix}-1\\3\\1\end{pmatrix}$，$\boldsymbol{a}_3=\begin{pmatrix}4\\-1\\0\end{pmatrix}$，试用 Gram-Schmidt 正交化过程把这组向量变成单位正交的向量组。

解：根据式(2-10)，具体计算过程如下。

取

$$\boldsymbol{b}_1 = \boldsymbol{a}_1$$

$$\boldsymbol{b}_2 = \boldsymbol{a}_2 - \frac{(\boldsymbol{a}_2,\boldsymbol{b}_1)}{(\boldsymbol{b}_1,\boldsymbol{b}_1)}\boldsymbol{b}_1 = \begin{pmatrix}-1\\3\\1\end{pmatrix} - \frac{4}{6}\begin{pmatrix}1\\2\\-1\end{pmatrix} = \frac{5}{3}\begin{pmatrix}-1\\1\\1\end{pmatrix}$$

$$\boldsymbol{b}_3 = \boldsymbol{a}_3 - \frac{(\boldsymbol{a}_3,\boldsymbol{b}_1)}{(\boldsymbol{b}_1,\boldsymbol{b}_1)}\boldsymbol{b}_1 - \frac{(\boldsymbol{a}_3,\boldsymbol{b}_2)}{(\boldsymbol{b}_2,\boldsymbol{b}_2)}\boldsymbol{b}_2 = \begin{pmatrix}4\\-1\\0\end{pmatrix} - \frac{1}{3}\begin{pmatrix}1\\2\\-1\end{pmatrix} + \frac{5}{3}\begin{pmatrix}-1\\1\\1\end{pmatrix} = 2\begin{pmatrix}1\\0\\1\end{pmatrix}$$

再把它们单位化，取：

$$\boldsymbol{e}_1 = \frac{\boldsymbol{b}_1}{|\boldsymbol{b}_1|} = \frac{1}{\sqrt{6}}\begin{pmatrix}1\\2\\-1\end{pmatrix}, \boldsymbol{e}_2 = \frac{\boldsymbol{b}_2}{|\boldsymbol{b}_2|} = \frac{1}{\sqrt{3}}\begin{pmatrix}-1\\1\\1\end{pmatrix}, \boldsymbol{e}_3 = \frac{\boldsymbol{b}_3}{|\boldsymbol{b}_3|} = \frac{1}{\sqrt{2}}\begin{pmatrix}1\\0\\1\end{pmatrix}$$

则 $\boldsymbol{e}_1, \boldsymbol{e}_2, \boldsymbol{e}_3$ 即为所求。

2.5.2 Givens 变换

定义 2.21 设实数 c 与 s 满足 $c^2+s^2=1$，称：

$$T_{ij}(c,s)=\begin{pmatrix}1 & & & & & & & & & & \\ & \ddots & & & & & & & & & \\ & & 1 & & & & & & & & \\ & & & c & & & & s & & & \\ & & & & 1 & & & & & & \\ & & & & & \ddots & & & & & \\ & & & & & & 1 & & & & \\ & & & -s & & & & c & & & \\ & & & & & & & & 1 & & \\ & & & & & & & & & \ddots & \\ & & & & & & & & & & 1\end{pmatrix} \tag{2-11}$$

为 Givens 矩阵(初等旋转矩阵)。由 Givens 矩阵确定的线性变换称为 Givens 变换。当 $c^2+s^2=1$时，存在角度 θ，使得 $c=\cos\theta$，$s=\sin\theta$。

根据 Givens 矩阵的定义，容易验证下面的性质成立。

性质 36：Givens 矩阵是正交矩阵，且 $|T_{ij}(c,s)|=1$。

性质 37：$[T_{ij}(c,s)]^{-1}=[T_{ij}(c,s)]^{\mathrm{T}}=T_{ij}(c,-s)$。

下面介绍 Givens 矩阵的一个非常重要的作用。

定理 2.6　设 n 维向量 $\boldsymbol{x}=(x_1,x_2,\cdots,x_n)^{\mathrm{T}}\neq 0$，则存在有限个 Givens 矩阵的乘积，记作 $\boldsymbol{T}$，使得 $\boldsymbol{Tx}=|\boldsymbol{x}|\boldsymbol{e}_1$。这里，$|\boldsymbol{x}|=\sqrt{x_1^2+x_2^2+\cdots+x_n^2}$ 表示 n 维向量 $\boldsymbol{x}$ 的长度，n 维向量 $\boldsymbol{e}_1=(1,0,\cdots,0)$。

证明：首先考虑 n 维向量 $\boldsymbol{x}$ 的第一个分量 $x_1\neq 0$，我们采用构造法，分别取：

$$c=\frac{x_1}{\sqrt{x_1^2+x_2^2}},s=\frac{x_2}{\sqrt{x_1^2+x_2^2}}$$

构造出一个 Givens 矩阵 $\boldsymbol{T}_{12}(c,s)$，通过矩阵和向量的乘法运算，可以得到：

$$\boldsymbol{T}_{12}x=\left(\sqrt{x_1^2+x_2^2},0,x_3,\cdots,x_n\right)^{\mathrm{T}}$$

同理，下一步，我们再对向量 $\boldsymbol{T}_{12}\boldsymbol{x}$ 构造 Givens 矩阵 $\boldsymbol{T}_{13}(c,s)$，分别取：

$$c=\frac{\sqrt{x_1^2+x_2^2}}{\sqrt{x_1^2+x_2^2+x_3^2}},s=\frac{x_3}{\sqrt{x_1^2+x_2^2+x_3^2}}$$

有：

$$\boldsymbol{T}_{13}(\boldsymbol{T}_{12}\boldsymbol{x})=\left(\sqrt{x_1^2+x_2^2+x_3^2},0,0,x_4,\cdots,x_n\right)^{\mathrm{T}}$$

依此下去，由于 n 维向量的维数有限，所以经过 $n-1$ 次 Givens 变换 $\boldsymbol{T}_{12},\boldsymbol{T}_{13},\cdots,\boldsymbol{T}_{1n}$，最终得到

$$\boldsymbol{T}_{1n}(\boldsymbol{T}_{1,n-1}\cdots\boldsymbol{T}_{13}\boldsymbol{T}_{12}\boldsymbol{x})=\left(\sqrt{x_1^2+\cdots+x_{n-1}^2+x_n^2},0,\cdots,0\right)^{\mathrm{T}}$$

令 $T=T_{1n}T_{1,n-1}\cdots T_{13}T_{12}$，则有 $Tx=|x|e_1$。

如果 $x_1=0$，并假设 $x_1=\cdots=x_k=0,\ x_{k+1}\neq 0,\ 1\leqslant k<n$，针对这种情况，上述过程可以从 n 维向量 x 的第一个非零分量开始，设计出相应的 Givens 矩阵，步骤同上，同样可以得到结论。

证毕。

推论：设非零列向量 $x\in R^n$ 及单位列向量 $u\in R^n$，则存在有限个 Givens 矩阵的乘积，记作 T，使得 $Tx=|x|u$。

证明：根据定理 2.6，分别存在有限个 Givens 矩阵的乘积 T_1、T_2，使得以下两个式子成立：

$$T_1x=|x|e_1,\quad T_2u=|u|e_1=e_1$$

从而

$$T_1x=|x|e_1=|x|\cdot T_2u=T_2(|x|u)$$

根据 Givens 矩阵都是正交矩阵，上式两边同时乘以矩阵 T_2^{T}，得

$$(T_2^{\mathrm{T}}\cdot T_1)x=|x|\cdot u$$

从而结论成立。

证毕。

例 2.6 已知向量 $x=(1,2,3)^{\mathrm{T}}$，试求 Givens 矩阵 T，使得 $Tx=|x|e_1$。

解：根据定理 2.6 的证明过程，构造 Givens 矩阵 $T_{12}(c,s)$，其中 $c=\dfrac{1}{\sqrt5},s=\dfrac{2}{\sqrt5}$，则 $T_{12}x=(\sqrt5,0,3)^{\mathrm{T}}$；对向量 $(\sqrt5,0,3)^{\mathrm{T}}$ 继续构造 Givens 矩阵 $T_{13}(c,s)$，其中 $c=\dfrac{\sqrt5}{\sqrt{14}},s=\dfrac{3}{\sqrt{14}}$，则 $T_{13}(T_{12}x)=(\sqrt{14},0,0)^{\mathrm{T}}$，从而得到最终的 Givens 矩阵：

$$T=T_{13}T_{12}=\begin{pmatrix}\dfrac{\sqrt5}{\sqrt{14}} & 0 & \dfrac{3}{\sqrt{14}}\\ 0 & 1 & 0\\ -\dfrac{3}{\sqrt{14}} & 0 & \dfrac{\sqrt5}{\sqrt{14}}\end{pmatrix}\cdot\begin{pmatrix}\dfrac{1}{\sqrt5} & \dfrac{2}{\sqrt5} & 0\\ -\dfrac{2}{\sqrt5} & \dfrac{1}{\sqrt5} & 0\\ 0 & 0 & 1\end{pmatrix}=\frac{\sqrt{70}}{70}\begin{pmatrix}\sqrt5 & 2\sqrt5 & 3\sqrt5\\ -2\sqrt{14} & \sqrt{14} & 0\\ -3 & -6 & 5\end{pmatrix}$$

满足 $Tx=|x|e_1$。

2.5.3 Householder 变换

定义 2.22 设 $u\in R^{n\times1}$ 且 $u^{\mathrm{T}}u=1$，称矩阵 $H=I-2uu^{\mathrm{T}}$ 为 Householder 矩阵(初等反射矩阵)，由 Householder 矩阵确定的线性变换称为 Householder 变换(初等反射变换)。

例 2.7 已知向量 $x=(-3,0,4)^{\mathrm{T}}, y=(0,0,5)^{\mathrm{T}}$, 试求 Householder 矩阵 H，使得 $y=Hx$。

解：取 $\omega=x-y=(-3,0,-1)^{\mathrm{T}}$，其长度 $|\omega|=\sqrt{(-3)^2+0^2+(-1)^2}=\sqrt{10}$，于是，根据

Householder 变换的定义，可得：

$$H(\omega)=I-\frac{2}{\omega^{\mathrm{T}}\omega}\omega\omega^{\mathrm{T}}=\begin{pmatrix}1&&\\&1&\\&&1\end{pmatrix}-\frac{1}{5}\cdot\begin{pmatrix}-3\\0\\-1\end{pmatrix}\cdot(-3\ 0\ -1)=\begin{pmatrix}-\frac{4}{5}&0&-\frac{3}{5}\\0&1&0\\-\frac{3}{5}&0&\frac{4}{5}\end{pmatrix}$$

简单验证，可得 $y=Hx$。

由于对于单位向量 u，及任意与 u 垂直的列向量 v，有下面的式子成立：

$$Hu=(I-2uu^{\mathrm{T}})\cdot u=u-2uu^{\mathrm{T}}\cdot u=u-2u=-u$$

$$Hv=(I-2uu^{\mathrm{T}})\cdot v=v-2uu^{\mathrm{T}}\cdot v=v-2v\cdot 0=v$$

由此可以看出：变换 H 是关于与单位向量 u 垂直平面的镜像。Householder 矩阵 H 具有以下性质。

性质 38：矩阵 H 是对称矩阵，即 $H^{\mathrm{T}}=H$。

性质 39：矩阵 H 是正交矩阵，即 $H^{\mathrm{T}}H=HH^{\mathrm{T}}=I$。

性质 40：矩阵 H 是对合矩阵，即 $H^2=I$。

性质 41：矩阵 H 是自逆矩阵，即 $H^{-1}=H$。

性质 42：$\det H=-1$。

可以看出，Householder 矩阵具有非常良好的性质。下面，我们介绍一个非常重要的定理。

定理 2.7　任意给定非零列向量 $x\in R^n,n>1$ 和单位列向量 $u\in R^n$，则存在 Householder 矩阵 H，使得 $Hx=|x|u$。这里，$|x|=\sqrt{x_1^2+x_2^2+\cdots+x_n^2}$，表示 n 维向量 x 的长度。

证明：这里的证明方法仍然是采用构造法，分两种情况，具体过程如下。

第一种情况：当 $x\neq|x|u$ 时，取 $v=\dfrac{x-|x|u}{|x-|x|u|}$，定义矩阵 $H=I-2vv^{\mathrm{T}}$，则：

$$\begin{aligned}Hx&=(I-2vv^{\mathrm{T}})x\\&=\left[I-2\frac{(x-|x|u)(x-|x|u)^{\mathrm{T}}}{|x-|x|u|^2}\right]x\\&=x-2(x-|x|u,\ x)\frac{x-|x|u}{|x-|x|u|^2}\\&=x-2(x-|x|u,\ x)\frac{x-|x|u}{2(x-|x|u,\ x)}\text{(这里用到了}(u,u)=1)\\&=x-(x-|x|u)=|x|u\end{aligned}$$

第二种情况：当 $x=|x|u$ 时，取单位列向量 v，满足 $v^{\mathrm{T}}x=0$，定义矩阵 $H=I-2vv^{\mathrm{T}}$，则

$$Hx=(I-2vv^{\mathrm{T}})x=x-2v(v^{\mathrm{T}}x)=x=|x|u$$

证毕。

下面的定理介绍了 Givens 矩阵和 Householder 矩阵之间的联系。

定理 2.8 初等旋转矩阵(Givens 变换)是两个初等反射矩阵(Householder 变换)的乘积。

证明：任取 Givens 矩阵 $\boldsymbol{T}_{ij}(\cos\theta,\sin\theta)$，构造两个 Householder 矩阵：$\boldsymbol{H}_{\boldsymbol{u}}=\boldsymbol{I}-2\boldsymbol{u}\boldsymbol{u}^{\mathrm{T}}$ 和 $\boldsymbol{H}_{\boldsymbol{v}}=\boldsymbol{I}-2\boldsymbol{v}\boldsymbol{v}^{\mathrm{T}}$，这里单位向量 $\boldsymbol{u}=\left(0,\cdots,0,\sin\left(\dfrac{\theta}{4}\right),0,\cdots,0,\cos\left(\dfrac{\theta}{4}\right),0,\cdots,0\right)^{\mathrm{T}}$，$\boldsymbol{v}=\left(0,\cdots,0,\sin\left(\dfrac{3\theta}{4}\right),0,\cdots,0,\cos\left(\dfrac{3\theta}{4}\right),0,\cdots,0\right)^{\mathrm{T}}$，直接计算，可得：

$$\boldsymbol{T}_{ij}(\cos\theta,\sin\theta)=\boldsymbol{H}_{\boldsymbol{v}}\boldsymbol{H}_{\boldsymbol{u}}$$

证毕。

但是需要注意的是，初等反射矩阵不能由若干个初等旋转矩阵的乘积表示。

2.6 正 规 矩 阵

本节介绍一类非常重要的矩阵——正规矩阵。

定义 2.23 设 $\boldsymbol{A}\in R^{n\times n}$，若满足 $\boldsymbol{A}^{\mathrm{T}}\boldsymbol{A}=\boldsymbol{A}\boldsymbol{A}^{\mathrm{T}}$，则称 $\boldsymbol{A}$ 为实正规矩阵；设 $\boldsymbol{A}\in C^{n\times n}$，若满足 $\boldsymbol{A}^{\mathrm{H}}\boldsymbol{A}=\boldsymbol{A}\boldsymbol{A}^{\mathrm{H}}$，则称 $\boldsymbol{A}$ 为复正规矩阵。

下面介绍几个正规矩阵的基本性质。

性质 43：设 $\boldsymbol{A}$ 是一个正规矩阵且是三角矩阵，则 $\boldsymbol{A}$ 必为对角矩阵。

性质 44：n 阶正规矩阵有 n 个线性无关的特征向量。

性质 45：对于 n 阶正规矩阵 $\boldsymbol{A}$，$\boldsymbol{A}$ 是正规矩阵 $\Leftrightarrow$ $\boldsymbol{A}$ 有 n 个两两正交的单位特征向量。

根据正交矩阵的定义可以看出，正交矩阵是正规矩阵的特例。除了正交矩阵以外，还有以下几种类型的正规矩阵。

定义 2.24 实数域上的矩阵 $\boldsymbol{A}$ 称为对称矩阵，若 $\boldsymbol{A}^{\mathrm{T}}=\boldsymbol{A}$；复数域上的矩阵 $\boldsymbol{A}$ 称为复共轭对称矩阵(Hermitian 矩阵)，若 $\boldsymbol{A}^{\mathrm{H}}=\boldsymbol{A}$。

显然，对称矩阵是正规矩阵，Hermitian 矩阵是复正规矩阵。同时，我们还应该强调一点：对称矩阵和 Hermitian 矩阵一定是方阵。这一类矩阵具有以下重要性质。

性质 46：设 $\boldsymbol{A}$、$\boldsymbol{B}$ 都是数域 F 上的 n 阶对称矩阵，则 $\boldsymbol{A}+\boldsymbol{B}$，$k\boldsymbol{A}(k\in F)$ 都是对称矩阵。

性质 47：设 $\boldsymbol{A}$、$\boldsymbol{B}$ 都是数域 F 上的 n 阶对称矩阵，则 $\boldsymbol{AB}$ 是对称矩阵的充要条件是 $\boldsymbol{A}$ 与 $\boldsymbol{B}$ 可交换。

证明：对于实数域上的矩阵 $\boldsymbol{A}$ 和 $\boldsymbol{B}$，我们有：

$$\boldsymbol{AB}\text{是对称矩阵}\Leftrightarrow(\boldsymbol{AB})^{\mathrm{T}}=\boldsymbol{AB}\Leftrightarrow\boldsymbol{B}^{\mathrm{T}}\boldsymbol{A}^{\mathrm{T}}=\boldsymbol{AB}\Leftrightarrow\boldsymbol{BA}=\boldsymbol{AB}$$

同理，对于复数域上的矩阵 $\boldsymbol{A}$ 和 $\boldsymbol{B}$，结论同样成立。

证毕。

性质 48：实对称矩阵或 Hermitian 矩阵的所有特征值都是实数。

性质 49：属于实对称矩阵(或 Hermitian 矩阵)的不同特征值的特征向量彼此正交。

性质 50：存在正交矩阵 $\boldsymbol{P}$ 和对角阵 $\boldsymbol{\Lambda}$，使得 $\boldsymbol{P}^{\mathrm{T}}\boldsymbol{A}\boldsymbol{P}=\boldsymbol{\Lambda}$。

关于实对称矩阵，有一个工程实际中常用的概念：Rayleigh 商。具体介绍如下。

定义 2.25　设 $\boldsymbol{A}$ 为 n 阶实对称矩阵，$\boldsymbol{x}\neq\boldsymbol{0}\in R^n$，称 $R(\boldsymbol{x})=\dfrac{\boldsymbol{x}^{\mathrm{T}}\boldsymbol{A}\boldsymbol{x}}{\boldsymbol{x}^{\mathrm{T}}\boldsymbol{x}}$ 为矩阵 $\boldsymbol{A}$ 的 Rayleigh 商。

下面两个基本性质有助于读者理解 Rayleigh 商的含义。

性质 51：$R(\boldsymbol{x})$ 是关于变量 x 的连续函数。

性质 52：$R(\boldsymbol{x})$ 是变量 x 的零次齐次函数，即对任意的实数 $a\neq 0$ 有 $R(a\boldsymbol{x})=R(\boldsymbol{x})=a^0R(\boldsymbol{x})$。

定理 2.9　设 $\boldsymbol{A}$ 为 n 阶实对称矩阵，其特征值满足 $\lambda_1\geqslant\lambda_2\geqslant\cdots\geqslant\lambda_n$，则

$$\min_{x\neq 0}R(\boldsymbol{x})=\lambda_n,\quad \max_{x\neq 0}R(\boldsymbol{x})=\lambda_1$$

证明：任取一个非零向量 $\boldsymbol{0}\neq\boldsymbol{x}\in R^n$，根据性质 50 可知，存在一组标准正交向量组 $\boldsymbol{p}_1,\boldsymbol{p}_2,\cdots,\boldsymbol{p}_n$，使得

$$\boldsymbol{x}=c_1\boldsymbol{p}_1+c_2\boldsymbol{p}_2+\cdots+c_n\boldsymbol{p}_n$$

由于 $\boldsymbol{x}$ 是非零向量，则上式右边的系数不全为 0。对上式两端左乘矩阵 $\boldsymbol{A}$，可得

$$\boldsymbol{A}\boldsymbol{x}=c_1\boldsymbol{A}\boldsymbol{p}_1+c_2\boldsymbol{A}\boldsymbol{p}_2+\cdots+c_n\boldsymbol{A}\boldsymbol{p}_n=c_1\lambda_1\boldsymbol{p}_1+c_2\lambda_2\boldsymbol{p}_2+\cdots+c_n\lambda_n\boldsymbol{p}_n$$

上式两端同时左乘向量 $\boldsymbol{x}^{\mathrm{T}}$，根据 $\boldsymbol{p}_1,\boldsymbol{p}_2,\cdots,\boldsymbol{p}_n$ 正交性，可得

$$\boldsymbol{x}^{\mathrm{T}}\boldsymbol{A}\boldsymbol{x}=c_1^2\lambda_1+c_2^2\lambda_2+\cdots+c_n^2\lambda_n,$$

$$\boldsymbol{x}^{\mathrm{T}}\boldsymbol{x}=c_1^2+c_2^2+\cdots+c_n^2,$$

根据 Rayleigh 商的定义，以及系数 $c_1,c_2,\cdots,c_n$ 不全为 0，可得

$$R(x)=\frac{\boldsymbol{x}^{\mathrm{T}}\boldsymbol{A}\boldsymbol{x}}{\boldsymbol{x}^{\mathrm{T}}\boldsymbol{x}}=\frac{c_1^2\lambda_1+c_2^2\lambda_2+\cdots+c_n^2\lambda_n}{c_1^2+c_2^2+\cdots+c_n^2}$$

根据 $\lambda_1\geqslant\lambda_2\geqslant\cdots\geqslant\lambda_n$，结论显然成立。

证毕。

定义 2.26　实方阵 $\boldsymbol{A}$ 称为反对称矩阵，若 $\boldsymbol{A}^{\mathrm{T}}=-\boldsymbol{A}$；复方阵 $\boldsymbol{A}$ 称为复共轭反对称矩阵（反 Hermitian 矩阵），若 $\boldsymbol{A}^{\mathrm{H}}=-\boldsymbol{A}$。

显然，反对称矩阵是正规矩阵，反 Hermitian 矩阵是复正规矩阵。这一类矩阵具有以下性质。

性质 53：数域 F 上的奇数阶反对称矩阵的行列式等于 0。

证明：设 $\boldsymbol{A}$ 是 n 阶反对称矩阵，n 是一个奇数，则根据定义可知：$\boldsymbol{A}^{\mathrm{T}}=-\boldsymbol{A}$，从而 $|\boldsymbol{A}^{\mathrm{T}}|=|-\boldsymbol{A}|$，于是 $|\boldsymbol{A}|=(-1)^n|\boldsymbol{A}|$，因为 n 是一个奇数，得到 $|\boldsymbol{A}|=-|\boldsymbol{A}|$，因此 $|\boldsymbol{A}|=0$。

证毕。

性质 54：实反对称矩阵的特征值是 0 或纯虚数。

2.7 正定矩阵与半正定矩阵

正定矩阵和半正定矩阵在工程技术和最优化等问题中有着广泛的应用，讨论多元函数极值的充分条件也要用到它。在这一节中，我们给出它的定义及常用的判别条件。

定义 2.27 一个系数在数域 F 中关于变量 $x_1,x_2,\cdots,x_n$ 的 n 元二次齐次多项式：

$$f(x_1,x_2,\cdots,x_n)=a_{11}x_1^2+a_{22}x_2^2+\cdots+a_{nn}x_n^2+2a_{12}x_1x_2+2a_{13}x_1x_3+\cdots+2a_{n-1,n}x_{n-1}x_n$$

称为数域 F 上的一个 n 元二次型，简称二次型。

如果我们把上述二次型写成矩阵的形式，则有

$$f(x_1,x_2,\cdots,x_n)=\boldsymbol{X}^{\mathrm{T}}\boldsymbol{A}\boldsymbol{X}$$

简单地分析可知，这里的矩阵 $\boldsymbol{A}$ 是一个对称矩阵。

由二次型我们可以得到矩阵论中非常重要的一类矩阵——正定矩阵和半正定矩阵。这里，我们仅考虑实数域上的二次型。

定义 2.28 n 元实二次型 $\boldsymbol{X}^{\mathrm{T}}\boldsymbol{A}\boldsymbol{X}$ 称为正定二次型，如果对于 R^n 中任意非零列向量 $\boldsymbol{\alpha}$，都有 $\boldsymbol{\alpha}^{\mathrm{T}}\boldsymbol{A}\boldsymbol{\alpha}>0$，对应的矩阵 $\boldsymbol{A}$ 称为正定矩阵；若满足 $\boldsymbol{\alpha}^{\mathrm{T}}\boldsymbol{A}\boldsymbol{\alpha}\geqslant 0$，则称该二次型为半正定二次型，对应的矩阵 $\boldsymbol{A}$ 称为半正定矩阵。

由二次型的系数矩阵是一个对称矩阵，可得如下定义。

定义 2.29 实对称矩阵 $\boldsymbol{A}$ 称为正定的，如果对应的实二次型 $\boldsymbol{X}^{\mathrm{T}}\boldsymbol{A}\boldsymbol{X}$ 是正定的；实对称矩阵 $\boldsymbol{A}$ 称为半正定的，如果对应的实二次型 $\boldsymbol{X}^{\mathrm{T}}\boldsymbol{A}\boldsymbol{X}$ 是半正定的。

为了引入一个正定矩阵的判定定理，我们首先回忆一个概念。

定义 2.30 设 $\boldsymbol{A}$ 是一个 n 阶方阵，则称形如

$$|\boldsymbol{A}_k|=\begin{vmatrix} a_{11} & a_{12} & \cdots & a_{1k} \\ a_{21} & a_{22} & \cdots & a_{2k} \\ \cdots & \cdots & \ddots & \cdots \\ a_{k1} & a_{k2} & \cdots & a_{kk} \end{vmatrix}$$

的子式为矩阵 $\boldsymbol{A}$ 的 k 阶顺序主子式，这里 $k=1,2,\cdots,n$。

有了顺序主子式的概念，我们介绍下面的定理。

定理 2.10 n 阶实对称矩阵 $\boldsymbol{A}$ 是正定矩阵的充要条件是它的 n 个顺序主子式全大于 0。

证明：必要性。设二次型 $f(x_1,x_2,\cdots,x_n)=\sum\limits_{i=1}^{n}\sum\limits_{j=1}^{n}a_{ij}x_ix_j$ 是正定的，对于每个 k，$1\leqslant k\leqslant n$，令 $f_k(x_1,x_2,\cdots,x_k)=\sum\limits_{i=1}^{k}\sum\limits_{j=1}^{k}a_{ij}x_ix_j$。我们来证 f_k 是一个 k 元的正定二次型。对于任意一组不全为零的实数 $c_1,\cdots,c_k$，有：

$$f_k(c_1,c_2,\cdots,c_k)=\sum_{i=1}^{k}\sum_{j=1}^{k}a_{ij}c_ic_j=f(c_1,c_2,\cdots,c_k,0,\cdots,0)>0$$

因此 $f_k(x_1,x_2,\cdots,x_k)$ 是正定二次型，它的系数矩阵 $\boldsymbol{A}_k$ 是一个正定矩阵，且由矩阵 $\boldsymbol{A}$ 的前 k 行和前 k 列构成。由线性代数的知识可知，当 $\boldsymbol{A}_k$ 是一个正定矩阵时，存在一个可逆 k 阶矩阵 $\boldsymbol{B}$，使得：

$$\boldsymbol{B}^{\mathrm{T}}\boldsymbol{A}_k\boldsymbol{B}=\boldsymbol{I}_k$$

两边同时取行列式，可得：

$$\det(\boldsymbol{B}^{\mathrm{T}}\boldsymbol{A}_k\boldsymbol{B})=(\det\boldsymbol{B})^2\cdot\det\boldsymbol{A}_k=\det\boldsymbol{I}_k=1$$

即 $\det\boldsymbol{A}_k>0$，必要性得证。

充分性。对矩阵 $\boldsymbol{A}$ 的阶数 n 作数学归纳法。当 $n=1$ 时，$f(x_1)=a_{11}x^2$，由条件可知 1 阶顺序主子式 $a_{11}>0$，显然有 $f(x_1)$ 是正定的。假设结论对 $n-1$ 元二次型成立，现在来证 n 元的情形。首先，把矩阵 $\boldsymbol{A}$ 写成如下分块矩阵的形式：

$$\boldsymbol{A}=\begin{pmatrix}\boldsymbol{A}_1 & \boldsymbol{\alpha}\\ \boldsymbol{\alpha}^{\mathrm{T}} & a_{nn}\end{pmatrix}$$

这里，$\boldsymbol{A}_1=\begin{pmatrix}\boldsymbol{a}_{11} & \cdots & \boldsymbol{a}_{1,n-1}\\ \vdots & \ddots & \vdots\\ \boldsymbol{a}_{n-1,1} & \cdots & \boldsymbol{a}_{n-1,n-1}\end{pmatrix},\alpha=\begin{pmatrix}\boldsymbol{a}_{1n}\\ \vdots\\ \boldsymbol{a}_{n-1,n}\end{pmatrix}$。

由矩阵 $\boldsymbol{A}$ 的顺序主子式全大于零可知，矩阵 $\boldsymbol{A}_1$ 的顺序主子式也全大于零。由归纳假设可知，矩阵 $\boldsymbol{A}_1$ 是正定矩阵，那么，有可逆的 $n-1$ 级矩阵 $\boldsymbol{C}$ 使得：

$$\boldsymbol{C}^{\mathrm{T}}\boldsymbol{A}_1\boldsymbol{C}=\boldsymbol{I}_{n-1}$$

令 $\boldsymbol{C}_1=\begin{pmatrix}\boldsymbol{C} & \boldsymbol{0}\\ \boldsymbol{0} & \boldsymbol{I}\end{pmatrix}$，可得：

$$\boldsymbol{C}_1^{\mathrm{T}}\boldsymbol{A}\boldsymbol{C}_1=\begin{pmatrix}\boldsymbol{C}^{\mathrm{T}} & \boldsymbol{0}\\ \boldsymbol{0} & \boldsymbol{I}\end{pmatrix}\begin{pmatrix}\boldsymbol{A}_1 & \boldsymbol{\alpha}\\ \boldsymbol{\alpha}^{\mathrm{T}} & \boldsymbol{a}_{nn}\end{pmatrix}\begin{pmatrix}\boldsymbol{C} & \boldsymbol{0}\\ \boldsymbol{0} & \boldsymbol{I}\end{pmatrix}=\begin{pmatrix}\boldsymbol{I}_{n-1} & \boldsymbol{C}^{\mathrm{T}}\boldsymbol{\alpha}\\ \boldsymbol{\alpha}^{\mathrm{T}}\boldsymbol{C} & \boldsymbol{a}_{nn}\end{pmatrix}$$

再令 $\boldsymbol{C}_2=\begin{pmatrix}\boldsymbol{I}_{n-1} & -\boldsymbol{C}^{\mathrm{T}}\boldsymbol{\alpha}\\ \boldsymbol{0} & \boldsymbol{I}\end{pmatrix}$，有

$$\begin{aligned}\boldsymbol{C}_2^{\mathrm{T}}\boldsymbol{C}_1^{\mathrm{T}}\boldsymbol{A}\boldsymbol{C}_1\boldsymbol{C}_2&=\begin{pmatrix}\boldsymbol{I}_{n-1} & \boldsymbol{0}\\ -\boldsymbol{C}^{\mathrm{T}}\boldsymbol{\alpha} & \boldsymbol{I}\end{pmatrix}\begin{pmatrix}\boldsymbol{I}_{n-1} & \boldsymbol{C}^{\mathrm{T}}\boldsymbol{\alpha}\\ \boldsymbol{\alpha}^{\mathrm{T}}\mathrm{G} & \boldsymbol{a}_{nn}\end{pmatrix}\begin{pmatrix}\boldsymbol{I}_{n-1} & -\boldsymbol{C}^{\mathrm{T}}\boldsymbol{\alpha}\\ \boldsymbol{0} & \boldsymbol{I}\end{pmatrix}\\&=\begin{pmatrix}\boldsymbol{I}_{n-1} & \boldsymbol{0}\\ \boldsymbol{0} & \boldsymbol{a}_{nn}-\boldsymbol{\alpha}^{\mathrm{T}}\boldsymbol{C}\boldsymbol{C}^{\mathrm{T}}\boldsymbol{\alpha}\end{pmatrix}\end{aligned}$$

令 $\boldsymbol{P}=\boldsymbol{C}_1\boldsymbol{C}_2$，$\boldsymbol{a}_{nn}-\boldsymbol{\alpha}^{\mathrm{T}}\boldsymbol{C}\boldsymbol{C}^{\mathrm{T}}\boldsymbol{\alpha}=\boldsymbol{a}$，则有：

$$\boldsymbol{P}^{\mathrm{T}}\boldsymbol{A}\boldsymbol{P}=\begin{pmatrix}1 & & & \\ & \ddots & & \\ & & 1 & \\ & & & \boldsymbol{a}\end{pmatrix}$$

两边取行列式，可得 $\det(\boldsymbol{P}^{\mathrm{T}}\boldsymbol{AP})=(\det\boldsymbol{P})^2\cdot\det\boldsymbol{A}=\boldsymbol{a}$。根据 $\det\boldsymbol{A}>0$，知 $\boldsymbol{a}>0$，即矩阵 $\boldsymbol{A}$ 是正定矩阵。

证毕。

定理 2.10 给出了一个非常简单的判定实对称矩阵是否是正定矩阵的方法。那么，对于半正定矩阵，则有下面的判定定理。

定理 2.11 n 阶实对称矩阵 $\boldsymbol{A}$ 是半正定矩阵的充要条件是它的所有主子式皆大于或等于零。

这里需要注意以下两点。

(1) 判定一个实对称矩阵是否是半正定矩阵，需要考虑所有的主子式。所谓主子式是指行指标与列指标相同的子式。显然，判定半正定矩阵需要更多的计算量。

(2) 仅有顺序主子式大于或等于零是不能保证半正定性的。这里我们举一个反例加以说明。下面的二次型显然不是一个半正定二次型，但是它的所有顺序主子式都等于 0。

$$f(x_1,x_2)=-x_2^2=(x_1,x_2)\begin{pmatrix}0 & 0\\ 0 & -1\end{pmatrix}\begin{pmatrix}x_1\\ x_2\end{pmatrix}$$

关于正定矩阵和半正定矩阵，我们罗列出以下基本性质。

性质 55：正定矩阵的特征值都大于 0；半正定矩阵的特征值都不小于 0。

性质 56：正定矩阵的行列式都大于 0；半正定矩阵的行列式都不小于 0。

性质 57：正定矩阵的逆矩阵也是正定矩阵。

性质 58：n 阶实对称矩阵 $\boldsymbol{A}$ 是正定矩阵 $\Leftrightarrow$ 存在 n 阶可逆矩阵 $\boldsymbol{C}$，使得 $\boldsymbol{A}=\boldsymbol{C}^{\mathrm{T}}\boldsymbol{C}$ $\Leftrightarrow$ 存在可逆实对称矩阵 $\boldsymbol{C}$，使得 $\boldsymbol{A}=\boldsymbol{C}^2$。

性质 59：如果 $\boldsymbol{A}$ 是 n 阶正定矩阵，那么存在唯一的正定矩阵 $\boldsymbol{C}$，使得 $\boldsymbol{A}=\boldsymbol{C}^2$。

性质 60：如果 $\boldsymbol{A}$ 和 $\boldsymbol{B}$ 都是 n 阶正定矩阵，那么 $\boldsymbol{AB}$ 是正定矩阵的充要条件是 $\boldsymbol{AB}=\boldsymbol{BA}$。

性质 61：如果 $\boldsymbol{A}$ 是 n 阶正定矩阵，$\boldsymbol{B}$ 是 n 阶半正定矩阵，那么 $\boldsymbol{A}+\boldsymbol{B}$ 是正定矩阵。

性质 62：实对称矩阵 $\boldsymbol{A}$ 是半正定矩阵 $\Leftrightarrow$ 存在实对称矩阵 $\boldsymbol{C}$，使得 $\boldsymbol{A}=\boldsymbol{C}^2$。

性质 63：如果 $\boldsymbol{A}$ 是 n 阶半正定矩阵，那么存在唯一的半正定矩阵 $\boldsymbol{C}$，使得 $\boldsymbol{A}=\boldsymbol{C}^2$。

例 2.8 证明：如果 $\boldsymbol{A}=(a_{ij})$ 是 n 阶正定矩阵，那么

$$|\boldsymbol{A}|\leqslant a_{11}\cdot a_{22}\cdots a_{nn}$$

等号成立当且仅当 $\boldsymbol{A}$ 是对角矩阵。

证明：对矩阵的阶数 n 作数学归纳法。

(1) 当 n=1 时，$|(a)|=a$，结论正确。

(2) 假设结论对 n–1 阶正定矩阵成立，那么，我们分析 n 阶正定矩阵 $\boldsymbol{A}=(a_{ij})$。为了利用假设条件，显然，我们需要对 n 阶矩阵进行分块：

$$\boldsymbol{A}=\begin{bmatrix}\boldsymbol{A}_{n-1} & \boldsymbol{\alpha}\\ \boldsymbol{\alpha}^{\mathrm{T}} & \boldsymbol{a}_{nn}\end{bmatrix}$$

根据线性代数的知识，当 $\boldsymbol{A}$ 是正定矩阵时，$\boldsymbol{A}$ 的所有顺序主子式都大于 0，从而矩

阵 A_{n-1} 的所有顺序主子式都大于 0，因此 A_{n-1} 是正定的。又根据分块矩阵的性质，可知：

$$|A|=|A_{n-1}|\cdot|a_{nn}-\alpha^{\mathrm{T}}A_{n-1}^{-1}\alpha|\leqslant|A_{n-1}|\cdot a_{nn}$$

等号成立当且仅当 $\alpha=0$。这里不等式成立的原因是：根据性质 57 可知，A_{n-1}^{-1} 是正定矩阵，从而二次型 $\alpha^{\mathrm{T}}A_{n-1}^{-1}\alpha>0$。根据假设，可得：

$$|A_{n-1}|\leqslant a_{11}\cdot a_{22}\cdots a_{n-1,n-1}$$

综上可知，结论成立。

证毕。

例 2.9　证明：如果 $C=(c_{ij})$ 是 n 阶实矩阵，那么：

$$|C|^2\leqslant\prod_{j=1}^{n}(c_{1j}^2+c_{2j}^2+\cdots+c_{nj}^2)$$

证明：若矩阵 C 是不可逆矩阵，则 $|C|=0$，结论显然成立。下面假设矩阵 C 是可逆矩阵。令 $A=C^{\mathrm{T}}C$，则 A 是正定矩阵，同时：

$$A(i;i)=\sum_{k=1}^{n}C^{\mathrm{T}}(i;k)C(k;i)=\sum_{k=1}^{n}c_{ki}^2$$

根据例 2.8 的结论，得：

$$|C|^2=|C^{\mathrm{T}}C|=|A|\leqslant\prod_{j=1}^{n}A(i;i)=\prod_{j=1}^{n}(c_{1j}^2+c_{2j}^2+\cdots+c_{nj}^2)$$

证毕。

例 2.9 的结论称为 Hadamard 不等式，这也是一类常见的矩阵不等式。

2.8　特殊的幂矩阵

定义 2.31　方阵 A 称为幂等矩阵，若 $A^2=A$。

若矩阵 A 是幂等矩阵，则 A 具有以下性质。

性质 64：$A^n=A,n=2,3,\cdots$。

性质 65：$I-A$ 是幂等矩阵，但是 $A-I$ 不一定是幂等矩阵。

性质 66：A^{H} 和 $I-A^{\mathrm{H}}$ 都是幂等矩阵。

性质 67：$A\cdot(I-A)=(I-A)\cdot A=\mathbf{0}$。

性质 68：若 B 也是幂等矩阵，且 $AB=BA$，则 AB 是幂等矩阵。

性质 69：$\mathrm{rank}(A)=\mathrm{tr}(A)$。

除此之外，还有以下两种比较常见的幂矩阵。

定义 2.32　方阵 A 称为幂零矩阵，若 $A^2=\mathbf{0}$。

定义 2.33　方阵 A 称为幂单矩阵或对合矩阵，若 $A^2=I$。

例 2.10 试证幂等矩阵的特征值只可能是 1 或 0。

证明：设幂等矩阵的特征值为 λ，其对应的特征向量为 $\boldsymbol{x}$：

$$\boldsymbol{Ax}=\lambda\boldsymbol{x}$$

$$\boldsymbol{A}(\boldsymbol{Ax})=\boldsymbol{A}(\lambda\boldsymbol{x})\Rightarrow\boldsymbol{A}^2\boldsymbol{x}=\lambda\boldsymbol{Ax}=\lambda^2\boldsymbol{x}$$

由 $\boldsymbol{A}^2=\boldsymbol{A}$ 可知 $\Rightarrow\boldsymbol{Ax}=\lambda^2\boldsymbol{x}\Rightarrow\lambda\boldsymbol{x}=\lambda^2\boldsymbol{x}$，所以有 $\lambda^2=\lambda\Rightarrow\lambda=0$ 或 $\lambda=1$。

证毕。

例 2.11 若方阵 $\boldsymbol{A}$ 为幂单矩阵，则 $\boldsymbol{A}$ 的特征值只可能是 ±1。

证明：设 λ 是 $\boldsymbol{A}$ 的特征值，$\boldsymbol{x}$ 是对应的特征向量，即 $\boldsymbol{Ax}=\lambda\boldsymbol{x}$，两边同时左乘 $\boldsymbol{A}$，得：

$$\boldsymbol{A}^2\boldsymbol{x}=\lambda(\boldsymbol{Ax})=\lambda^2\boldsymbol{x}$$

由 $\boldsymbol{A}^2=\boldsymbol{I}$ 可知：

$$\boldsymbol{x}=\boldsymbol{Ix}=\boldsymbol{A}^2\boldsymbol{x}=\lambda^2\boldsymbol{x}\Rightarrow(\lambda^2-1)\boldsymbol{x}=\boldsymbol{0}$$

由于 $\boldsymbol{x}$ 为 λ 的特征向量，所以 $\boldsymbol{x}\neq\boldsymbol{0}\Rightarrow\lambda^2-1=0\Rightarrow\lambda=\pm1$。

证毕。

习　题

1．设

$$\boldsymbol{A}=\begin{pmatrix}5&2&0&0\\2&1&0&0\\0&0&7&3\\0&0&5&2\end{pmatrix},\boldsymbol{B}=\begin{pmatrix}3&2&0&0\\4&5&0&0\\0&0&4&1\\0&0&6&2\end{pmatrix}$$

求：(1) $\boldsymbol{AB}$；(2) $\boldsymbol{BA}$；(3) $\boldsymbol{A}^{-1}$；(4) $|\boldsymbol{A}|^k$（k 为正整数）。

2．设方阵 $\boldsymbol{A}$ 满足 $\boldsymbol{A}^2-\boldsymbol{A}-2\boldsymbol{I}=\boldsymbol{0}$，且 $\boldsymbol{A}$ 和 $\boldsymbol{A}+2\boldsymbol{I}$ 都可逆，求 $\boldsymbol{A}^{-1}$ 和 $(\boldsymbol{A}+2\boldsymbol{E})^{-1}$。

3．设 $\boldsymbol{A}$ 为 n 级方阵 $(n\geqslant2)$，证明 $|\boldsymbol{A}^*|=|\boldsymbol{A}|^{n-1}$。

4．求下列矩阵的特征值和特征向量。

(1) $\begin{pmatrix}2&-3\\-3&1\end{pmatrix}$　　(2) $\begin{pmatrix}6&2&4\\2&3&2\\4&2&6\end{pmatrix}$

(3) $\begin{pmatrix}2&-2&0\\-2&1&-2\\0&-2&0\end{pmatrix}$　　(4) $\begin{pmatrix}2&3&-1&-4\\0&-1&-2&1\\0&1&2&-2\\0&1&1&2\end{pmatrix}$

5．设 3 维线性空间 V 中的线性变换 T 在基 $\boldsymbol{\varepsilon}_1,\boldsymbol{\varepsilon}_2,\boldsymbol{\varepsilon}_3$ 下的矩阵为：

$$\boldsymbol{A}=\begin{pmatrix}1&2&2\\2&1&2\\2&2&1\end{pmatrix}$$

(1) 证明：子空间 $W=\text{span}\{\boldsymbol{\varepsilon}_2-\boldsymbol{\varepsilon}_1,\boldsymbol{\varepsilon}_3-\boldsymbol{\varepsilon}_1\}$ 是 T 的不变子空间；

(2) 将 T 看作子空间 W 中的线性变换时，求 T 的全体特征值。

6．设 $A\in R^{m\times n}$，证明：

$$\text{rank}\boldsymbol{A}=\text{rank}(\boldsymbol{A}\boldsymbol{A}^{\text{T}})=\text{rank}(\boldsymbol{A}^{\text{T}}\boldsymbol{A})$$

思考：上式对于复数域上的矩阵是否成立？

7．取向量 $\boldsymbol{x}=(1,2,3,4)^{\text{T}}$，分别用 Givens 变换和 Householder 变换将向量 $\boldsymbol{x}$ 化为与单位向量 $\boldsymbol{e}_1=(1,0,0,0)^{\text{T}}$ 同方向的向量。

8．证明性质 54：实反对称矩阵的特征值是 0 或纯虚数。

9．设 $\boldsymbol{A}$ 为 n 阶对称矩阵，$\boldsymbol{B}$ 为 n 阶反对称矩阵，证明：

(1) $\boldsymbol{B}^2$ 是对称矩阵；

(2) $\boldsymbol{AB}-\boldsymbol{BA}$ 是对称矩阵，$\boldsymbol{AB}+\boldsymbol{BA}$ 是反对称矩阵。

10．利用施密特正交化方法把下列向量组正交化。

(1) $\boldsymbol{\alpha}_1=(0,1,1)'$，$\boldsymbol{\alpha}_2=(1,1,0)'$，$\boldsymbol{\alpha}_3=(1,0,1)'$；

(2) $\boldsymbol{\alpha}_1=(1,0,-1,1)$，$\boldsymbol{\alpha}_2=(1,-1,0,1)$，$\boldsymbol{\alpha}_3=(-1,1,1,0)$。

11．设 λ_1,λ_2 是 n 阶矩阵 $\boldsymbol{A}$ 的两个不同的特征根，$\boldsymbol{\alpha}_1$，$\boldsymbol{\alpha}_2$ 分别是 $\boldsymbol{A}$ 的属于 λ_1,λ_2 的特征向量，证明 $\boldsymbol{\alpha}_1+\boldsymbol{\alpha}_2$ 不是 $\boldsymbol{A}$ 的特征向量。

第 3 章　矩阵对角化

对角矩阵的形式比较简单，处理起来较方便，如求解矩阵方程时，将矩阵对角化后很容易得到方程的解。第 1 章介绍的用矩阵求解“鸡兔同笼”问题，我们从中可以看出，通过一系列行初等变换，线性方程组的系数矩阵最终化成了对角矩阵的形式，并得到了最终的解。显然，对角矩阵这种特殊形式的矩阵在实际应用中具有非常重要的作用。以前我们学习过相似变化对角化。那么，一个方阵是否总可以通过相似变化将其对角化呢？或者对角化需要什么样的条件呢？如果不能对角化，我们还可以做哪些处理以使问题变得简单呢？本章介绍如何把一个矩阵对角化或化成上(下)三角矩阵的形式。

3.1　矩阵的相抵

定义 3.1　对于 $\boldsymbol{A}$、$\boldsymbol{B}\in F^{m\times n}$，如果矩阵 $\boldsymbol{A}$ 经过一系列行初等变换和列初等变换能够变成矩阵 $\boldsymbol{B}$，那么称 $\boldsymbol{A}$ 与 $\boldsymbol{B}$ 是相抵的。

容易验证，相抵关系是一种等价关系，且具有如下性质。

定理 3.1　对于 $\boldsymbol{A}$、$\boldsymbol{B}\in F^{m\times n}$，以下 4 个结论是等价的：

(1) 矩阵 $\boldsymbol{A}$、$\boldsymbol{B}$ 相抵；

(2) $\boldsymbol{A}$ 经过行初等变换和列初等变换变成 $\boldsymbol{B}$；

(3) 存在数域 F 上的 m 阶初等矩阵 $\boldsymbol{P}_1,\boldsymbol{P}_2,\cdots,\boldsymbol{P}_s$ 与 n 阶初等矩阵 $\boldsymbol{Q}_1,\boldsymbol{Q}_2,\cdots,\boldsymbol{Q}_t$，使得

$$\boldsymbol{P}_s\cdots\boldsymbol{P}_2\boldsymbol{P}_1\boldsymbol{A}\boldsymbol{Q}_1\boldsymbol{Q}_2\cdots\boldsymbol{Q}_t=\boldsymbol{B} \tag{3-1}$$

(4) 存在数域 F 上的 m 阶可逆矩阵 $\boldsymbol{P}$ 与 n 阶可逆矩阵 $\boldsymbol{Q}$，使得

$$\boldsymbol{PAQ}=\boldsymbol{B} \tag{3-2}$$

以上性质很容易验证，这里留作练习。

对于任意一个给定的矩阵，我们介绍一个非常有用的结论。

定理 3.2　设矩阵 $\boldsymbol{A}\in F^{m\times n}$ 的秩为 r。如果 $r>0$，那么 $\boldsymbol{A}$ 相抵于如下形式的矩阵：

$$\begin{pmatrix}\boldsymbol{I}_r & \boldsymbol{0}\\ \boldsymbol{0} & \boldsymbol{0}\end{pmatrix} \tag{3-3}$$

称矩阵(3-3)为 $\boldsymbol{A}$ 的相抵标准型；如果 $r=0$，那么 $\boldsymbol{A}$ 相抵于零矩阵，此时称 $\boldsymbol{A}$ 的相抵标准型是零矩阵。

根据定理 3.1 中的结论 4，很容易得到如下推论。

推论 3.1　设矩阵 $\boldsymbol{A}\in F^{m\times n}$ 的秩为 $r>0$，则存在数域 F 上的 m 阶可逆矩阵 $\boldsymbol{P}$ 与 n 阶可逆矩阵 $\boldsymbol{Q}$，使得：

$$A = P\begin{pmatrix} I_r & 0 \\ 0 & 0 \end{pmatrix}Q \tag{3-4}$$

定理 3.3　矩阵 A、$B \in F^{m\times n}$ 相抵的充要条件是它们的秩相等。

证明：(1)充分性。由于它们的秩相等，根据定理 3.1 可知，它们具有相同的相抵标准型，根据相抵是一种等价关系，可以得到结论成立。

(2)必要性。根据线性代数的知识，初等变换不改变矩阵的秩，结论成立。

证毕。

根据线性代数的知识，我们知道矩阵是线性变换在某一个基下的具体表现，即在某一个具体的基下，线性变换和矩阵是等价的。同时，我们还知道，线性空间的基有很多，那么，同一个线性变换在不同基下的矩阵之间存在什么关系呢？为了解决这个问题，引出了矩阵相似的概念。

3.2　矩阵的相似

定义 3.2　设 A、$B \in F^{n\times n}$，若 $\exists P \in F_n^{n\times n}$ 使得 $P^{-1}AP = B$，则称 A 与 B 相似，记作 $A \sim B$。

所谓相似矩阵，本质就是同一个线性变换在不同基下的描述矩阵，即线性变换在不同基下的矩阵是相似的，这也就是相似变换的几何意义。相似是矩阵论中一个非常重要的概念。下面介绍相似矩阵的几个基本性质。

性质 1：自反性，即 $A \sim A$。这里的 $P = I$。

性质 2：对称性，即 $A \sim B \Leftrightarrow B \sim A$。因为 $P^{-1}AP = B \Leftrightarrow A = PBP^{-1}$。

性质 3：传递性，即 $A \sim B, B \sim C \Rightarrow A \sim C$。

证明：已知 $A \sim B, B \sim C$，根据定义，存在可逆矩阵 P, Q，分别满足：$P^{-1}AP = B$，$Q^{-1}BQ = C$，从而：

$$Q^{-1}BQ = Q^{-1}(P^{-1}AP)Q = (PQ)^{-1}A(PQ) = C$$

所以 $A \sim C$。

证毕。

以上三个性质表明：相似也是一种等价关系。我们可以把具有相似关系的矩阵归为一类，记作相似等价类。

性质 4：相似矩阵具有相等的秩，即 $A \sim B \Rightarrow \mathrm{rank}A = \mathrm{rank}B$。

证明：根据以下两点可知结论成立。

(1)可逆矩阵可以表示成一系列初等变换矩阵的乘积；

(2)初等变换不改变矩阵的秩。

证毕。

性质 5：相似矩阵的行列式相等，即 $A \sim B \Rightarrow |A| = |B|$。

证明：已知 $A \sim B$，根据定义，存在可逆矩阵 P，满足：$P^{-1}AP = B$，两边同时求行列式，得 $|P^{-1}AP| = |P^{-1}|\cdot|A|\cdot|P| = |B|$，根据 $|P^{-1}|\cdot|P| = 1$，从而 $|A| = |B|$。

证毕。

性质 6：相似矩阵具有相等的迹，即 $\boldsymbol{A}\sim\boldsymbol{B}\Rightarrow \operatorname{tr}(\boldsymbol{A})=\operatorname{tr}(\boldsymbol{B})$。

证明：根据定义，当 $\boldsymbol{A}\sim\boldsymbol{B}$ 时，有 $\boldsymbol{P}^{-1}\boldsymbol{A}\boldsymbol{P}=\boldsymbol{B}$ 成立。利用第 2 章的性质 23：$\operatorname{tr}(\boldsymbol{AB})=\operatorname{tr}(\boldsymbol{BA})$ 和矩阵乘法的结合律，得到：

$$\begin{aligned}\operatorname{tr}(\boldsymbol{B})&=\operatorname{tr}(\boldsymbol{P}^{-1}\cdot\boldsymbol{AP})=\operatorname{tr}(\boldsymbol{AP}\cdot\boldsymbol{P}^{-1})\\&=\operatorname{tr}(\boldsymbol{A}\cdot(\boldsymbol{P}\cdot\boldsymbol{P}^{-1}))=\operatorname{tr}(\boldsymbol{A})\end{aligned}$$

证毕。

通过以上介绍可以看出，矩阵的秩、行列式和迹都是可以代表相似等价类的不变特征量，称为相似不变量。显然，相似不变量可以用于区分不同的相似等价类。

性质 7：特征多项式、特征值相同，即 $\boldsymbol{A}\sim\boldsymbol{B}\Rightarrow|\lambda\boldsymbol{I}-\boldsymbol{A}|=|\lambda\boldsymbol{I}-\boldsymbol{B}|$。

证明：利用性质 5 即可。

证毕。

3.3 矩阵的对角化

对角矩阵结构简单，可以大大简化矩阵的计算量，是矩阵论中的一类非常重要的矩阵类型。我们考虑如下两个问题：

(1) 如何判定一个方阵可对角化？

(2) 可对角化的方阵如何实现可对角化？

定义 3.3 对 $\boldsymbol{A}\in F^{n\times n}$，若 $\boldsymbol{A}\sim\operatorname{diag}\{a_1,a_2,\cdots,a_n\}\in F^{n\times n}$，则称方阵 $\boldsymbol{A}$ 可对角化。

定理 3.4 n 阶方阵 $\boldsymbol{A}$ 可对角化的充要条件是它具有 n 个线性无关的特征向量。

证明：(1) 充分性。已知 $\boldsymbol{A}$ 具有 n 个线性无关的特征向量 $\boldsymbol{x}_1,\boldsymbol{x}_2,\cdots,\boldsymbol{x}_n$，则

$$\boldsymbol{A}\boldsymbol{x}_i=\lambda_i\boldsymbol{x}_i,\quad i=1,2,\cdots,n$$

写成矩阵的形式：

$$\begin{aligned}\boldsymbol{A}[\boldsymbol{x}_1\ \boldsymbol{x}_2\ \cdots\ \boldsymbol{x}_n]&=[\lambda_1\boldsymbol{x}_1\ \lambda_2\boldsymbol{x}_2\ \cdots\ \lambda_n\boldsymbol{x}_n]\\&=[\boldsymbol{x}_1\ \boldsymbol{x}_2\ \cdots\ \boldsymbol{x}_n]\cdot\begin{pmatrix}\lambda_1 & & & \boldsymbol{0}\\ & \lambda_2 & & \\ & & \ddots & \\ \boldsymbol{0} & & & \lambda_n\end{pmatrix}\end{aligned}$$

因为 $\boldsymbol{x}_1,\boldsymbol{x}_2,\cdots,\boldsymbol{x}_n$ 线性无关，根据线性代数的知识，故 $\boldsymbol{P}=[\boldsymbol{x}_1\ \boldsymbol{x}_2\ \cdots\ \boldsymbol{x}_n]$ 为满秩矩阵。令 $\boldsymbol{\Lambda}=\begin{pmatrix}\lambda_1 & & & \boldsymbol{0}\\ & \lambda_2 & & \\ & & \ddots & \\ \boldsymbol{0} & & & \lambda_n\end{pmatrix}$，则上式可以表达成 $\boldsymbol{AP}=\boldsymbol{P\Lambda}$，两边同时左乘 $\boldsymbol{P}^{-1}$，则有

$$P^{-1}AP=\Lambda$$

(2) 必要性。已知存在可逆方阵 P，使 $P^{-1}AP=\Lambda=\begin{pmatrix}\lambda_1 & & & \mathbf{0}\\ & \lambda_2 & & \\ & & \ddots & \\ \mathbf{0} & & & \lambda_n\end{pmatrix}$。将 P 写成列向量形式，即 $P=[P_1\ \ P_2\ \ \cdots\ \ P_n]$，这里 $P_i\ (i=1,2,\cdots,n)$ 为 n 维列向量，从而：

$$AP=P\cdot\begin{pmatrix}\lambda_1 & & & \mathbf{0}\\ & \lambda_2 & & \\ & & \ddots & \\ \mathbf{0} & & & \lambda_n\end{pmatrix}\Rightarrow A[P_1\ \ P_2\ \ \cdots\ \ P_n]=[P_1\ \ P_2\ \ \cdots\ \ P_n]\cdot\begin{pmatrix}\lambda_1 & & & \mathbf{0}\\ & \lambda_2 & & \\ & & \ddots & \\ \mathbf{0} & & & \lambda_n\end{pmatrix}$$

即
$$[AP_1\ \ AP_2\ \ \cdots\ \ AP_n]=[\lambda_1P_1\ \ \lambda_2P_2\ \ \cdots\ \ \lambda_nP_n]$$

由上式可见，λ_i 为 A 的特征值，P_i 为 A 的属于特征值 λ_i 的特征向量，$i=1,2,\cdots,n$。根据定理 2.4 可知：A 具有 n 个线性无关的特征向量。

证毕。

利用前面介绍的几何重数和代数重数的定义，我们可以得到下面的判定定理。

定理 3.5　n 阶方阵 A 可对角化的充要条件是它有 n 个特征值，且每个特征值的几何重数等于其代数重数。

证明：由于证明过程比较复杂，这里只简单介绍一下证明思路。

(1) 充分性。利用定理 2.5，属于不同特征值的**线性无关的**特征向量组，组合起来仍线性无关。

(2) 必要性。根据前面的知识可知：特征值的几何重数不超过它的代数重数，所以只需证明代数重数不超过几何重数即可。证明过程中用到了下面两个性质：

(1) 一组向量线性无关，则其一部分也线性无关；

(2) 线性无关向量的最大个数不超过其所在空间的维数。

证毕。

推论 3.2　n 阶方阵有 n 个互异的特征值，则必可对角化。

注意：这个推论是一个充分条件，也即当矩阵 A 具有多重根时，只要 A 的 n 个特征向量是线性无关的，则 A 仍然可以对角化。

例 3.1　已知 $A=\begin{pmatrix}1 & -2 & 2\\ -2 & -2 & 4\\ 2 & 4 & -2\end{pmatrix}$，计算 A^{100}。

解：第 2 章已经计算得到矩阵 A 的特征值为 2、2 和−7，对应的特征向量线性无关，从而得到相似变换矩阵 $P=\begin{pmatrix}-2 & 2 & -1\\ 1 & 0 & -2\\ 0 & 1 & 2\end{pmatrix}$，且 $P^{-1}AP=\begin{pmatrix}2 & 0 & 0\\ 0 & 2 & 0\\ 0 & 0 & -7\end{pmatrix}$，利用矩阵乘法满足结合律，计算：

$$A^{100}=\left(P\begin{pmatrix}2&0&0\\0&2&0\\0&0&-7\end{pmatrix}P^{-1}\right)^{100}$$

$$=P\cdot\begin{pmatrix}2&0&0\\0&2&0\\0&0&-7\end{pmatrix}\cdot P^{-1}\cdot P\cdot\begin{pmatrix}2^{100}&0&0\\0&2^{100}&0\\0&0&(-7)^{100}\end{pmatrix}\cdot P^{-1}\cdots P\cdot\begin{pmatrix}2&0&0\\0&2&0\\0&0&-7\end{pmatrix}\cdot P^{-1}$$

$$=P\left(\begin{pmatrix}2&0&0\\0&2&0\\0&0&-7\end{pmatrix}\right)^{100}P^{-1}=P\cdot\begin{pmatrix}2^{100}&0&0\\0&2^{100}&0\\0&0&(-7)^{100}\end{pmatrix}\cdot P^{-1}$$

$$=P\cdot\begin{pmatrix}2^{100}&0&0\\0&2^{100}&0\\0&0&(-7)^{100}\end{pmatrix}\cdot P^{-1}$$

上式的推导过程中利用了矩阵乘法的结合律和可逆矩阵的定义，最后把 $\boldsymbol{P}$ 和 $\boldsymbol{P}^{-1}$ 直接代入上式即可。

从这个例子可以看出，对角矩阵在计算矩阵的乘幂时非常方便，但是在对角化的过程中，需要计算相似变换矩阵的逆矩阵，当矩阵的维数较大时，带来非常大的计算量。另外，实际中，有时不一定非要求化成对角矩阵，化成上(下)三角矩阵也可以带来极大的便利。下一节将介绍如何利用正交矩阵进行相似对角化。

3.4 矩阵的正交相似对角化

首先介绍一个重要的引理。

引理 3.1 (Schur 引理)设数 $\lambda_1,\lambda_2,\cdots,\lambda_n$ 是 n 阶方阵 $\boldsymbol{A}$ 的特征值，则存在酉矩阵 $\boldsymbol{U}$，使

$$U^{\mathrm{H}}AU=\begin{pmatrix}\lambda_1&&&*\\&\lambda_2&&\\&&\ddots&\\0&&&\lambda_n\end{pmatrix}$$

即通过酉矩阵可以将任意一个方阵相似对角化成一个上三角矩阵。

证明：对矩阵的阶数采用数学归纳法。$\boldsymbol{A}$ 的阶数为 1 时，引理显然成立。现设 $\boldsymbol{A}$ 的阶数为 $n-1$ 时，引理成立。

考虑 $\boldsymbol{A}$ 的阶数为 n 时的情况。取 n 阶矩阵 $\boldsymbol{A}$ 的一个特征值 λ_1，对应的单位特征向量为 $\boldsymbol{\alpha}_1$，构造以 $\boldsymbol{\alpha}_1$ 为第一列的 n 阶酉矩阵 $\boldsymbol{U}_1=[\boldsymbol{\alpha}_1,\boldsymbol{\alpha}_2,\cdots,\boldsymbol{\alpha}_n]$，则：

$$AU_1=[A\alpha_1,A\alpha_2,\cdots,A\alpha_n]=[\lambda_1\alpha_1,A\alpha_2,\cdots,A\alpha_n]$$

因为 $\boldsymbol{\alpha}_1,\boldsymbol{\alpha}_2,\cdots,\boldsymbol{\alpha}_n$ 是一个标准正交基，故：

$$\boldsymbol{A\alpha}_i=\sum_{j=1}^{n}a_{ij}\boldsymbol{\alpha}_j,\quad i=2,3,\cdots,n$$

因此：

$$\boldsymbol{AU}_1=[\boldsymbol{\alpha}_1,\boldsymbol{\alpha}_2,\cdots,\boldsymbol{\alpha}_n]\begin{pmatrix}\lambda_1 & a_{21} & a_{31} & \cdots & a_{n1}\\ 0 & & & & \\ \vdots & & & \boldsymbol{A}_1 & \\ 0 & & & & \end{pmatrix}$$

其中 $\boldsymbol{A}_1$ 是 $n-1$ 阶矩阵，根据归纳假设，存在 $n-1$ 阶酉矩阵 $\boldsymbol{W}$ 满足：

$$\boldsymbol{W}^{-1}\boldsymbol{A}_1\boldsymbol{W}=\boldsymbol{W}^{\mathrm{H}}\boldsymbol{A}_1\boldsymbol{W}=\begin{pmatrix}\lambda_2 & & & *\\ & \lambda_3 & & \\ & & \ddots & \\ & & & \lambda_n\end{pmatrix}$$

这里，上三角矩阵 $\boldsymbol{R}_1=\begin{pmatrix}\lambda_2 & & & *\\ & \lambda_3 & & \\ & & \ddots & \\ & & & \lambda_n\end{pmatrix}$，即 $\boldsymbol{W}^{\mathrm{H}}\boldsymbol{A}_1\boldsymbol{W}=\boldsymbol{R}_1$。

设 $\boldsymbol{x}_1$ 是 $\boldsymbol{A}$ 的属于特征值 λ_1 的特征向量，即 $\boldsymbol{Ax}_1=\lambda_1\boldsymbol{x}_1$。构成一个向量 $\boldsymbol{u}_1=\dfrac{\boldsymbol{x}_1}{|\boldsymbol{x}_1|}$，根据线性代数的知识可知：其可扩充为一组标准正交向量 $\boldsymbol{u}_1,\boldsymbol{u}_2,\cdots,\boldsymbol{u}_n$，满足 $\boldsymbol{W}^{\mathrm{H}}\boldsymbol{A}_1\boldsymbol{W}=\boldsymbol{R}_1$。令 $\boldsymbol{U}_2=\begin{pmatrix}1 & \\ & \boldsymbol{W}\end{pmatrix}$，得到：

$$\boldsymbol{U}_2^{\mathrm{H}}\boldsymbol{U}_1^{\mathrm{H}}\boldsymbol{AU}_1\boldsymbol{U}_2=\begin{pmatrix}\lambda_1 & b_{21} & & b_{k1}\\ 0 & & & \\ \vdots & & \boldsymbol{R}_1 & \\ 0 & & & \end{pmatrix}$$

证毕。

注：这里的上三角矩阵的主对角线上的元素为矩阵 $\boldsymbol{A}$ 的全部特征值。

定理 3.6 （Schur 不等式）设 $\boldsymbol{A}\in C^{n\times n}$，$\lambda_1,\lambda_2,\cdots,\lambda_n$ 为矩阵 $\boldsymbol{A}$ 的特征值，那么下面的不等式成立：

$$\sum_{i=1}^{n}|\lambda_i|^2\leqslant\sum_{i,j}|a_{ij}|^2$$

且等号成立的充要条件是矩阵 $\boldsymbol{A}$ 酉相似于对角矩阵。

证明：根据 Schur 引理可知，存在酉矩阵 $\boldsymbol{U}$，使得：

$$U^{\mathrm{H}}AU=B=\begin{pmatrix} b_{11} & b_{12} & \cdots & b_{1n} \\ 0 & b_{22} & \cdots & b_{2n} \\ \vdots & & \ddots & \vdots \\ 0 & \cdots & \cdots & b_{nn} \end{pmatrix}$$

注意：这里 $b_{ii}=\lambda_i, i=1,2,\cdots,n$。进一步，由 $B^{\mathrm{H}}B=U^{\mathrm{H}}A^{\mathrm{H}}UU^{\mathrm{H}}AU=U^{\mathrm{H}}A^{\mathrm{H}}AU$，可知 $B^{\mathrm{H}}B$ 与 $A^{\mathrm{H}}A$ 相似，根据迹的定义和 3.2 小节的性质 6，得到：

$$\sum_{i,j=1}^{n}|b_{ij}|^2=\mathrm{tr}(B^{\mathrm{H}}B)=\mathrm{tr}(A^{\mathrm{H}}A)=\sum_{i,j=1}^{n}|a_{ij}|^2$$

根据 $b_{ii}=\lambda_i, i=1,2,\cdots,n$，可以得到：

$$\sum_{i=1}^{n}|\lambda_i|^2=\sum_{i=1}^{n}|b_{ii}|^2\leqslant\sum_{i,j=1}^{n}|b_{ij}|^2=\sum_{i,j=1}^{n}|a_{ij}|^2$$

进一步，通过上式可以看出，等号成立的充要条件是非主对角线上的元素都等于 0，即矩阵 A 酉相似于对角矩阵。

证毕。

上面的定理告诉我们，对于任意的方阵，都可以酉相似变换成一个上三角矩阵。接下来，我们考虑一个问题：满足什么条件的矩阵能够通过酉相似变换成为对角阵呢？首先介绍两个引理。

引理 3.2 设 A 是一个正规矩阵，则与 A 酉相似的矩阵一定是正规矩阵。

证明：设 A 是一个正规矩阵，矩阵 B 与矩阵 A 酉相似，即存在一个酉阵 U，使得 $B=U^{\mathrm{H}}AU$，计算：

$$B^{\mathrm{H}}B=U^{\mathrm{H}}A^{\mathrm{H}}UU^{\mathrm{H}}AU=U^{\mathrm{H}}A^{\mathrm{H}}AU$$

同理，$BB^{\mathrm{H}}=U^{\mathrm{H}}AUU^{\mathrm{H}}A^{\mathrm{H}}U=U^{\mathrm{H}}AA^{\mathrm{H}}U$，将上两式结合起来，根据已知矩阵 A 是一个正规矩阵，即 $AA^{\mathrm{H}}=A^{\mathrm{H}}A$，从而得到：

$$BB^{\mathrm{H}}=U^{\mathrm{H}}AA^{\mathrm{H}}U=U^{H}A^{\mathrm{H}}AU=B^{\mathrm{H}}B$$

即矩阵 B 是正规矩阵。

证毕。

引理 3.3 设 A 是一个正规矩阵，且又是一个三角矩阵，则 A 必为对角矩阵。

证明：设 $A=\begin{pmatrix} a_{11} & a_{12} & \cdots & a_{1n} \\ 0 & a_{22} & \cdots & a_{2n} \\ \vdots & & \ddots & \vdots \\ 0 & & & a_{nn} \end{pmatrix}$，则 $A^{\mathrm{H}}=\begin{pmatrix} \overline{a}_{11} & 0 & \cdots & 0 \\ \overline{a}_{12} & \overline{a}_{22} & \cdots & 0 \\ \vdots & \vdots & \ddots & \vdots \\ \overline{a}_{1n} & \overline{a}_{2n} & \cdots & \overline{a}_{nn} \end{pmatrix}$。因为 A 是一个正规矩阵，所以 $AA^{\mathrm{H}}=A^{\mathrm{H}}A$。通过比较等式两边矩阵元素，可以得到 $a_{ij}=0, i\neq j$，即 A 必为对角矩阵。

证毕。

定理 3.7　n阶方阵 A 酉相似于对角阵的充要条件是 A 为(实或复)正规矩阵。

证明：(1)充分性。由 Schur 引理可知，对于矩阵 A，存在酉矩阵 U 使得：

$$\Lambda = U^{\mathrm{H}} A U = \begin{pmatrix} \lambda_1 & & & t_{ij} \\ & \lambda_2 & & \\ & & \ddots & \\ 0 & & & \lambda_n \end{pmatrix}, \quad 1 \leqslant i \leqslant j \leqslant n$$

这里，$\lambda_1, \lambda_2, \cdots, \lambda_n$ 是 A 的特征值。由于 A 为正规矩阵，根据引理 3.2，可知矩阵 Λ 也是一个正规矩阵，同时也是一个上三角矩阵，再根据引理 3.3，可知矩阵 Λ 是一个对角矩阵，即矩阵 A 酉相似于一个对角矩阵。

(2)必要性。因为方阵 A 酉相似于对角阵，直接根据正规矩阵的定义进行验证即可。

证毕。

注：(1)不能酉对角化的矩阵仍有可能采用其他可逆变换将其对角化。例如，取 $A = \begin{pmatrix} 1 & 2 \\ 0 & 3 \end{pmatrix}$，$A^{\mathrm{T}} = \begin{pmatrix} 1 & 0 \\ 2 & 3 \end{pmatrix}$，简单验证，得到 $AA^{\mathrm{T}} \neq A^{\mathrm{T}} A$，即 A 不是正规矩阵，但是由于它有两个互异的特征值 1 和 3，根据 3.3 小节的推论可知，该矩阵也可以对角化，即矩阵 A 可以对角化，但不能酉对角化。

(2)实正规矩阵一般不能通过正交相似变换对角化，只有当特征值全为实数时，才可正交相似对角化。下面举例说明：取 $A = \begin{pmatrix} 1 & 2 \\ -2 & 1 \end{pmatrix}$，计算其特征值为$1 \pm 2\mathrm{i}$，这里的 i 表示虚数单位，简单计算，可得 $AA^{\mathrm{T}} = A^{\mathrm{T}} A = \begin{pmatrix} 5 & 0 \\ 0 & 5 \end{pmatrix}$为正规矩阵，但不可能对角化。

定理 3.8　设 $A \in C^{n \times n}$，$\lambda_1, \lambda_2, \cdots, \lambda_n$ 为矩阵 A 的特征值，那么：$\sum_{i=1}^{n} |\lambda_i|^2 = \sum_{i,j} |a_{ij}|^2$ 的充要条件是矩阵 A 是正规矩阵。

证明：根据定理 3.7 得到：A 酉相似于对角阵的充要条件是 A 为正规矩阵；再根据定理 3.6(Schur 不等式)中等式成立的条件，得到结论成立。

证毕。

下面以一个例题的方式介绍如何进行矩阵的对角化。

例 2.2　取 $A = \begin{pmatrix} 3 & 2 & 4 \\ 2 & 0 & 2 \\ 4 & 2 & 3 \end{pmatrix}$，求正交矩阵 Q 使得 $Q^{-1}AQ$ 为对角矩阵。

解：第一步，计算矩阵 A 的特征值。

计算特征方程$|\lambda I - A| = (\lambda + 1)^2 (\lambda - 8) = 0$，得到特征值：$\lambda_1 = \lambda_2 = -1, \lambda_3 = 8$，这里需要注意的是：特征值$-1$ 是一个二重根。对于特征值 $\lambda_1 = -1$ 解齐次线性方程组：

$$(-I - A)X = \begin{pmatrix} -4 & -2 & -4 \\ -2 & -1 & -2 \\ -4 & -2 & -4 \end{pmatrix} X = 0$$

对系数矩阵做行初等变换，得到：

$$\begin{pmatrix}-4&-2&-4\\-2&-1&-2\\-4&-2&-4\end{pmatrix}\xrightarrow[\text{第二行}\times(-1)]{\substack{\text{第三行}\times(-1)+\text{第一行}\\ \text{第二行}\times(-2)+\text{第三行}}}\begin{pmatrix}0&0&0\\2&1&2\\0&0&0\end{pmatrix}$$

得到方程：

$$2x_1+x_2+2x_3=0$$

这个方程有两个自由变量，这里取x_2,x_3作为自由变量，为了计算中避免出现小数(这个要求不是必须的)，取$(x_2,x_3)=(2,0)$和$(x_2,x_3)=(0,1)$，分别代入上述方程中，得到属于特征值$\lambda_1=-1$的解空间的基础解系为：

$$\boldsymbol{X}_1=[-1,2,0]^{\mathrm{T}},\quad \boldsymbol{X}_2=[-1,0,1]^{\mathrm{T}}$$

第二步，将基础解系中的两个向量正交化。

这里，对$\boldsymbol{X}_1=[-1,2,0]^{\mathrm{T}},\boldsymbol{X}_2=[-1,0,1]^{\mathrm{T}}$采用 Gram-Schmidt 正交化方法。

设$\boldsymbol{\xi}_1=\boldsymbol{X}_1=[-1,2,0]^{\mathrm{T}}$，$\boldsymbol{\xi}_2=\boldsymbol{X}_2-\dfrac{(\boldsymbol{X}_2,\boldsymbol{\xi}_1)}{(\boldsymbol{\xi}_1,\boldsymbol{\xi}_1)}\boldsymbol{\xi}_1=\left[-\dfrac{4}{5},-\dfrac{2}{5},1\right]^{\mathrm{T}}$。

第三步，将正交化的两个向量分别单位化，即：

$$\boldsymbol{\eta}_1=\frac{\boldsymbol{\xi}_1}{|\boldsymbol{\xi}_1|}=\left[-\frac{1}{\sqrt5},\frac{2}{\sqrt5},0\right]^{\mathrm{T}},\quad \boldsymbol{\eta}_2=\frac{\boldsymbol{\xi}_2}{|\boldsymbol{\xi}_2|}=\left[\frac{-4}{3\sqrt5},\frac{-2}{3\sqrt5},\frac{\sqrt5}{3}\right]^{\mathrm{T}}$$

同样，对于特征值$\lambda_2=8$，解线性方程组$(8\boldsymbol{I}-\boldsymbol{A})\boldsymbol{X}=0$得其解空间的一个基础解系为$\boldsymbol{X}_3=[2,1,2]^{\mathrm{T}}$，将其单位化得到一个单位向量$\boldsymbol{\eta}_3=\left[\dfrac{2}{3},\dfrac{1}{3},\dfrac{2}{3}\right]^{\mathrm{T}}$。

第四步，将这三个标准正交向量构成所求的正交矩阵

$$\boldsymbol{Q}=[\boldsymbol{\eta}_1,\boldsymbol{\eta}_2,\boldsymbol{\eta}_3]=\begin{pmatrix}\dfrac{-1}{\sqrt5}&\dfrac{-4}{3\sqrt5}&\dfrac{2}{3}\\\dfrac{2}{\sqrt5}&\dfrac{-2}{3\sqrt5}&\dfrac{1}{3}\\0&\dfrac{\sqrt5}{3}&\dfrac{2}{3}\end{pmatrix}$$

而正交化后的矩阵$\boldsymbol{A}$为

$$\boldsymbol{Q}^{-1}\boldsymbol{A}\boldsymbol{Q}=\begin{pmatrix}-1&&\\&-1&\\&&8\end{pmatrix}$$

实际中存在大量的矩阵不能被对角化。对于不能对角化的矩阵，也希望找到某种标准型式，使之尽量接近对角化的形式，这就是下一节将要介绍的 Jordan 标准型。

3.5　Jordan 标准型

3.5.1　Jordan 标准型的存在定理

下面，我们不加证明地引入 Jordan 标准型的存在定理，需要详细了解相关证明的读者可以参考高等代数教材。

定理 3.9　任何 n 阶方阵 $\boldsymbol{A}$ 均可通过某一相似变换化为如下 Jordan 标准型：

$$\boldsymbol{J}=\begin{pmatrix} \boldsymbol{J}_1(\lambda_1) & & & \boldsymbol{0} \\ & \boldsymbol{J}_2(\lambda_2) & & \\ & & \ddots & \\ \boldsymbol{0} & & & \boldsymbol{J}_s(\lambda_s) \end{pmatrix}$$

其中，$\boldsymbol{J}_i(\lambda_i)=\begin{pmatrix} \lambda_i & 1 & & \boldsymbol{0} \\ & \lambda_i & \ddots & \\ & & \ddots & 1 \\ \boldsymbol{0} & & & \lambda_i \end{pmatrix}_{m_i\times m_i}$ $,i=1,2,\cdots,s$ 称为 Jordan 块矩阵，且 $m_1+m_2+\cdots+m_s=n$。这里 $\lambda_1,\lambda_2,\cdots,\lambda_s$ 为 $\boldsymbol{A}$ 的特征值，且可以是多重的。

关于 Jordan 块矩阵，有以下 4 点需要强调：

(1) Jordan 块矩阵与对角矩阵的差别仅在其上对角线；

(2) 有的教科书上定义下对角线全为 1、其余元素为 0 的下三角阵为 Jordan 块矩阵，它们之间是转置关系，无本质差异；

(3) Jordan 块矩阵本身就是一个分块数为 1 的 Jordan 矩阵；

(4) 对角矩阵是一类特殊的 Jordan 矩阵：其每个 Jordan 块都是 1 阶的。

根据定义可知，Jordan 标准型矩阵是由 Jordan 块矩阵构成的分块对角矩阵。简单起见，把 Jordan 标准型矩阵简称为 Jordan 矩阵，其有以下 4 点需要注意。

(1) 从形式上看，如果存在多个 Jordan 块矩阵，则 Jordan 矩阵的上对角线并不全是 1。以 3 个 Jordan 块矩阵构成的 Jordan 矩阵为例，即

$$\left(\begin{array}{cccc|ccc|ccc} \lambda_1 & 1 & & & & & & & & \\ & \lambda_1 & 1 & & & & & & & \\ & & \lambda_1 & 1 & & & & & & \\ & & & \lambda_1 & 0 & & & & & \\ \hline & & & & \lambda_2 & 1 & & & & \\ & & & & & \lambda_2 & 1 & & & \\ & & & & & & \lambda_2 & 0 & & \\ \hline & & & & & & & \lambda_3 & 1 & \\ & & & & & & & & \lambda_3 & 1 \\ & & & & & & & & & \lambda_3 \end{array}\right)$$

(2)因为相似矩阵具有相同的特征多项式，所以 Jordan 矩阵下的对角元素 $\lambda_1,\lambda_2,\cdots,\lambda_s$ 也就是矩阵 $\boldsymbol{A}$ 的特征值。

(3)Jordan 块矩阵 $\boldsymbol{J}_i(\lambda_i)$ 的特征值全为 λ_i，但是对于不同的 i、j，有可能 $\lambda_i=\lambda_j$，即多重特征值可能对应多个 Jordan 块矩阵。

(4)Jordan 标准型是唯一的，这种唯一性是指：各个 Jordan 块矩阵的阶数和对应的特征值是唯一的，但是各 Jordan 块矩阵的位置可以变化。

Jordan 矩阵是分块对角矩阵，尽管它在结构上不如对角矩阵简单，但是仍然具有一些较好的性质。

性质 8：r_i 阶 Jordan 块 $\boldsymbol{J}=\begin{pmatrix}\lambda_i & 1 & 0 & 0\\ 0 & \lambda_i & \ddots & 0\\ 0 & 0 & \ddots & 1\\ 0 & 0 & \cdots & \lambda_i\end{pmatrix}\in F^{r_i\times r_i}$ 的 k 次幂为：

$$\boldsymbol{J}^k=\begin{pmatrix}\lambda_i^k & C_k^1\lambda_i^{k-1} & C_k^2\lambda_i^{k-2} & \cdots & C_k^{r_i-1}\lambda_i^{k-r_i+1}\\ & \lambda_i^k & C_k^1\lambda_i^{k-1} & \cdots & C_k^{r_i-2}\lambda_i^{k-r_i+2}\\ & & \lambda_i^k & \ddots & \vdots\\ & & & \ddots & C_k^1\lambda_i^{k-1}\\ & & & & \lambda_i^k\end{pmatrix}$$

证明：取 $\boldsymbol{H}_{r_i}=\begin{pmatrix}\boldsymbol{0} & \boldsymbol{I}_{r_i-1}\\ \boldsymbol{0} & \boldsymbol{0}\end{pmatrix}$，简单计算可得 $\boldsymbol{H}_{r_i}^2=\begin{pmatrix}0 & 0 & 1 & \cdots & 0\\ 0 & 0 & 0 & \cdots & 0\\ \vdots & \vdots & \vdots & \ddots & 1\\ 0 & 0 & 0 & \cdots & 0\\ 0 & 0 & 0 & \cdots & 0\end{pmatrix}=\begin{pmatrix}\boldsymbol{0} & \boldsymbol{I}_{r_i-2}\\ \boldsymbol{0} & \boldsymbol{0}\end{pmatrix}$，那么继续乘下去，可得

$$\boldsymbol{H}_{r_i}^j=\begin{pmatrix}\boldsymbol{0} & \boldsymbol{I}_{r_i-j}\\ \boldsymbol{0} & \boldsymbol{0}\end{pmatrix}\qquad (1\leqslant j\leqslant r_i-1)$$

$$\boldsymbol{H}_{r_i}^j=\boldsymbol{0}\qquad (r_i\leqslant j)$$

由于 Jordan 块 $\boldsymbol{J}$ 可以分解为：$\boldsymbol{J}=\lambda_i\boldsymbol{I}_{r_i}+\boldsymbol{H}_{r_i}$，利用二项式定理：

$$\boldsymbol{J}^k=(\lambda_i\boldsymbol{I}_{r_i}+\boldsymbol{H}_{r_i})^k=\lambda_i^k\boldsymbol{I}_{r_i}+C_k^1\lambda_i^{k-1}\boldsymbol{H}_{r_i}+\cdots+C_k^{r_i-1}\lambda_i^{k-r_i+1}\boldsymbol{H}_{r_i}^{r_i-1}$$

写成矩阵形式即得到要证明的结果。

证毕。

性质 9：若 $\boldsymbol{J}=\begin{pmatrix}J_1 & & & \\ & J_2 & & \\ & & \ddots & \\ & & & J_s\end{pmatrix}$，则 $\boldsymbol{J}^k=\begin{pmatrix}J_1^k & & & \\ & J_2^k & & \\ & & \ddots & \\ & & & J_s^k\end{pmatrix}$。

定理 3.9 只是说明了 Jordan 标准型的存在性。下面，我们主要介绍如何求出 Jordan 标准型。

3.5.2 初等因子法求 Jordan 标准型

观察 Jordan 标准型可以看出，每一个 Jordan 块都和矩阵 $\boldsymbol{A}$ 的特征值有关，但是如何确定 Jordan 块的个数和每一个 Jordan 块的维数是求 Jordan 标准型的关键所在。为了解决这个问题，我们首先把特征矩阵的概念推广到多项式矩阵或 λ 矩阵。

定义 3.4 我们称

$$\boldsymbol{A}(\lambda)=\begin{pmatrix} a_{11}(\lambda) & a_{12}(\lambda) & \cdots & a_{1n}(\lambda) \\ a_{21}(\lambda) & a_{22}(\lambda) & \cdots & a_{2n}(\lambda) \\ \vdots & \vdots & \ddots & \vdots \\ a_{n1}(\lambda) & a_{n2}(\lambda) & \cdots & a_{nn}(\lambda) \end{pmatrix}$$

为 λ 的多项式矩阵（或称为 λ 阵），其中矩阵元素 $a_{ij}(\lambda)$ 为关于 λ 的多项式。

根据定义，显然可以看出：矩阵 $\boldsymbol{A}$ 的特征矩阵是一个特殊的关于 λ 的多项式矩阵。与一般的数字矩阵相对应，我们也可以定义相应的关于多项式矩阵的初等变换，具体包括以下 3 种操作：

(1) 互换两行（列）；

(2) 以非零常数乘以某行（列），这里需要强调的是：不能乘以 λ 的多项式或零，这样有可能改变原来矩阵的秩；

(3) 将某行（列）乘以 λ 的多项式加到另一行（列）。

无论是一般的数字矩阵还是多项式矩阵，采用初等变换的目的都是在保持矩阵原有属性不变的前提下使形式变得简单。有了多项式矩阵的初等变换的定义后，可以进一步定义多项式矩阵的标准型矩阵。

定义 3.5 多项式矩阵的标准型式是指采用初等变换将多项式矩阵化为如下形式：

$$\boldsymbol{S}(\lambda)=\begin{pmatrix} d_1(\lambda) & & & & & & \boldsymbol{0} \\ & d_2(\lambda) & & & & & \\ & & \ddots & & & & \\ & & & d_r(\lambda) & & & \\ & & & & 0 & & \\ & & & & & \ddots & \\ \boldsymbol{0} & & & & & & 0 \end{pmatrix}$$

其中，多项式 $d_i(\lambda)$ 是首一多项式（首项系数为 1，即最高幂次项的系数为 1），且 $d_i(\lambda)\,|\,d_{i+1}(\lambda), i=1,2,\cdots,r-1$，即 $d_i(\lambda)$ 是 $d_{i+1}(\lambda)$ 的因式，称 $d_i(\lambda)$ 为不变因子。我们也称 $\boldsymbol{S}(\lambda)$ 为 Smith 标准型。

这里需要强调的是：等价的多项式矩阵具有相同的 Smith 标准型。

例 3.3 求多项式矩阵

$$A(\lambda)=\begin{pmatrix}-\lambda+1 & 2\lambda-1 & \lambda \\ \lambda & \lambda^2 & -\lambda \\ \lambda^2+1 & \lambda^2+\lambda-1 & -\lambda^2\end{pmatrix}$$

的 Smith 标准型和不变因子。

解：

$$A(\lambda)\xrightarrow[I(3\times1+1)]{}\begin{pmatrix}1 & 2\lambda-1 & \lambda \\ 0 & \lambda^2 & -\lambda \\ 1 & \lambda^2+\lambda-1 & -\lambda^2\end{pmatrix}\xrightarrow{I(1\times(-1)+3)}$$

$$\begin{pmatrix}1 & 2\lambda-1 & \lambda \\ 0 & \lambda^2 & -\lambda \\ 0 & \lambda^2-\lambda & -\lambda^2-\lambda\end{pmatrix}\xrightarrow[\substack{I(1\times(-2\lambda+1)+2)\\ I(1\times(-\lambda)+3)}]{}\begin{pmatrix}1 & 0 & 0 \\ 0 & \lambda^2 & -\lambda \\ 0 & \lambda^2-\lambda & -\lambda^2-\lambda\end{pmatrix}$$

$$\xrightarrow{I(2\times(-1)+1)}\begin{pmatrix}1 & 0 & 0 \\ 0 & \lambda^2 & -\lambda \\ 0 & -\lambda & -\lambda^2\end{pmatrix}\xrightarrow[I(2,3)]{}\begin{pmatrix}1 & 0 & 0 \\ 0 & -\lambda & \lambda^2 \\ 0 & -\lambda^2 & -\lambda\end{pmatrix}$$

$$\xrightarrow[I(2\times(-1))]{}\begin{pmatrix}1 & 0 & 0 \\ 0 & \lambda & -\lambda^2 \\ 0 & -\lambda^2 & -\lambda\end{pmatrix}\xrightarrow{I(2\times(\lambda)+3)}\begin{pmatrix}1 & 0 & 0 \\ 0 & \lambda & -\lambda^2 \\ 0 & 0 & -\lambda^3-\lambda\end{pmatrix}$$

$$\xrightarrow[I(2\times\lambda+3)]{}\begin{pmatrix}1 & 0 & 0 \\ 0 & \lambda & 0 \\ 0 & 0 & -\lambda^3-\lambda\end{pmatrix}\xrightarrow{I(3\times(-1))}\begin{pmatrix}1 & 0 & 0 \\ 0 & \lambda & 0 \\ 0 & 0 & \lambda^3+\lambda\end{pmatrix}$$

最后得到 Smith 标准型 $\begin{pmatrix}1 & 0 & 0 \\ 0 & \lambda & 0 \\ 0 & 0 & \lambda^3+\lambda\end{pmatrix}$，不变因子为1、$\lambda$、$\lambda^3+\lambda$。

从分析以上定义可知，多项式矩阵的标准型是由一系列不变因子构成的多项式对角矩阵。除了采用初等变换的方法得到不变因子外，下面再介绍一种常用的求多项式矩阵的不变因子的方法。

定义 3.6 称多项式矩阵 $A(\lambda)\in C_r^{m\times n}$ 的所有 i 阶子行列式的最大公因式 $D_i(\lambda)$ 为 $A(\lambda)$ 的 i 阶行列式因子。

显然，行列式因子是一个关于变量 λ 的多项式。另外，为了今后处理方便，这里引入以下规定：

(1) $D_i(\lambda)$ 的最高次项的系数是 1，即是首一多项式；

(2) $D_0(\lambda)=1$；

(3) $D_k(\lambda)=0$，$r<k\leqslant\min(m,n)$。

这里，我们不加证明地介绍多项式矩阵的行列式因子和不变因子之间的关系：设 $A(\lambda)\in C_r^{m\times n}$，则 $A(\lambda)$ 的 i 阶行列式因子 $D_i(\lambda)$ 可以表示成：

$$D_i(\lambda)=d_1(\lambda)d_2(\lambda)\cdots d_i(\lambda),\quad i=1,\cdots,r$$

其中 $d_i(\lambda)$，$i=1,2,\cdots,r$，是 $A(\lambda)$ 的不变因子。

根据以上关系，我们可以得到一个关于不变因子的等价定义。

定义 3.7　设 $A(\lambda)\in C_r^{m\times n}$，$D_i(\lambda)$ 是 $A(\lambda)$ 的 i 阶行列式因子，则称

$$d_k(\lambda)=\begin{cases}\dfrac{D_k(\lambda)}{D_{k-1}(\lambda)} & (1\leqslant k\leqslant r)\\ 0 & (r<k\leqslant \min(m,n))\end{cases}$$

为 $A(\lambda)$ 的不变因子。

例 3.4　求矩阵 $A=\begin{pmatrix}-1 & & & \\ & -2 & & \\ & & 1 & \\ & & & 2\end{pmatrix}$ 特征矩阵的不变因子。

解：写出矩阵 A 的特征矩阵为：

$$\lambda I-A=\begin{pmatrix}\lambda+1 & & & \\ & \lambda+2 & & \\ & & \lambda-1 & \\ & & & \lambda-2\end{pmatrix}$$

显然，这是一个关于 λ 多项式矩阵 $A(\lambda)$。首先计算 $A(\lambda)$ 的 4 阶行列式因子 $D_4(\lambda)$，得

$$D_4(\lambda)=\det(\lambda I-A)=(\lambda-1)(\lambda+1)(\lambda-2)(\lambda+2)$$

下面，我们计算 3 阶行列式因子 $D_3(\lambda)$。由于 3 阶行列式

$$\begin{vmatrix}\lambda+1 & & \\ & \lambda+2 & \\ & & \lambda-1\end{vmatrix}=(\lambda+1)(\lambda+2)(\lambda-1)$$

$$\begin{vmatrix}0 & 0 & 0\\ 0 & \lambda-1 & 0\\ 0 & 0 & \lambda-2\end{vmatrix}=0$$

显然两个多项式的公因子为 1，即 $D_3(\lambda)=1$。由于 3 阶行列式因子 $D_3(\lambda)=1$，显然低于 3 阶的行列式因子都等于 1，即 $D_2(\lambda)=D_1(\lambda)=1$。根据行列式因子和不变因子之间的关系，易得

$$d_4(\lambda)=\frac{D_4(\lambda)}{D_3(\lambda)}=(\lambda-1)(\lambda+1)(\lambda-2)(\lambda+2)$$

$$d_3(\lambda)=\frac{D_3(\lambda)}{D_2(\lambda)}=1$$

$$d_2(\lambda)=\frac{D_2(\lambda)}{D_1(\lambda)}=1$$

$$d_1(\lambda)=\frac{D_1(\lambda)}{D_0(\lambda)}=1$$

进一步，根据线性代数的知识，我们知道：任意次数大于 1 的多项式都可以在复数域上分解成一次因式乘积的形式，并且分解的形式是唯一的。基于这一结论，我们引入了初等因子的概念。

定义 3.8 将次数大于 0 的不变因子 $d_i(\lambda)$ 分解为互不相同的一次因式幂的乘积形式，即

$$d_i(\lambda)=(\lambda-\lambda_{i1})^{t_{i1}}(\lambda-\lambda_{i2})^{t_{i2}}\cdots(\lambda-\lambda_{ir_i})^{t_{ir_i}}$$

称 $(\lambda-\lambda_{ij})^{t_{ij}}$， $j=1,\cdots,r_i$，为 $\boldsymbol{A}(\lambda)$ 的一个初等因子。全体初等因子称为初等因子组。

这里有一个细节需要强调，如通过初等变换得到如下两个不变因子：$d_1(\lambda)=(\lambda-1)(\lambda-2)^2$ 的初等因子包括 $(\lambda-1)$ 和 $(\lambda-2)^2$， $d_2(\lambda)=(\lambda-1)(\lambda-2)^3$ 的初等因子包括 $(\lambda-1)$ 和 $(\lambda-2)^3$。

显然， $d_1(\lambda)|d_2(\lambda)$，但是关于初等因子应注意：

(1)在初等因子组里面一定要包括两个 $(\lambda-1)$；

(2)初等因子是一次因子的幂。

接下来介绍如何利用初等变换法求 Jordan 标准型，具体步骤如下。

步骤 1，用初等变换法将特征矩阵 $(\boldsymbol{\lambda I}-\boldsymbol{A})$ 化为 Smith 标准型，求出所有的不变因子：

$$d_i(\lambda),\quad i=1,2,\cdots,n$$

步骤 2，将次数大于 0 的不变因子 $d_i(\lambda)$ 分解为互不相同的一次因式的幂的乘积：

$$d_i(\lambda)=(\lambda-\lambda_{i1})^{t_{i1}}(\lambda-\lambda_{i2})^{t_{i2}}\cdots(\lambda-\lambda_{ir_i})^{t_{ir_i}},\qquad i=1,2,\cdots,n$$

步骤 3，求出特征矩阵 $(\lambda\boldsymbol{I}-\boldsymbol{A})$ 的初等因子组：

$$(\lambda-\lambda_{11})^{t_{11}},\cdots(\lambda-\lambda_{1r_1})^{t_{1r_1}};(\lambda-\lambda_{21})^{t_{21}},\cdots(\lambda-\lambda_{2r_2})^{t_{2r_2}};\cdots;(\lambda-\lambda_{n1})^{t_{n1}},\cdots(\lambda-\lambda_{nr_n})^{t_{1r_n}}$$

这里 $\sum_{j=1}^{r_1}t_{1j}+\cdots+\sum_{j=1}^{r_n}t_{nj}=n$。需要注意：初等因子组里属于不同不变因子的初等因子有可能是重复的，但即使重复也要保留。

步骤 4，写出每个初等因子对应的一个 Jordan 块矩阵：对于每一个初等因子，减数作为 Jordan 块矩阵主对角线上的元素，而初等因子的次数决定了 Jordan 块矩阵的阶数，即对于初等因子 $(\lambda-\lambda_i)^{t_{ij}}$，其对应的 Jordan 块矩阵为：

$$\boldsymbol{J}_{ij}=\begin{pmatrix}\lambda_i & 1 & 0 & 0\\ 0 & \lambda_i & \cdots & 0\\ 0 & 0 & \cdots & 1\\ 0 & 0 & \cdots & \lambda_i\end{pmatrix}\in F^{t_{ij}\times t_{ij}},\quad i=1,\cdots,n;\quad j=1,\cdots,r_i$$

步骤 5，以这些 Jordan 块构成 Jordan 矩阵：

$$\boldsymbol{S}(\lambda)=\begin{pmatrix}\boldsymbol{J}_{11} & & & & \\ & \ddots & & & \\ & & \boldsymbol{J}_{n1} & & \\ & & & \ddots & \\ & & & & \boldsymbol{J}_{nr_n}\end{pmatrix}\in C^{\sum_{i=1}^{n} r_i\times\sum_{i=1}^{n} r_i}$$

即为方阵 $\boldsymbol{A}$ 的 Jordan 标准型。

例 3.5　求矩阵 $\boldsymbol{A}=\begin{pmatrix}2 & 1 & 0 & -1 & -1 & 0\\ 1 & 2 & 0 & 0 & -1 & 1\\ -1 & -1 & 4 & 1 & 0 & -1\\ 0 & -1 & 0 & 3 & 1 & 0\\ 0 & 0 & 0 & 0 & 4 & 0\\ 1 & 0 & 0 & 0 & -1 & 3\end{pmatrix}$ 的 Jordan 标准型。

解：写出矩阵 $\boldsymbol{A}$ 的特征矩阵：

$$\lambda\boldsymbol{I}-\boldsymbol{A}=\begin{pmatrix}\lambda-2 & -1 & 0 & 1 & 1 & 0\\ -1 & \lambda-2 & 0 & 0 & 1 & -1\\ 1 & 1 & \lambda-4 & -1 & 0 & 1\\ 0 & 1 & 0 & \lambda-3 & -1 & 0\\ 0 & 0 & 0 & 0 & \lambda-4 & 0\\ -1 & 0 & 0 & 0 & 1 & \lambda-3\end{pmatrix}$$

第一步，提取第 1～4 行与第 1、2、4、5 列交叉位置的元素，形成四阶子式：

$$\begin{vmatrix}\lambda-2 & -1 & 1 & 1\\ -1 & \lambda-2 & 0 & 1\\ 1 & 1 & -1 & 0\\ 0 & 1 & \lambda-3 & -1\end{vmatrix}=(\lambda-2)(3\lambda-4)$$

第二步，提取第 1、2、3、5 行与 1、3、4、5 列交叉位置的元素，形成四阶子式：

$$\begin{vmatrix}\lambda-2 & 0 & 1 & 1\\ -1 & 0 & 0 & 1\\ 1 & \lambda-4 & -1 & 0\\ 0 & 0 & 0 & \lambda-4\end{vmatrix}=-(\lambda-4)^2$$

这两个子式的公因式为 1，故 $D_4(\lambda)=1\Rightarrow D_1(\lambda)=D_2(\lambda)=D_3(\lambda)=1$。

第三步，提取第 1～5 行与第 1、2、3、5、6 列交叉的元素，形成五阶子式：

$$\begin{vmatrix}\lambda-2 & -1 & 0 & 1 & 0\\ -1 & \lambda-2 & 0 & 1 & -1\\ 1 & 1 & \lambda-4 & 0 & 1\\ 0 & 1 & 0 & -1 & 0\\ 0 & 0 & 0 & \lambda-4 & 0\end{vmatrix}=-(\lambda-2)(\lambda-4)^2$$

第四步，提取第 1、2、3、4、6 行与第 1、2、4、5、6 列交叉的元素，形成五阶子式：

$$\begin{vmatrix} \lambda-2 & -1 & 1 & 1 & 0 \\ -1 & \lambda-2 & 0 & 1 & -1 \\ 1 & 1 & -1 & 0 & 1 \\ 0 & 1 & \lambda-3 & -1 & 0 \\ -1 & 0 & 0 & 1 & \lambda-3 \end{vmatrix} = 4(\lambda-2)^3$$

观察可知，其他五阶子式均含 $(\lambda-2)$ 因式，故 $D_5(\lambda)=(\lambda-2)$。另外，特征行列式为 $D_6(\lambda)=(\lambda-2)^3(\lambda-4)^3$。

第五步，根据行列式因子，可以得到不变因子：

$$d_1(\lambda)=d_2(\lambda)=d_3(\lambda)=d_4(\lambda)=1，\quad d_5(\lambda)=(\lambda-2)$$

$$d_6(\lambda)=(\lambda-2)^2(\lambda-4)^3$$

从而初等因子组为：

$$(\lambda-2)，\quad (\lambda-2)^2，\quad (\lambda-4)^3$$

第六步，根据初等因子组写出相应的 3 个 Jordan 块为：

$$(2)，\quad \begin{pmatrix} 2 & 1 \\ 0 & 2 \end{pmatrix}，\quad \begin{pmatrix} 4 & 1 & 0 \\ 0 & 4 & 1 \\ 0 & 0 & 4 \end{pmatrix}$$

第七步，合并成 Jordan 标准型为：

$$\begin{pmatrix} 2 & 0 & & & & \mathbf{0} \\ & 2 & 1 & & & \\ & & 2 & 0 & & \\ & & & 4 & 1 & \\ & & & & 4 & 1 \\ \mathbf{0} & & & & & 4 \end{pmatrix}$$

虽然我们可以较容易地计算出任意方阵的 Jordan 矩阵，但是如何求出相似变换矩阵 $\boldsymbol{P}$ 则是一件计算量非常大的任务。尽管我们可以根据定义得出如下等式：

$$\boldsymbol{P}^{-1}\boldsymbol{AP}=\boldsymbol{J} \rightarrow \boldsymbol{AP}=\boldsymbol{PJ}$$

但是，由于 Jordan 标准型的上对角线有非零元素 1 的存在，导致计算出矩阵 $\boldsymbol{P}$ 非常烦琐。通常情况下，都采用求解线性方程组的方法，具体的过程这里略过。

3.6 Hamilton-Cayley 定理及其应用

3.5 节介绍了特征值和特征向量，而特征值是由特征多项式 $\det(\lambda\boldsymbol{I}-\boldsymbol{A})=0$ 决定的。除此之外，特征多项式还和矩阵的求逆、矩阵乘幂的计算有着密切的关系。下面重点分析特征多项式。

定义 3.9　已知 $A \in C^{n\times n}$ 和关于变量 x 的多项式 $f(x)=a_n x^n + a_{n-1}x^{n-1}+\cdots+a_1 x + a_0$，定义

$$f(\boldsymbol{A}) = a_n \boldsymbol{A}^n + a_{n-1}\boldsymbol{A}^{n-1} + \cdots + a_1 \boldsymbol{A} + a_0 \boldsymbol{I}$$

为 $\boldsymbol{A}$ 的矩阵多项式。

这里需要注意的是：

(1) 矩阵多项式的常数项不要漏写单位矩阵；

(2) 矩阵多项式本质上还是一个矩阵。

既然矩阵多项式本质上仍然是一个矩阵，那么，它的特征值和特征向量有什么性质呢？下面的定理回答了这个问题。

定理 3.10　设矩阵 $\boldsymbol{A} \in C^{n\times n}$ 的 n 个特征值为 $\lambda_1,\lambda_2,\cdots\lambda_n$，对应的特征向量为 $\boldsymbol{x}_1,\boldsymbol{x}_2,\cdots,\boldsymbol{x}_n$，又设 $f(x)$ 是一个多项式，则 $f(\boldsymbol{A})$ 的特征值 $f(\lambda_1),f(\lambda_2),\cdots,f(\lambda_n)$ 对应的特征向量仍为 $\boldsymbol{x}_1,\boldsymbol{x}_2,\cdots,\boldsymbol{x}_n$，即假设 $\boldsymbol{Ax}=\lambda\boldsymbol{x}$，可以推出 $f(\boldsymbol{A})\boldsymbol{x}=f(\lambda)\boldsymbol{x}$。

证明：证明思路是利用特征值和特征向量的定义 $\boldsymbol{Ax}=\lambda\boldsymbol{x}$。

由方阵幂的定义，对于 $\forall k \in Z$，有：

$$\boldsymbol{A}^k\boldsymbol{x} = \boldsymbol{A}^{k-1}(\boldsymbol{Ax}) = \boldsymbol{A}^{k-1}(\lambda\boldsymbol{x}) = \lambda\boldsymbol{A}^{k-1}\boldsymbol{x} = \cdots = \lambda^k\boldsymbol{x}$$

那么：

$$\begin{aligned} f(\boldsymbol{A})\boldsymbol{x} &= (a_s\boldsymbol{A}^{s-1} + a_{s-1}\boldsymbol{A}^{s-1} + \cdots + a_1\boldsymbol{A} + a_0\boldsymbol{I})\boldsymbol{x} \\ &= a_s\boldsymbol{A}^{s-1}\boldsymbol{x} + a_{s-1}\boldsymbol{A}^{s-1}\boldsymbol{x} + \cdots + a_1\boldsymbol{Ax} + a_0\boldsymbol{Ix} \\ &= (a_s\lambda^{s-1} + a_{s-1}\lambda^{s-1} + \cdots + a_1\lambda + a_0)\boldsymbol{x} = f(\lambda)\boldsymbol{x} \end{aligned}$$

证毕。

例 3.6　设 n 阶方阵 $\boldsymbol{A}$ 有 n 个特征值 $1,2,\cdots,n$，求 $|\boldsymbol{A}+3\boldsymbol{I}|$。

解：设方阵 $\boldsymbol{A}$ 的特征值为 λ，则根据定理 3.10 可知，矩阵 $\boldsymbol{A}+3\boldsymbol{I}$ 的特征值为 $\lambda+3$，即为 $4,5,\cdots,n+3$，所以 $|\boldsymbol{A}+3\boldsymbol{I}|=\dfrac{(n+3)!}{3!}$。

设 $\boldsymbol{A}\in C^{n\times n}$，$\boldsymbol{J}$ 为其 Jordan 标准型，则存在可逆矩阵 $\boldsymbol{P}$，使得：

$$\begin{aligned} \boldsymbol{A} &= \boldsymbol{PJP}^{-1} = \boldsymbol{P}\mathrm{diag}(\boldsymbol{J}_1,\boldsymbol{J}_2,\cdots,\boldsymbol{J}_r)\boldsymbol{P}^{-1} \\ &= \boldsymbol{P}\mathrm{diag}(\boldsymbol{J}_1(\lambda_1),\boldsymbol{J}_2(\lambda_2),\cdots,\boldsymbol{J}_r(\lambda_r))\boldsymbol{P}^{-1} \end{aligned}$$

于是：

$$\begin{aligned} f(\boldsymbol{A}) &= a_n\boldsymbol{A}^n + a_{n-1}\boldsymbol{A}^{n-1} + \cdots + a_1\boldsymbol{A} + a_0\boldsymbol{I} \\ &= a_n(\boldsymbol{PJP}^{-1})^n + a_{n-1}(\boldsymbol{PJP}^{-1})^{n-1} + \cdots + a_1(\boldsymbol{PJP}^{-1}) + a_0\boldsymbol{I} \\ &= \boldsymbol{P}(a_n\boldsymbol{J}^n + a_{n-1}\boldsymbol{J}^{n-1} + \cdots + a_1\boldsymbol{J} + a_0\boldsymbol{I})\boldsymbol{P}^{-1} \\ &= \boldsymbol{P}f(\boldsymbol{J})\boldsymbol{P}^{-1} \\ &= \mathrm{Pdiag}(f(\boldsymbol{J}_1),f(\boldsymbol{J}_2),\cdots,f(\boldsymbol{J}_r))\boldsymbol{P}^{-1} \end{aligned}$$

我们称上面的表达式为矩阵多项式 $f(\boldsymbol{A})$ 的 Jordan 表示，其中：

$$f(\boldsymbol{J}_i)=\begin{pmatrix} f(\lambda_i) & f'(\lambda_i) & \cdots & \frac{1}{(d_i-1)!}f^{(d_i-1)}(\lambda_i) \\ & f(\lambda_i) & \ddots & \vdots \\ & & \ddots & f'(\lambda_i) \\ & & & f(\lambda_i) \end{pmatrix}_{d_i\times d_i}$$

，这里 $f^{(j)}(\lambda_i), j=1,2,\cdots,d_i-1$ 表示多项式 $f(x)$ 的第 j 阶导数在 λ_i 点的值。

例 3.7 已知多项式 $f(x)=x^4-2x^3+x-1$，与矩阵 $\boldsymbol{A}=\begin{pmatrix} 3 & 0 & 8 \\ 3 & -1 & 6 \\ -2 & 0 & -5 \end{pmatrix}$，求 $f(\boldsymbol{A})$。

解：首先求出矩阵的 $\boldsymbol{A}$ 的 Jordan 标准型 $\boldsymbol{J}$ 及其相似变换矩阵 $\boldsymbol{P}$。

$$\boldsymbol{J}=\begin{pmatrix} -1 & 0 & 0 \\ 0 & -1 & 1 \\ 0 & 0 & -1 \end{pmatrix},\quad \boldsymbol{P}=\begin{pmatrix} 0 & 4 & 1 \\ 1 & 3 & 0 \\ 0 & -2 & 0 \end{pmatrix},\quad \boldsymbol{P}^{-1}=\begin{pmatrix} 0 & 1 & \frac{3}{2} \\ 0 & 0 & \frac{-1}{2} \\ 1 & 0 & 2 \end{pmatrix}$$

那么有

$$\begin{aligned} f(\boldsymbol{A}) &= \boldsymbol{P}f(\boldsymbol{J})\boldsymbol{P}^{-1} \\ &= \begin{pmatrix} 0 & 4 & 1 \\ 1 & 3 & 0 \\ 0 & -2 & 0 \end{pmatrix}\begin{pmatrix} f(-1) & 0 & 0 \\ 0 & f(-1) & f'(-1) \\ 0 & 0 & f(-1) \end{pmatrix}\begin{pmatrix} 0 & 1 & \frac{3}{2} \\ 0 & 0 & \frac{-1}{2} \\ 1 & 0 & 2 \end{pmatrix} \\ &= \begin{pmatrix} f(-1)+4f'(-1) & 0 & 8f'(-1) \\ 3f'(-1) & f(-1) & 6f'(-1) \\ -2f'(-1) & 0 & f(-1)-4f'(-1) \end{pmatrix} \\ &= \begin{pmatrix} -35 & 0 & -72 \\ -27 & 1 & -54 \\ 18 & 0 & 37 \end{pmatrix} \end{aligned}$$

下面介绍一个非常重要的定理。

定理 3.11 (Hamilton-Cayley 定理) 设 $\boldsymbol{A}\in C^{n\times n}$，记其特征多项式 $\phi(\lambda)=\det(\lambda\boldsymbol{I}-\boldsymbol{A})$，则矩阵多项式 $\phi(\boldsymbol{A})=\boldsymbol{0}$。

证明：假设 $\exists \boldsymbol{P}\in C_n^{n\times n}$，使得 $\boldsymbol{A}=\boldsymbol{P}\boldsymbol{J}\boldsymbol{P}^{-1}=\boldsymbol{P}\mathrm{diag}(\boldsymbol{J}_1,\boldsymbol{J}_2,\cdots,\boldsymbol{J}_r)\boldsymbol{P}^{-1}$。为了分析方便，这里把每一个 Jordan 块矩阵展开，得到 Jordan 矩阵：

$$J=\begin{pmatrix}\lambda_1 & \alpha & & \\ & \lambda_2 & \ddots & \\ & & \ddots & \alpha \\ & & & \lambda_n\end{pmatrix}$$

这里 $\alpha=0$ 或 1。接下来，写出矩阵 $\boldsymbol{A}$ 的特征多项式：

$$\phi(\lambda)=\det(\lambda\boldsymbol{I}-\boldsymbol{A})=(\lambda-\lambda_1)(\lambda-\lambda_2)\cdots(\lambda-\lambda_n)$$

将矩阵 $\boldsymbol{A}$ 代入上式，写出对应的矩阵多项式：

$$\phi(\boldsymbol{A})=(\boldsymbol{A}-\lambda_1\boldsymbol{I})(\boldsymbol{A}-\lambda_2\boldsymbol{I})\cdots(\boldsymbol{A}-\lambda_n\boldsymbol{I})$$

将 $\boldsymbol{A}=\boldsymbol{PJP}^{-1}$ 代入上式，根据可逆矩阵的定义，可得

$$\begin{aligned}\phi(\boldsymbol{A})&=(\boldsymbol{PJP}^{-1}-\lambda_1\boldsymbol{I})(\boldsymbol{PJP}^{-1}-\lambda_2\boldsymbol{I})\cdots(\boldsymbol{PJP}^{-1}-\lambda_n\boldsymbol{I})\\&=(\boldsymbol{PJP}^{-1}-\boldsymbol{P}(\lambda_1\boldsymbol{I})\boldsymbol{P}^{-1})(\boldsymbol{PJP}^{-1}-\boldsymbol{P}(\lambda_2\boldsymbol{I})\boldsymbol{P}^{-1})\cdots(\boldsymbol{PJP}^{-1}-\boldsymbol{P}(\lambda_n\boldsymbol{I})\boldsymbol{P}^{-1})\\&=\boldsymbol{P}(\boldsymbol{J}-\lambda_1\boldsymbol{I})\boldsymbol{P}^{-1}\boldsymbol{P}(\boldsymbol{J}-\lambda_2\boldsymbol{I})\boldsymbol{P}^{-1}\boldsymbol{P}\cdots\boldsymbol{P}^{-1}\boldsymbol{P}(\boldsymbol{J}-\lambda_n\boldsymbol{I})\boldsymbol{P}^{-1}\\&=\boldsymbol{P}(\boldsymbol{J}-\lambda_1\boldsymbol{I})(\boldsymbol{J}-\lambda_2\boldsymbol{I})\cdots(\boldsymbol{J}-\lambda_n\boldsymbol{I})\boldsymbol{P}^{-1}\end{aligned}$$

下面分析 $\boldsymbol{J}-\lambda_i\boldsymbol{I}$，$i=1,2,\cdots,n$，得到：

$$\boldsymbol{J}-\lambda_i\boldsymbol{I}=\begin{pmatrix}\lambda_1-\lambda_i & \alpha & & & & & \\ & \ddots & \ddots & & & & \\ & & \lambda_{i-1}-\lambda_i & \alpha & & & \\ & & & 0 & \alpha & & \\ & & & & \lambda_{i+1}-\lambda_i & \ddots & \\ & & & & & \ddots & \alpha \\ & & & & & & \lambda_n-\lambda_i\end{pmatrix}$$

所以有如下等式：

$$\begin{aligned}&\boldsymbol{P}(\boldsymbol{J}-\lambda_1\boldsymbol{I})(\boldsymbol{J}-\lambda_2\boldsymbol{I})\cdots(\boldsymbol{J}-\lambda_n\boldsymbol{I})\boldsymbol{P}^{-1}\\&=\boldsymbol{P}\begin{pmatrix}0 & \alpha & & \\ 0 & \lambda_2-\lambda_1 & \ddots & \\ \vdots & & \ddots & \alpha \\ 0 & & & \lambda_n-\lambda_1\end{pmatrix}\begin{pmatrix}\lambda_1-\lambda_2 & \alpha & & \\ 0 & 0 & \ddots & \\ \vdots & \vdots & \ddots & \alpha \\ 0 & 0 & & \lambda_n-\lambda_2\end{pmatrix}\cdots\begin{pmatrix}\lambda_1-\lambda_n & \alpha & & \\ & \lambda_2-\lambda_n & \ddots & \\ & & \ddots & \alpha \\ & & & 0\end{pmatrix}\boldsymbol{P}^{-1}\\&=\boldsymbol{P}\begin{pmatrix}0 & 0 & * & * \\ 0 & 0 & \ddots & * \\ \vdots & \vdots & \ddots & * \\ 0 & 0 & & *\end{pmatrix}\begin{pmatrix}\lambda_1-\lambda_3 & \alpha & & & \\ & \lambda_2-\lambda_3 & \alpha & & \\ & & 0 & & \\ & & & \lambda_4-\lambda_3 & \ddots \\ & & & & \ddots\end{pmatrix}\cdots\begin{pmatrix}\lambda_1-\lambda_n & \alpha & & \\ & \lambda_2-\lambda_n & \ddots & \\ & & \ddots & \alpha \\ & & & 0\end{pmatrix}\boldsymbol{P}^{-1}\\&=\cdots=\boldsymbol{0}\end{aligned}$$

证毕。

尽管 Hamilton-Cayley 定理的证明过程在高等代数参考书中都有，这里之所以重新证明，其目的主要是希望读者在证明过程中能够深入理解 Jordan 标准型矩阵、Jordan 块矩阵等基本概念。另外，需要强调一点，即矩阵多项式 $\phi(\boldsymbol{A})$ 等于一个零矩阵，而不是数字 0。下面介绍一个 Hamilton-Cayley 定理的简单应用。

通常，当 n 阶方阵 $\boldsymbol{A}$ 的矩阵多项式 $f(\boldsymbol{A})$ 的最高次幂超过 n 时，可用多项式的带余除法，将 $f(x)$ 表示为：

$$f(x)=g(x)\phi(x)+r(x)$$

这里余式 $r(x)$ 的次数小于 n，那么根据 Hamilton-Cayley 定理可以得到 $\phi(\boldsymbol{A})=\boldsymbol{0}$，所以

$$f(\boldsymbol{A})=g(\boldsymbol{A})\phi(\boldsymbol{A})+r(\boldsymbol{A})=r(\boldsymbol{A})$$

通过降低次数，简化矩阵多项式 $f(\boldsymbol{A})$ 的计算。

例 3.8 取 $\boldsymbol{A}=\begin{pmatrix}3 & 1 & -1\\ -2 & 0 & 2\\ -1 & -1 & 3\end{pmatrix}$，计算：

(1) $\boldsymbol{A}^7-\boldsymbol{A}^5-19\boldsymbol{A}^4+28\boldsymbol{A}^3+6\boldsymbol{A}-4\boldsymbol{I}$；

(2) $\boldsymbol{A}^{-1}$。

解：计算特征多项式 $\phi(\lambda)=\det(\lambda\boldsymbol{I}-\boldsymbol{A})=\lambda^3-4\lambda^2+5\lambda-2$。

(1) $f(\lambda)=\lambda^7-\lambda^5-19\lambda^4+28\lambda^3+6\lambda-4$

$$=(\lambda^4+4\lambda^3+10\lambda^2+3\lambda-2)\cdot\phi(\boldsymbol{A})+(-3\lambda^2+22\lambda-8)$$

所以：

$$f(\boldsymbol{A})=g(\boldsymbol{A})\phi(\boldsymbol{A})+r(\boldsymbol{A})=r(\boldsymbol{A})=-3\boldsymbol{A}^2+22\boldsymbol{A}-8\boldsymbol{I}=\begin{pmatrix}-21 & 16 & 0\\ -64 & 43 & 0\\ 19 & -3 & 24\end{pmatrix}$$

(2) 因为 $\phi(\boldsymbol{A})=\boldsymbol{A}^3-4\boldsymbol{A}^2+5\boldsymbol{A}-2\boldsymbol{I}=\boldsymbol{0}$，进一步可得 $\boldsymbol{A}\cdot(\boldsymbol{A}^2-4\boldsymbol{A}+5\boldsymbol{I})=2\boldsymbol{I}$，所以根据可逆矩阵的定义，得：

$$\boldsymbol{A}^{-1}=\frac{1}{2}\cdot(\boldsymbol{A}^2-4\boldsymbol{A}+5\boldsymbol{I})=\begin{pmatrix}8 & 2.5 & -2.5\\ -5 & 0.5 & 5\\ -2.5 & -0.5 & 8\end{pmatrix}$$

习 题

1. 求正交矩阵 $\boldsymbol{T}$，使 $\boldsymbol{T}^{-1}\boldsymbol{A}\boldsymbol{T}$ 为对角矩阵。

(1) $\boldsymbol{A}=\begin{pmatrix}0 & -2 & 2\\ -2 & -3 & 4\\ 2 & 4 & -3\end{pmatrix}$

(2) $\boldsymbol{A}=\begin{pmatrix}1 & 2 & 4\\ 2 & -2 & 2\\ 4 & 2 & 1\end{pmatrix}$

(3) $\boldsymbol{A}=\begin{pmatrix}4 & 1 & 0 & -1\\ 1 & 4 & -1 & 0\\ 0 & -1 & 4 & 1\\ -1 & 0 & 1 & 4\end{pmatrix}$

(4) $\boldsymbol{A}=\begin{pmatrix}3 & -2 & 0\\ -2 & 2 & -2\\ 0 & -2 & 1\end{pmatrix}$

2．设矩阵 $\boldsymbol{A}=\begin{pmatrix}-2 & 0 & 0\\ 2 & x & 2\\ 2 & 1 & 1\end{pmatrix}$ 与 $\boldsymbol{B}=\begin{pmatrix}-1 & 0 & 0\\ 0 & 2 & 0\\ 0 & 0 & y\end{pmatrix}$ 相似。

(1) 求 x 与 y;

(2) 求可逆矩阵 $\boldsymbol{P}$，使 $\boldsymbol{P}^{-1}\boldsymbol{AP}=\boldsymbol{B}$。

3．设 $\boldsymbol{A}=\begin{pmatrix}1 & 1 & -1\\ 0 & 0 & 1\\ 0 & -2 & 3\end{pmatrix}$，求 $\boldsymbol{A}^{100}$。

4．求下列 λ－矩阵的 Smith 标准型。

(1) $\begin{pmatrix}\lambda^3-\lambda & 2\lambda^2\\ \lambda^2+5\lambda & 3\lambda\end{pmatrix}$

(2) $\begin{pmatrix}1-\lambda & \lambda^2 & \lambda\\ \lambda & \lambda & -\lambda\\ 1+\lambda^2 & \lambda^2 & -\lambda^2\end{pmatrix}$

(3) $\begin{pmatrix}\lambda(\lambda+1) & 0 & 0\\ 0 & \lambda & 0\\ 0 & 0 & (\lambda+1)^2\end{pmatrix}$

(4) $\begin{pmatrix}0 & \lambda(\lambda+1) & 0\\ \lambda & 0 & \lambda+1\\ 0 & 0 & \lambda-2\end{pmatrix}$

5．求下列 λ－矩阵的不变因子。

(1) $\begin{pmatrix}\lambda-2 & 0 & 0\\ -1 & \lambda-2 & 0\\ 0 & -1 & \lambda-2\end{pmatrix}$

(2) $\begin{pmatrix} \lambda+a & b & 1 & 0 \\ -b & \lambda+a & 0 & 1 \\ 0 & 0 & \lambda+a & b \\ 0 & 0 & -b & \lambda+a \end{pmatrix}$

6．求下列矩阵的 Jordan 标准型。

(1) $\begin{pmatrix} 1 & 2 & 0 \\ 0 & 2 & 0 \\ -2 & -2 & -1 \end{pmatrix}$

(2) $\begin{pmatrix} 13 & 16 & 16 \\ -5 & -7 & -6 \\ -6 & -8 & -7 \end{pmatrix}$

第 4 章　矩阵分解及应用

把矩阵化成简单的形式是矩阵论中的一个核心问题。第 3 章介绍了如何通过相似变换把矩阵化成对角矩阵或分块对角矩阵(Jordan 标准型)。这一章试图把矩阵分成几个结构简单或具有某些特殊性质的矩阵乘积方式，来研究矩阵化简问题，即矩阵分解问题。本章将介绍 6 种常见的矩阵分解方法，最后介绍如何利用矩阵分解求解矩阵的广义逆。

4.1　三角分解 *LU*

从前面的介绍中可以看出，三角矩阵具有非常简单的结构和非常良好的性质。比如非常容易求三角矩阵的行列式、逆矩阵(如果有的话)、解线性方程组等。矩阵的三角分解方法也非常简单，一般采用行、列初等变换即可以实现分解。

定义 4.1　若方阵 $\boldsymbol{A}=\boldsymbol{LU}$，其中 $\boldsymbol{L}$ 为下三角矩阵，$\boldsymbol{U}$ 为上三角矩阵，则称 $\boldsymbol{A}$ 可以做三角分解或 $\boldsymbol{LU}(\boldsymbol{LR})$ 分解。若 $\boldsymbol{A}=\boldsymbol{LDU}$，其中 $\boldsymbol{L}$ 为单位下三角矩阵，$\boldsymbol{U}$ 为单位上三角矩阵，$\boldsymbol{D}$ 为对角矩阵，则称 $\boldsymbol{A}$ 可以做 $\boldsymbol{LDU}$ 分解。

上(下)三角矩阵具有以下良好的性质。

性质 1：上(下)三角矩阵 $\boldsymbol{R}$ 的逆 $\boldsymbol{R}^{-1}$ 也是上(下)三角矩阵，且对角元是 $\boldsymbol{R}$ 对角元的倒数。

性质 2：两个上(下)三角矩阵 $\boldsymbol{R}_1$、$\boldsymbol{R}_2$ 的乘积 $\boldsymbol{R}_1\boldsymbol{R}_2$ 也是上(下)三角矩阵,且对角元是 $\boldsymbol{R}_1$ 与 $\boldsymbol{R}_2$ 对角元之积。

下面介绍一个可逆矩阵三角分解存在的充要条件。

定理 4.1　n 阶可逆矩阵 $\boldsymbol{A}$ 存在三角分解的充分必要条件是 $\boldsymbol{A}$ 的各阶顺序主子式 $\Delta_k\neq 0$，$k=1,2,\cdots,n-1$。

证明：必要性，设 $\boldsymbol{A}=\boldsymbol{LU}$，这里 $\boldsymbol{L}=(l_{ij})_{n\times n}(l_{ij}=0,\ \ i<j)$，$\boldsymbol{U}=(u_{ij})_{n\times n}(u_{ij}=0,\ i>j)$，将 $\boldsymbol{A}=\boldsymbol{LU}$ 写成相应的分块矩阵的形式：$\begin{pmatrix}\boldsymbol{A}_k & \boldsymbol{A}_{12}\\ \boldsymbol{A}_{21} & \boldsymbol{A}_{22}\end{pmatrix}=\begin{pmatrix}\boldsymbol{L}_k & \boldsymbol{0}\\ \boldsymbol{L}_{21} & \boldsymbol{L}_{22}\end{pmatrix}\begin{pmatrix}\boldsymbol{U}_k & \boldsymbol{U}_{12}\\ \boldsymbol{0} & \boldsymbol{U}_{22}\end{pmatrix}$，则 $\boldsymbol{A}_k=\boldsymbol{L}_k\boldsymbol{U}_k$，根据矩阵 $\boldsymbol{A}$ 是可逆矩阵，可以知道对于任意的 $k=1,2,\cdots,n-1$，有

$$\Delta_k=\det\boldsymbol{A}_k=\det\boldsymbol{L}_k\det\boldsymbol{U}_k=l_{11}\cdots l_{kk}u_{11}\cdots u_{kk}\neq 0$$

充分性：对 $\boldsymbol{A}$ 的阶数用数学归纳法。

当 $n=1$ 时，结论是显然的。

假设当 $n=k$ 时结论成立，即 $\boldsymbol{A}_k=\boldsymbol{L}_k\boldsymbol{U}_k$，且 $\det\boldsymbol{A}_k=\det\boldsymbol{L}_k\det\boldsymbol{U}_k\neq 0$，$\boldsymbol{L}_k$, $\boldsymbol{U}_k$ 可逆；

当 $n=k+1$ 时，$\boldsymbol{A}_{k+1}=\begin{pmatrix}\boldsymbol{A}_k & \boldsymbol{c}_k\\ \boldsymbol{r}_k & a_{k+1,k+1}\end{pmatrix}=\begin{pmatrix}\boldsymbol{L}_k & \boldsymbol{0}\\ \boldsymbol{r}_k\boldsymbol{U}_k^{-1} & 1\end{pmatrix}\begin{pmatrix}\boldsymbol{U}_k & \boldsymbol{L}_k^{-1}\boldsymbol{c}_k\\ \boldsymbol{0} & a_{k+1,k+1}-\boldsymbol{r}_k\boldsymbol{U}_k^{-1}\boldsymbol{L}_k^{-1}\boldsymbol{c}_k\end{pmatrix}=\boldsymbol{L}_{k+1}\boldsymbol{U}_{k+1}$，

这里，$\boldsymbol{r}_k=\begin{pmatrix}a_{k+1,1} & a_{k+1,2} & \cdots & a_{k+1,k}\end{pmatrix}$，$\boldsymbol{c}_k=\begin{pmatrix}a_{1,k+1}\\ a_{2,k+1}\\ \vdots \\ a_{k,k+1}\end{pmatrix}$。

证毕。

定理 4.1 是针对可逆矩阵而言的，下面的定理则针对一般的矩阵。

定理 4.2 对于 n 阶矩阵 $\boldsymbol{A}$，当且仅当 $\boldsymbol{A}$ 的顺序主子式 $\Delta_k=\det\boldsymbol{A}_k\neq 0,\ k=1,2,\cdots,n-1$ 时，矩阵 $\boldsymbol{A}$ 可唯一地分解为 $\boldsymbol{A}=\boldsymbol{LDU}$，其中 $\boldsymbol{L}$ 为单位下三角矩阵，$\boldsymbol{U}$ 为单位上三角矩阵，$\boldsymbol{D}=\mathrm{diag}(d_1,d_2,\cdots,d_n)$，这里对角元素 $d_i=\dfrac{\Delta_i}{\Delta_{i-1}}$，$i=1,2,\cdots,n$，$\Delta_0=1$。

这个定理的证明过程较为烦琐，这里省略，感兴趣的读者可以参考张凯院等编著的《矩阵论》第 128 页定理 4.1 的证明过程。需要强调一点的是，一般情况下，一个矩阵的 $\boldsymbol{LU}$ 分解并不唯一。因为对于 $\boldsymbol{A}=\boldsymbol{LU}$，任取一个对角元素全不为 0 的对角矩阵 $\boldsymbol{D}$，显然，$\boldsymbol{A}=\boldsymbol{LDD}^{-1}\boldsymbol{U}$，根据前述的性质 1 和性质 2，可知矩阵 $\boldsymbol{LD}$ 仍是下三角矩阵，矩阵 $\boldsymbol{D}^{-1}\boldsymbol{U}$ 仍是上三角矩阵，设 $\tilde{\boldsymbol{L}}=\boldsymbol{LD}$，$\tilde{\boldsymbol{U}}=\boldsymbol{D}^{-1}\boldsymbol{U}$，则 $\boldsymbol{A}=\tilde{\boldsymbol{L}}\tilde{\boldsymbol{U}}$ 也是矩阵 $\boldsymbol{A}$ 的一个三角分解，但是对于矩阵 $\boldsymbol{A}$ 的 $\boldsymbol{LDU}$ 分解则可保证唯一性。

下面，我们用一个例子来说明矩阵的 $\boldsymbol{LU}$ 三角分解。

例 4.1 用高斯消去法求解线性方程组 $\boldsymbol{Ax}=\boldsymbol{b}$。

$$\begin{cases}2x_1+x_2+x_3=4\\ 4x_1+3x_2+3x_3+x_4=11\\ 8x_1+7x_2+9x_3+5x_4=29\\ 6x_1+7x_2+9x_3+8x_4=30\end{cases}$$

解：对增广矩阵采用初等变换：

$$(\boldsymbol{Ab})=\begin{pmatrix}2&1&1&0&4\\4&3&3&1&11\\8&7&9&5&29\\6&7&9&8&30\end{pmatrix}\xrightarrow{\text{第一次消元}}\begin{pmatrix}2&1&1&0&4\\0&1&1&1&3\\0&3&5&5&13\\0&4&6&8&18\end{pmatrix}$$

$$\xrightarrow{\text{第二次消元}}\begin{pmatrix}2&1&1&0&4\\0&1&1&1&3\\0&0&2&2&4\\0&0&2&4&6\end{pmatrix}\xrightarrow{\text{第三次消元}}\begin{pmatrix}2&1&1&0&4\\0&1&1&1&3\\0&0&2&2&4\\0&0&0&2&2\end{pmatrix}$$

三次消元过程写成矩阵的形式分别为：

$$\boldsymbol{L}_3(\boldsymbol{L}_2\boldsymbol{L}_1\boldsymbol{A})=\begin{pmatrix}1&&&\\&1&&\\&&1&\\&&-1&1\end{pmatrix}\begin{pmatrix}1&&&\\&1&&\\&-3&1&\\&-4&&1\end{pmatrix}\begin{pmatrix}1&&&\\-2&1&&\\-4&&1&\\-3&&&1\end{pmatrix}\begin{pmatrix}2&1&1&0\\4&3&3&1\\8&7&9&5\\6&7&9&8\end{pmatrix}$$

$$=\begin{pmatrix}2&1&1&0\\0&1&1&1\\0&0&2&2\\0&0&0&2\end{pmatrix}=\boldsymbol{U}$$

下面我们分析初等变换矩阵及其逆矩阵，简单计算可以得到：

$$\boldsymbol{L}_1=\begin{pmatrix}1&&&\\-2&1&&\\-4&&1&\\-3&&&1\end{pmatrix},\boldsymbol{L}_2=\begin{pmatrix}1&&&\\&1&&\\&-3&1&\\&-4&&1\end{pmatrix},\boldsymbol{L}_3=\begin{pmatrix}1&&&\\&1&&\\&&1&\\&&-1&1\end{pmatrix}$$

$$\boldsymbol{L}_1^{-1}=\begin{pmatrix}1&&&\\2&1&&\\4&&1&\\3&&&1\end{pmatrix},\boldsymbol{L}_2^{-1}=\begin{pmatrix}1&&&\\&1&&\\&3&1&\\&4&&1\end{pmatrix},\boldsymbol{L}_3^{-1}=\begin{pmatrix}1&&&\\&1&&\\&&1&\\&&1&1\end{pmatrix}$$

所以，上述高斯消去法求解过程可以描述成 $\boldsymbol{A}=(\boldsymbol{L}_1^{-1}\boldsymbol{L}_2^{-1}\boldsymbol{L}_3^{-1})\boldsymbol{U}$，令

$$\boldsymbol{L}=\boldsymbol{L}_1^{-1}\boldsymbol{L}_2^{-1}\boldsymbol{L}_3^{-1}=\begin{pmatrix}1&0&0&0\\2&1&0&0\\4&3&1&0\\3&4&1&1\end{pmatrix}$$

则有 $\boldsymbol{A}=\boldsymbol{L}\boldsymbol{U}$。

通过前面的介绍，我们知道正定矩阵具有非常良好的数学性质。下面，我们介绍一个特殊的实对称正定矩阵的三角分解结论。

定理 4.3 （Cholesky 分解）对任意 n 阶实对称正定矩阵 $\boldsymbol{A}$，均存在下三角矩阵 $\boldsymbol{G}$ 使 $\boldsymbol{A}=\boldsymbol{G}\boldsymbol{G}^{\mathrm{T}}$ 成立，称其为对称正定矩阵 $\boldsymbol{A}$ 的 Cholesky 分解，或者叫平方根分解、对称三角分解。更进一步，如果规定 $\boldsymbol{G}$ 的对角元素为正数，则 $\boldsymbol{G}$ 是唯一确定的。

证明：因为当矩阵 $\boldsymbol{A}$ 是实对称正定时，它的顺序主子式 $\Delta_i>0$，$i=1,2,\cdots,n$，所以根据定理 4.2，$\boldsymbol{A}$ 有唯一的 $\boldsymbol{LDU}$ 分解，并且对于对角矩阵 $\boldsymbol{D}=\mathrm{diag}(d_1,d_2,\cdots,d_n)$，主对角线上的元素 $d_i>0,i=1,2,\cdots,n$。令

$$\tilde{\boldsymbol{D}}=\mathrm{diag}(\sqrt{d_1},\sqrt{d_2},\cdots,\sqrt{d_n})$$

则有 $\boldsymbol{A}=\boldsymbol{L}\tilde{\boldsymbol{D}}^2\boldsymbol{U}$，根据矩阵 $\boldsymbol{A}$ 是对称的，即：

$$\boldsymbol{A}^{\mathrm{T}}=(\boldsymbol{L}\tilde{\boldsymbol{D}}^2\boldsymbol{U})^{\mathrm{T}}=\boldsymbol{U}^{\mathrm{T}}\tilde{\boldsymbol{D}}^2\boldsymbol{L}^{\mathrm{T}}=\boldsymbol{A}=\boldsymbol{L}\tilde{\boldsymbol{D}}^2\boldsymbol{U}$$

根据分解的唯一性，有 $\boldsymbol{U}^{\mathrm{T}}=\boldsymbol{L},\boldsymbol{U}=\boldsymbol{L}^{\mathrm{T}}$，所以有：

$$\boldsymbol{A}=\boldsymbol{L}\tilde{\boldsymbol{D}}^2\boldsymbol{L}^{\mathrm{T}}=(\boldsymbol{L}\tilde{\boldsymbol{D}})\cdot(\boldsymbol{L}\tilde{\boldsymbol{D}})^{\mathrm{T}}=\boldsymbol{G}\cdot\boldsymbol{G}^{\mathrm{T}}$$

这里 $\boldsymbol{G}=\boldsymbol{L}\tilde{\boldsymbol{D}}$ 是下三角矩阵。

证毕。

下面通过分析两个矩阵 $\boldsymbol{A}=(a_{ij})_{n\times n}$ 和 $\boldsymbol{G}=(g_{ij})_{n\times n}$ 对应元素之间的关系，来理解 Cholesky 分解的有效性。根据 $\boldsymbol{A}=\boldsymbol{G}\boldsymbol{G}^{\mathrm{T}}$，通过简单的矩阵乘法可得

$$a_{ij}=g_{i1}g_{j1}+g_{i2}g_{j2}+\cdots+g_{ij}g_{jj}，\quad (i>j)$$

$$a_{ii}=g_{i1}^2+g_{i2}^2+\cdots+g_{ii}^2$$

从而得到计算 g_{ij} 的递推公式

$$g_{ij}=\begin{cases}\left(a_{ij}-\sum\limits_{k=1}^{i-1}g_{ik}^2\right)^{\frac{1}{2}} & i=j\\ \dfrac{1}{g_{jj}}\left(a_{ij}-\sum\limits_{k=1}^{j-1}g_{ik}g_{jk}\right)^{\frac{1}{2}} & i>j\\ 0 & i<j\end{cases}$$

从上述递推公式可以看出，对于实对称正定矩阵 $\boldsymbol{A}$ 的 Cholesky 分解，不用通过初等变换方法，可以直接从矩阵 $\boldsymbol{A}$ 的元素利用递推的方式简单计算得到。

4.2 矩阵的 *QR* 分解

矩阵的 ***LU*** 分解虽然方法简单，但是其中涉及了矩阵的求逆，如例 4.1 所示。我们知道，矩阵的求逆需要大量的计算量，而正交矩阵的逆矩阵是它自身的转置，避免了矩阵求逆的过程。下面，我们利用正交矩阵，介绍矩阵的 ***QR*** 分解，即把一个可逆矩阵分解成正交矩阵和可逆三角矩阵乘积的方式。

定义 4.2 如果实(复)非奇异矩阵 $\boldsymbol{A}$ 能够化成正交(酉)矩阵 $\boldsymbol{Q}$ 与实(复)非奇异上三角矩阵 $\boldsymbol{R}$ 的乘积，即 $\boldsymbol{A}=\boldsymbol{QR}$，则称为 $\boldsymbol{A}$ 的 ***QR*** 分解。

矩阵的 ***QR*** 分解的三个常用方法如下：

(1)基于 Gram_Schmidt 正交化；

(2)基于 Givens 旋转；

(3)基于 Householder 变换。

定理 4.4 设 $\boldsymbol{A}$ 是 n 阶实(复)非奇异矩阵，则存在正交(酉)矩阵 $\boldsymbol{Q}$ 和实(复)非奇异上三角矩阵 $\boldsymbol{R}$ 使 $\boldsymbol{A}=\boldsymbol{QR}$；且除去相差一个对角元素的绝对值(模)全等于 1 的对角矩阵因子外，***QR*** 分解是唯一的。

证明：设 $\boldsymbol{A}=(\boldsymbol{\alpha}_1,\boldsymbol{\alpha}_2,\cdots,\boldsymbol{\alpha}_n)$，由于矩阵 $\boldsymbol{A}$ 是非奇异的，所以向量组 $\boldsymbol{\alpha}_1,\boldsymbol{\alpha}_2,\cdots,\boldsymbol{\alpha}_n$ 是线性无关的。采用 Gram_Schmidt 正交化方法将向量化为标准正交向量组，具体过程如下：

$$\boldsymbol{\beta}_1=\boldsymbol{\alpha}_1$$

$$\boldsymbol{\beta}_2=\boldsymbol{\alpha}_2-\frac{(\boldsymbol{\alpha}_2,\boldsymbol{\beta}_1)}{(\boldsymbol{\beta}_1,\boldsymbol{\beta}_1)}\boldsymbol{\beta}_1$$

$$\vdots$$

$$\boldsymbol{\beta}_n=\boldsymbol{\alpha}_n-\frac{(\boldsymbol{\alpha}_n,\boldsymbol{\beta}_1)}{(\boldsymbol{\beta}_1,\boldsymbol{\beta}_1)}\boldsymbol{\beta}_1-\cdots-\frac{(\boldsymbol{\alpha}_n,\boldsymbol{\beta}_{n-1})}{(\boldsymbol{\beta}_{n-1},\boldsymbol{\beta}_{n-1})}\boldsymbol{\beta}_{n-1}$$

进一步，可以得到：

$$\begin{aligned}&\boldsymbol{\alpha}_1=\boldsymbol{\beta}_1\\&\boldsymbol{\alpha}_2=\frac{(\boldsymbol{\alpha}_2,\boldsymbol{\beta}_1)}{(\boldsymbol{\beta}_1,\boldsymbol{\beta}_1)}\boldsymbol{\beta}_1+\boldsymbol{\beta}_2\\&\quad\vdots\\&\boldsymbol{\alpha}_n=\frac{(\boldsymbol{\alpha}_n,\boldsymbol{\beta}_1)}{(\boldsymbol{\beta}_1,\boldsymbol{\beta}_1)}\boldsymbol{\beta}_1+\cdots+\frac{(\boldsymbol{\alpha}_n,\boldsymbol{\beta}_{n-1})}{(\boldsymbol{\beta}_{n-1},\boldsymbol{\beta}_{n-1})}\boldsymbol{\beta}_{n-1}+\boldsymbol{\beta}_n\end{aligned}$$

写出矩阵的形式：

$$\boldsymbol{A}=(\boldsymbol{\alpha}_1,\boldsymbol{\alpha}_2,\cdots,\boldsymbol{\alpha}_n)=(\boldsymbol{\beta}_1,\boldsymbol{\beta}_2,\cdots,\boldsymbol{\beta}_n)\begin{pmatrix}1&\frac{(\boldsymbol{\alpha}_2,\boldsymbol{\beta}_1)}{(\boldsymbol{\beta}_1,\boldsymbol{\beta}_1)}&\cdots&\frac{(\boldsymbol{\alpha}_n,\boldsymbol{\beta}_1)}{(\boldsymbol{\beta}_1,\boldsymbol{\beta}_1)}\\&1&\cdots&\frac{(\boldsymbol{\alpha}_n,\boldsymbol{\beta}_2)}{(\boldsymbol{\beta}_2,\boldsymbol{\beta}_2)}\\&&\ddots&\vdots\\&&&1\end{pmatrix}$$

把 $\boldsymbol{\beta}_1,\boldsymbol{\beta}_2,\cdots,\boldsymbol{\beta}_n$ 单位化，得：

$$\begin{aligned}\boldsymbol{A}&=\left(\frac{\boldsymbol{\beta}_1}{|\boldsymbol{\beta}_1|},\frac{\boldsymbol{\beta}_2}{|\boldsymbol{\beta}_2|},\cdots,\frac{\boldsymbol{\beta}_n}{|\boldsymbol{\beta}_n|}\right)\cdot\begin{pmatrix}|\boldsymbol{\beta}_1|&(\boldsymbol{\alpha}_2,|\boldsymbol{\beta}_1|\boldsymbol{\beta}_1)&\cdots&(\boldsymbol{\alpha}_n,|\boldsymbol{\beta}_1|\boldsymbol{\beta}_1)\\&|\boldsymbol{\beta}_2|&\cdots&(\boldsymbol{\alpha}_n,|\boldsymbol{\beta}_2|\boldsymbol{\beta}_2)\\&&\ddots&\vdots\\&&&|\boldsymbol{\beta}_n|\end{pmatrix}\\&=\boldsymbol{QR}\end{aligned}$$

这里，取 $\boldsymbol{Q}=\left(\frac{\boldsymbol{\beta}_1}{|\boldsymbol{\beta}_1|},\frac{\boldsymbol{\beta}_2}{|\boldsymbol{\beta}_2|},\cdots,\frac{\boldsymbol{\beta}_n}{|\boldsymbol{\beta}_n|}\right),\boldsymbol{R}=\begin{pmatrix}|\boldsymbol{\beta}_1|&(\boldsymbol{\alpha}_2,|\boldsymbol{\beta}_1|\boldsymbol{\beta}_1)&\cdots&(\boldsymbol{\alpha}_n,|\boldsymbol{\beta}_1|\boldsymbol{\beta}_1)\\&|\boldsymbol{\beta}_2|&\cdots&(\boldsymbol{\alpha}_n,|\boldsymbol{\beta}_2|\boldsymbol{\beta}_2)\\&&\ddots&\vdots\\&&&|\boldsymbol{\beta}_n|\end{pmatrix}$。显然，$\boldsymbol{Q}$ 是正交矩阵。由于矩阵 $\boldsymbol{A}$ 是可逆矩阵，可得 $\boldsymbol{R}$ 是可逆上三角矩阵。

关于唯一性，采用反证法。假设矩阵 $\boldsymbol{A}$ 的 $\boldsymbol{QR}$ 分解不唯一，设 $\boldsymbol{A}=\boldsymbol{Q}_1\boldsymbol{R}_1=\boldsymbol{Q}_2\boldsymbol{R}_2$，则根据 $\boldsymbol{R}_1$ 是可逆矩阵，得 $\boldsymbol{Q}_1=\boldsymbol{Q}_2\boldsymbol{R}_2\boldsymbol{R}_1^{-1}$，于是

$$\begin{aligned}\boldsymbol{I}=\boldsymbol{Q}_1^{\mathrm{H}}\boldsymbol{Q}_1&=(\boldsymbol{Q}_2\boldsymbol{R}_2\boldsymbol{R}_1^{-1})^{\mathrm{H}}\boldsymbol{Q}_2\boldsymbol{R}_2\boldsymbol{R}_1^{-1}=(\boldsymbol{R}_2\boldsymbol{R}_1^{-1})^{\mathrm{H}}\boldsymbol{Q}_2^{\mathrm{H}}\boldsymbol{Q}_2\boldsymbol{R}_2\boldsymbol{R}_1^{-1}\\&=(\boldsymbol{R}_2\boldsymbol{R}_1^{-1})^{\mathrm{H}}\boldsymbol{R}_2\boldsymbol{R}_1^{-1}\end{aligned}$$

这表明 $\boldsymbol{R}_2\boldsymbol{R}_1^{-1}$ 不仅是正交(酉)矩阵，而且对角元素的绝对值(模)全部等于 1 的对角矩阵，即 $\boldsymbol{R}_2\boldsymbol{R}_1^{-1}=\boldsymbol{I}\Rightarrow\boldsymbol{R}_2=\boldsymbol{R}_1$，从而 $\boldsymbol{Q}_2=\boldsymbol{Q}_1$。唯一性得证。

证毕。

例 4.2　用 Gram_Schmidt 正交化方法求矩阵 $\boldsymbol{A}$ 的 $\boldsymbol{QR}$ 分解，其中

$$A=\begin{pmatrix}2&2&1\\0&2&2\\2&1&2\end{pmatrix}$$

解：令 $A=(x_1,x_2,x_3)(\mathrm{rank}(A)=3)$，这里 $x_1=(2,0,2)^{\mathrm{T}}$， $x_2=(2,2,1)^{\mathrm{T}}$， $x_3=(1,2,2)^{\mathrm{T}}$，故经过 Gram_Schmidt 正交化有：

$$y_1=x_1=(2,0,2)^{\mathrm{T}}$$

$$y_2=x_2-\frac{(x_2,y_1)}{(y_1,y_1)}y_1=(2,2,1)^{\mathrm{T}}-\frac{4+0+2}{4+0+4}(2,0,2)^{\mathrm{T}}=\left(\frac{1}{2},2,-\frac{1}{2}\right)^{\mathrm{T}}$$

$$y_3=x_3-\frac{(x_3,y_2)}{(y_2,y_2)}y_2-\frac{(x_3,y_1)}{(y_1,y_1)}y_1=(1,2,2)^{\mathrm{T}}-\frac{\frac{1}{2}+4-1}{\frac{1}{4}+4+\frac{1}{4}}\left(\frac{1}{2},2,-\frac{1}{2}\right)^{\mathrm{T}}-\frac{2+0+4}{4+0+4}(2,0,2)^{\mathrm{T}}$$

$$=\left(-\frac{8}{9},\frac{4}{9},\frac{8}{9}\right)^{\mathrm{T}}$$

求其单位向量后有：

$$|y_1|=2\sqrt{2}，|y_2|=\frac{3\sqrt{2}}{2}，|y_3|=\frac{4}{3}$$

则单位化后有：

$$z_1=\left(\frac{\sqrt{2}}{2},0,\frac{\sqrt{2}}{2}\right)^{\mathrm{T}}，\quad z_2=\left(\frac{\sqrt{2}}{6},\frac{2\sqrt{2}}{3},-\frac{\sqrt{2}}{6}\right)^{\mathrm{T}}，\quad z_3=\left(-\frac{2}{3},\frac{1}{3},\frac{2}{3}\right)^{\mathrm{T}}$$

令 $Q=(z_1,z_2,z_3)$，则：

$$R=\begin{pmatrix}|y_1|&0&0\\0&|y_2|&0\\0&0&|y_3|\end{pmatrix}\begin{pmatrix}1&\frac{(x_2,y_1)}{(y_1,y_1)}&\frac{(x_3,y_1)}{(y_1,y_1)}\\0&1&\frac{(x_3,y_2)}{(y_2,y_2)}\\0&0&1\end{pmatrix}=\begin{pmatrix}2\sqrt{2}&\frac{3\sqrt{2}}{2}&\frac{3\sqrt{2}}{2}\\0&\frac{3\sqrt{2}}{2}&\frac{7\sqrt{2}}{6}\\0&0&\frac{4}{3}\end{pmatrix}$$

故

$$A=QR=\begin{pmatrix}\frac{\sqrt{2}}{2}&\frac{\sqrt{2}}{6}&-\frac{2}{3}\\0&\frac{3\sqrt{2}}{2}&\frac{1}{3}\\\frac{\sqrt{2}}{2}&-\frac{\sqrt{2}}{6}&\frac{2}{3}\end{pmatrix}\begin{pmatrix}2\sqrt{2}&\frac{3\sqrt{2}}{2}&\frac{3\sqrt{2}}{2}\\0&\frac{3\sqrt{2}}{2}&\frac{7\sqrt{2}}{6}\\0&0&\frac{4}{3}\end{pmatrix}$$

定理 4.4 可以推广到列满秩情形。

定理 4.5　设矩阵 $\boldsymbol{A}$ 是 $m\times n$ 阶实(复)矩阵，且其 n 个列线性无关，则存在 $m\times n$ 阶实(复)矩阵 $\boldsymbol{Q}$(也叫次酉矩阵)，且满足 $\boldsymbol{Q}^{\mathrm{T}}\boldsymbol{Q}=\boldsymbol{I}(\boldsymbol{Q}^{\mathrm{H}}\boldsymbol{Q}=\boldsymbol{I})$，$n$ 阶实(复)非奇异上三角矩阵 $\boldsymbol{R}$ 使 $\boldsymbol{A}=\boldsymbol{QR}$；且除去相差一个对角元素的绝对值(模)全等于 1 的对角矩阵因子外，$\boldsymbol{QR}$ 分解是唯一的。

证明过程与定理 4.4 类似，这里省略。另外，对于行满秩矩阵，进行转置后变成列满秩矩阵，根据定理 4.5 可以得到相应的 $\boldsymbol{QR}$ 分解。

除了 Gram_Schmidt 正交化方法以外，第 2 章还介绍了 Givens 变换和 Householder 变换，同样可以实现正交化，从而可以得到相应的矩阵 $\boldsymbol{QR}$ 分解，具体有如下的定理。

定理 4.6　任何 n 阶实可逆矩阵 $\boldsymbol{A}$ 都可通过左连乘 Givens 矩阵化为可逆上三角矩阵 $\boldsymbol{R}$，即 $\boldsymbol{A}=\boldsymbol{Q}^{\mathrm{T}}\boldsymbol{R}$。

证明：证明过程就是反复利用第 2 章的定理。

这里有两点需要注意：

(1) 当矩阵 $\boldsymbol{A}$ 不是可逆矩阵时，仍可以通过左连乘 Givens 矩阵化为上三角矩阵 $\boldsymbol{R}$，但是这时的矩阵 $\boldsymbol{R}$ 不是一个可逆矩阵，即若在证明过程中某一列向量为零向量，则直接跳过这一步，继续进行即可。

(2) 定理 4.6 的结论对于复矩阵同样成立，只不过复初等旋转矩阵较为复杂，形如下面的矩阵：

$$\boldsymbol{U}_{jk}=\begin{pmatrix} I & & & & \\ & c\mathrm{e}^{\mathrm{i}\theta_1} & & s\mathrm{e}^{\mathrm{i}\theta_2} & \\ & & I & & \\ & -s\mathrm{e}^{\mathrm{i}\theta_3} & & c\mathrm{e}^{\mathrm{i}\theta_4} & \\ & & & & I \end{pmatrix}\begin{matrix} \\ (j) \\ \\ (k) \\ \\ \end{matrix}\qquad (j<k)$$

其中，θ 是旋转的角度，$c=\cos\theta>0,s=\sin\theta>0$，且 $c^2+s^2=1$，$\theta_1+\theta_4=\theta_2+\theta_3$。当 $\theta_4=-\theta_1+2n\pi$ 时，$|U_{jk}|=1$。

下面，我们通过一个例题来介绍具体的操作过程。

例 4.3　用 Givens 矩阵求矩阵 $\boldsymbol{A}$ 的 $\boldsymbol{QR}$ 分解，其中：

$$\boldsymbol{A}=\begin{pmatrix} 2 & 2 & 1 \\ 0 & 2 & 2 \\ 2 & 1 & 2 \end{pmatrix}$$

解：第一步。针对第 1 列 $(2,0,2)^{\mathrm{T}}$，构造 Givens 矩阵：

$$\boldsymbol{T}_{13}=\begin{pmatrix} \frac{1}{\sqrt{2}} & 0 & \frac{1}{\sqrt{2}} \\ 0 & 1 & 0 \\ -\frac{1}{\sqrt{2}} & 0 & \frac{1}{\sqrt{2}} \end{pmatrix}$$

使得变换后的矩阵 A 的第一列为 $(2\sqrt{2},0,0)^{\mathrm{T}}$，即

$$T_{13}A=\begin{pmatrix}\frac{1}{\sqrt{2}} & 0 & \frac{1}{\sqrt{2}}\\ 0 & 1 & 0\\ -\frac{1}{\sqrt{2}} & 0 & \frac{1}{\sqrt{2}}\end{pmatrix}\cdot\begin{pmatrix}2 & 2 & 1\\ 0 & 2 & 2\\ 2 & 1 & 2\end{pmatrix}=\begin{pmatrix}2\sqrt{2} & \frac{3}{\sqrt{2}} & \frac{3}{\sqrt{2}}\\ 0 & 2 & 2\\ 0 & -\frac{1}{\sqrt{2}} & \frac{1}{\sqrt{2}}\end{pmatrix}$$

第二步。针对矩阵 $A^{(1)}=\begin{pmatrix}2 & 2\\ -\frac{1}{\sqrt{2}} & \frac{1}{\sqrt{2}}\end{pmatrix}$ 的第 1 列 $\left(2,-\frac{1}{\sqrt{2}}\right)^{\mathrm{T}}$，构造 Givens 矩阵：

$$T_{12}^{(1)}=\begin{pmatrix}\frac{2\sqrt{2}}{3} & -\frac{1}{3}\\ \frac{1}{3} & \frac{2\sqrt{2}}{3}\end{pmatrix}$$

计算：

$$T_{12}^{(1)}\cdot A^{(1)}=\begin{pmatrix}\frac{2\sqrt{2}}{3} & -\frac{1}{3}\\ \frac{1}{3} & \frac{2\sqrt{2}}{3}\end{pmatrix}\cdot\begin{pmatrix}2 & 2\\ -\frac{1}{\sqrt{2}} & \frac{1}{\sqrt{2}}\end{pmatrix}=\begin{pmatrix}\frac{3\sqrt{2}}{2} & \frac{7\sqrt{2}}{6}\\ 0 & \frac{4}{3}\end{pmatrix}$$

第三步。令 $T=\begin{pmatrix}1 & \\ & T_{12}^{(1)}\end{pmatrix}T_{13}$，计算：

$$T=\begin{pmatrix}1 & \\ & T_{12}^{(1)}\end{pmatrix}T_{13}=\begin{pmatrix}1 & 0 & 0\\ 0 & \frac{2\sqrt{2}}{3} & -\frac{1}{3}\\ 0 & \frac{1}{3} & \frac{2\sqrt{2}}{3}\end{pmatrix}\cdot\begin{pmatrix}\frac{1}{\sqrt{2}} & 0 & \frac{1}{\sqrt{2}}\\ 0 & 1 & 0\\ -\frac{1}{\sqrt{2}} & 0 & \frac{1}{\sqrt{2}}\end{pmatrix}$$

$$=\begin{bmatrix}\frac{1}{\sqrt{2}} & 0 & \frac{1}{\sqrt{2}}\\ \frac{1}{3\sqrt{2}} & \frac{2\sqrt{2}}{3} & -\frac{1}{3\sqrt{2}}\\ -\frac{2}{3} & \frac{1}{3} & \frac{2}{3}\end{bmatrix}$$

取 $Q=\begin{pmatrix}\frac{\sqrt{2}}{2} & \frac{\sqrt{2}}{6} & -\frac{2}{3}\\ 0 & \frac{3\sqrt{2}}{2} & \frac{1}{3}\\ \frac{\sqrt{2}}{2} & -\frac{\sqrt{2}}{6} & \frac{2}{3}\end{pmatrix}$，$R=\begin{pmatrix}2\sqrt{2} & \frac{3\sqrt{2}}{2} & \frac{3\sqrt{2}}{2}\\ 0 & \frac{3\sqrt{2}}{2} & \frac{7\sqrt{2}}{6}\\ 0 & 0 & \frac{4}{3}\end{pmatrix}$，则有 $A=QR$。

通过例 4.2 和例 4.3 可以看出，利用 Gram_Schmidt 正交化方法和 Givens 变换方法可以得到相同的 QR 分解。

定理 4.7　任何实可逆矩阵都可通过左连乘 Householder 矩阵化为可逆上三角矩阵。

证明：证明过程就是反复利用第 2 章的定理。

注：当矩阵 A 不是可逆矩阵时，仍可以通过左连乘 Householder 矩阵 Q 化为上三角矩阵 R，但是这里的矩阵 R 不是一个可逆矩阵，若在证明过程中某一列向量为零向量，则直接跳过这一步，继续进行即可。

例 4.4　用 Householder 矩阵求矩阵 $A=\begin{pmatrix}0&4&1\\1&1&1\\0&3&2\end{pmatrix}$ 的 QR 分解。

解：第一步。取矩阵 A 的第 1 列 $\alpha_1=(0,1,0)^{\mathrm{T}}$ 和单位列向量 $e_1=(1,0,0)^{\mathrm{T}}$，计算：

$\alpha_1-|\alpha_1|e_1=(-1,1,0)^{\mathrm{T}}$，单位化，得到 $u=\dfrac{\alpha_1-|\alpha_1|e_1}{|\alpha_1-|\alpha_1|e_1|}=\dfrac{1}{\sqrt{2}}(-1,1,0)^{\mathrm{T}}$，构造 Householder 矩阵 $H_1=I-2uu^{\mathrm{T}}=\begin{pmatrix}0&1&0\\1&0&0\\0&0&1\end{pmatrix}$，则有

$$H_1A=\begin{pmatrix}1&1&1\\0&4&1\\0&3&2\end{pmatrix}$$

第二步。对矩阵 $A^{(1)}=\begin{pmatrix}4&1\\3&2\end{pmatrix}$，采取类似第一步的操作，构造出矩阵 $H_2=\dfrac{1}{5}\cdot\begin{pmatrix}4&3\\3&-4\end{pmatrix}$，则有：

$$H_2A^{(1)}=\begin{pmatrix}5&2\\0&-1\end{pmatrix}$$

第三步。令 $H=\begin{pmatrix}1&0\\1&H_2\end{pmatrix}H_1$，则：

$$Q=H^{\mathrm{T}}=\begin{pmatrix}0&\frac{4}{5}&\frac{3}{5}\\1&0&0\\0&\frac{3}{5}&-\frac{4}{5}\end{pmatrix},R=\begin{pmatrix}1&1&1\\&5&2\\&&-1\end{pmatrix}$$

即 $A=QR$。

关于 Givens 变换和 Householder 变换之间的关系，需要强调的是：一个 Givens 矩阵可以表示成两个 Householder 矩阵乘积的形式；但是一个 Householder 矩阵不能表示成多个 Givens 矩阵乘积的形式，其中的原因在于 Givens 矩阵的行列式等于 1，而 Householder 矩阵的行列式等于−1。

4.3 满秩分解

本节介绍如何将一个矩阵分解成一个列满秩矩阵和一个行满秩矩阵乘积的问题，即矩阵的满秩分解。

定理 4.8 设$\boldsymbol{A}\in C_r^{m\times n}$，那么存在$\boldsymbol{B}\in C_r^{m\times r}$，$\boldsymbol{C}\in C_r^{r\times n}$，使得$\boldsymbol{A}=\boldsymbol{BC}$，其中$\boldsymbol{B}$为列满秩矩阵，$\boldsymbol{C}$为行满秩矩阵。我们称此分解为矩阵的满秩分解。

证明：先假设矩阵$\boldsymbol{A}$的前r个列向量是线性无关的，对矩阵$\boldsymbol{A}$实施行初等变换可以将其化成$\begin{pmatrix}\boldsymbol{I}_r & \boldsymbol{D}\\ \boldsymbol{0} & \boldsymbol{0}\end{pmatrix}$，即存在$\boldsymbol{P}\in C_m^{m\times m}$，使得$\boldsymbol{PA}=\begin{pmatrix}\boldsymbol{I}_r & \boldsymbol{D}\\ \boldsymbol{0} & \boldsymbol{0}\end{pmatrix}$，于是有：

$$\boldsymbol{A}=\boldsymbol{P}^{-1}\begin{pmatrix}\boldsymbol{I}_r\\ \boldsymbol{0}\end{pmatrix}[\boldsymbol{I}_r\quad \boldsymbol{D}]=\boldsymbol{BC}$$

其中$\boldsymbol{B}=\boldsymbol{P}^{-1}\begin{pmatrix}\boldsymbol{I}_r\\ \boldsymbol{0}\end{pmatrix}\in C_r^{m\times r},\boldsymbol{C}=[\boldsymbol{I}_r\quad \boldsymbol{D}]\in C_r^{r\times n}$。

如果$\boldsymbol{A}$的前r个列向量线性相关，那么只需对$\boldsymbol{A}$做列变换使得前r个列向量是线性无关的。然后重复上面的过程，即存在矩阵$\boldsymbol{P}\in C_m^{m\times m}$，$\boldsymbol{Q}\in C_n^{n\times n}$，且满足

$$\boldsymbol{PAQ}=\begin{pmatrix}\boldsymbol{I}_r & \boldsymbol{D}\\ \boldsymbol{0} & \boldsymbol{0}\end{pmatrix}$$

从而：

$$\boldsymbol{A}=\boldsymbol{P}^{-1}\begin{pmatrix}\boldsymbol{I}_r & \boldsymbol{D}\\ \boldsymbol{0} & \boldsymbol{0}\end{pmatrix}\boldsymbol{Q}^{-1}=\boldsymbol{P}^{-1}\begin{pmatrix}\boldsymbol{I}_r\\ \boldsymbol{0}\end{pmatrix}[\boldsymbol{I}_r\quad \boldsymbol{D}]\boldsymbol{Q}^{-1}=\boldsymbol{BC}$$

其中$\boldsymbol{B}=\boldsymbol{P}^{-1}\begin{pmatrix}\boldsymbol{I}_r\\ \boldsymbol{0}\end{pmatrix}\in C_r^{m\times r},\boldsymbol{C}=[\boldsymbol{I}_r\quad \boldsymbol{D}]\boldsymbol{Q}^{-1}\in C_r^{r\times n}$。

证毕。

注：由于对于任意一个可逆的r阶对角矩阵$\boldsymbol{D}$都有$\boldsymbol{A}=\boldsymbol{BC}=(\boldsymbol{BD})(\boldsymbol{D}^{-1}\boldsymbol{C})=\tilde{\boldsymbol{B}}\tilde{\boldsymbol{C}}$，所以满秩分解不唯一。

为了更方便地寻找出满秩分解，下面先引入 Hermite 标准型的定义。

定义 4.3 设$\boldsymbol{B}\in C_r^{m\times n}(r>0)$，且满足以下要求：

(1)$\boldsymbol{B}$的前r行中每一行至少含有一个非零元素，每一行第一个非零元素是 1，而后$m-r$行的所有元素均为零；

(2)若$\boldsymbol{B}$中第i行的第一个非零元素 1 在第k_i列，$i=1,2,\cdots,r$，则$k_1<k_2<\cdots<k_r$；

(3)$\boldsymbol{B}$中的$k_1,k_2,\cdots,k_r$列构成单位矩阵$\boldsymbol{I}_m$的前r列。

那么就称$\boldsymbol{B}$为 Hermite 标准型(行最简形)。

有了 Hermite 标准型的定义，寻找矩阵的满秩分解有以下定理保证。

定理 4.9 设$\boldsymbol{A}\in C_r^{m\times n}(r>0)$的 Hermite 标准型为$\boldsymbol{B}$，那么，在$\boldsymbol{A}$的满秩分解中，可

取列满秩矩阵 $\boldsymbol{F}$ 为 $\boldsymbol{A}$ 的 $k_1,k_2,\cdots,k_r$ 列构成的 $m\times r$ 矩阵，行满秩矩阵 $\boldsymbol{G}$ 为 $\boldsymbol{B}$ 的前 r 行构成的 $r\times n$ 矩阵。

证明：因为 $\boldsymbol{A}\xrightarrow{\text{行初等变换}}\boldsymbol{B}(\text{Hermite形})=\begin{pmatrix}\boldsymbol{G}\\ \boldsymbol{0}\end{pmatrix}$，$\boldsymbol{G}\in C_r^{r\times n}$，取置换矩阵 $\boldsymbol{P}=(e_{k_1},e_{k_2},\cdots,e_{k_r})$，则 $\boldsymbol{GP}=\boldsymbol{I}_r$，因为 $\boldsymbol{A}=\boldsymbol{FG}$，两边同时右乘矩阵 $\boldsymbol{P}$，所以 $\boldsymbol{F}=\boldsymbol{AP}$。

证毕。

例 4.5　求矩阵 $\boldsymbol{A}=\begin{pmatrix}1&2&1&0&1&2\\1&2&2&1&3&3\\2&4&3&1&4&5\\4&8&6&2&8&10\end{pmatrix}$ 的满秩分解。

解：(1) 首先对矩阵 $\boldsymbol{A}$ 只实施行变换可以得到

$$\begin{pmatrix}1&2&1&0&1&2\\1&2&2&1&3&3\\2&4&3&1&4&5\\4&8&6&2&8&10\end{pmatrix}\xrightarrow{\text{初等行变换}}\begin{pmatrix}1&2&0&-1&-1&1\\0&0&1&1&2&1\\0&0&0&0&0&0\\0&0&0&0&0&0\end{pmatrix}$$

选取矩阵 $\boldsymbol{A}$ 的第 1 列和第 3 列得 $\boldsymbol{B}=\begin{pmatrix}1&1\\1&2\\2&3\\4&6\end{pmatrix}\in C_2^{4\times 2}$，$\boldsymbol{C}=\begin{pmatrix}1&2&0&-1&-1&1\\0&0&1&1&2&1\end{pmatrix}\in C_2^{2\times 6}$，得到矩阵 $\boldsymbol{A}$ 的满秩分解，即 $\boldsymbol{A}=\boldsymbol{BC}$。

另外，如果对矩阵 $\boldsymbol{A}$ 实施行变换：

$$\begin{pmatrix}1&2&1&0&1&2\\1&2&2&1&3&3\\2&4&3&1&4&5\\4&8&6&2&8&10\end{pmatrix}\xrightarrow{\text{初等行变换}}\begin{pmatrix}1&2&1&0&1&2\\0&0&1&1&2&1\\0&0&0&0&0&0\\0&0&0&0&0&0\end{pmatrix}$$

我们也可以选取矩阵 $\boldsymbol{A}$ 的第 1 列和第 4 列构成矩阵：$\boldsymbol{B}'=\begin{pmatrix}1&0\\1&1\\2&1\\4&2\end{pmatrix}\in C_2^{4\times 2}$，

$\boldsymbol{C}'=\begin{pmatrix}1&2&1&0&1&2\\0&0&1&1&2&1\end{pmatrix}\in C_2^{2\times 6}$，同样可以得到矩阵 $\boldsymbol{A}$ 的另一种满秩分解，即 $\boldsymbol{A}=\boldsymbol{B}'\boldsymbol{C}'$。

由此可以看出，矩阵的满秩分解不是唯一的。我们知道秩是矩阵的一个非常重要的参数。在线性代数里，秩是矩阵的线性无关的行(或列)向量的最大个数。那么，秩越小表明矩阵中的很多行(或列)向量都可以由很少的一组线性无关向量组线性表示，即冗余向量较多。根据这一点，矩阵的满秩分解在矩阵存储过程中显得尤为重要。例如矩阵 $\boldsymbol{A}\in F_r^{m\times n}$ 需要存储到一个计算机上时，如果直接存储矩阵 $\boldsymbol{A}$，则需要存储 $m\times n$ 个元素。

如果对矩阵 $\boldsymbol{A}$ 进行满秩分解得到 $\boldsymbol{B}$ 和 $\boldsymbol{C}$，则需要存储的元素个数为 $r\times(m+n)$。当矩阵 $\boldsymbol{A}$ 的秩 r 较小时，能够节省相当数量的存储空间。

4.4 奇异值分解

奇异值的概念是矩阵特征值概念的推广，而奇异值分解则是对矩阵正交相似对角化的推广。奇异值分解是将一个矩阵分解成两个正交矩阵与一个对角矩阵乘积的形式。对于任何秩为 r 的 $m\times n$ 阶矩阵，都存在一个奇异值分解。奇异值分解广泛应用到机器学习、广义逆计算和最优化问题中。

引理 4.1 对于任何一个矩阵 $\boldsymbol{A}\in F^{m\times n}$ 都有：

$$\mathrm{rank}(\boldsymbol{A}\boldsymbol{A}^{\mathrm{H}})=\mathrm{rank}(\boldsymbol{A}^{\mathrm{H}}\boldsymbol{A})=\mathrm{rank}(\boldsymbol{A})$$

证明：设齐次线性方程组 $\boldsymbol{A}^{\mathrm{H}}\boldsymbol{A}\boldsymbol{x}=0$ 的解空间为 $\boldsymbol{X}_1$，对于 $\forall \boldsymbol{x}_1\in\boldsymbol{X}_1$，有 $\boldsymbol{A}^{\mathrm{H}}\boldsymbol{A}\boldsymbol{x}_1=0$，两边同时左乘以 $\boldsymbol{x}_1^{\mathrm{H}}$，可得：

$$\boldsymbol{x}_1^{\mathrm{H}}\boldsymbol{A}^{\mathrm{H}}\boldsymbol{A}\boldsymbol{x}_1=(\boldsymbol{A}\boldsymbol{x}_1)^{\mathrm{H}}\boldsymbol{A}\boldsymbol{x}_1=0$$

可以推出 $\boldsymbol{A}\boldsymbol{x}_1=0$，即 $\boldsymbol{x}_1$ 是齐次线性方程组 $\boldsymbol{A}\boldsymbol{x}=0$ 的解，设其解空间为 $\boldsymbol{X}_2$，则有 $\dim\boldsymbol{X}_1\leqslant\dim\boldsymbol{X}_2$。根据 $\dim\boldsymbol{X}_1=n-\mathrm{rank}(\boldsymbol{A}^{\mathrm{H}}\boldsymbol{A})$，$\dim\boldsymbol{X}_2=n-\mathrm{rank}(\boldsymbol{A})$，从而可以得到：

$$\mathrm{rank}(\boldsymbol{A})\leqslant\mathrm{rank}(\boldsymbol{A}^{\mathrm{H}}\boldsymbol{A})$$

又根据线性代数的知识可得：$\mathrm{rank}(\boldsymbol{A}^{\mathrm{H}}\boldsymbol{A})\leqslant\mathrm{rank}(\boldsymbol{A})$，以上两式联立，可得结论：

$$\mathrm{rank}(\boldsymbol{A}^{\mathrm{H}}\boldsymbol{A})=\mathrm{rank}(\boldsymbol{A})$$

同理可得 $\mathrm{rank}(\boldsymbol{A}\boldsymbol{A}^{\mathrm{H}})=\mathrm{rank}(\boldsymbol{A})$。

证毕。

引理 4.2 对于任意一个矩阵 $\boldsymbol{A}$，$\boldsymbol{A}\boldsymbol{A}^{\mathrm{H}}$ 与 $\boldsymbol{A}^{\mathrm{H}}\boldsymbol{A}$ 都是半正定的 Hermite 矩阵。

证明：设 λ 是 $\boldsymbol{A}^{\mathrm{H}}\boldsymbol{A}$ 的任意一个特征值，$\boldsymbol{\alpha}$ 是对应的特征向量，即 $\boldsymbol{A}^{\mathrm{H}}\boldsymbol{A}\boldsymbol{\alpha}=\lambda\boldsymbol{\alpha}$。根据内积运算的定义，可知：

$$0\leqslant(\boldsymbol{A}\boldsymbol{\alpha},\boldsymbol{A}\boldsymbol{\alpha})=(\boldsymbol{A}\boldsymbol{\alpha})^{\mathrm{H}}\boldsymbol{A}\boldsymbol{\alpha}=\boldsymbol{\alpha}^{\mathrm{H}}\boldsymbol{A}^{\mathrm{H}}\boldsymbol{A}\boldsymbol{\alpha}=\boldsymbol{\alpha}^{\mathrm{H}}\cdot\lambda\boldsymbol{\alpha}=\lambda|\boldsymbol{\alpha}|^2$$

因为 $\boldsymbol{\alpha}$ 是对应的特征向量，所以 $\boldsymbol{\alpha}\neq 0$，从而 $|\boldsymbol{\alpha}|^2>0$，结合上式，可得 $\lambda\geqslant 0$。由于 λ 的任意性可知，矩阵 $\boldsymbol{A}^{\mathrm{H}}\boldsymbol{A}$ 是一个半正定矩阵。同理，$\boldsymbol{A}\boldsymbol{A}^{\mathrm{H}}$ 也是一个半正定矩阵。

证毕。

下面分析对于任何一个矩阵 $\boldsymbol{A}$，矩阵 $\boldsymbol{A}\boldsymbol{A}^{\mathrm{H}}$ 与 $\boldsymbol{A}^{\mathrm{H}}\boldsymbol{A}$ 的特征值之间的关系。

引理 4.3 对于任何一个矩阵 $\boldsymbol{A}\in C_r^{m\times n}$，矩阵 $\boldsymbol{A}\boldsymbol{A}^{\mathrm{H}}$ 与 $\boldsymbol{A}^{\mathrm{H}}\boldsymbol{A}$ 具有相同的特征值。

证明：根据引理 4.2 可知，$\boldsymbol{A}\boldsymbol{A}^{\mathrm{H}}$ 与 $\boldsymbol{A}^{\mathrm{H}}\boldsymbol{A}$ 都是半正定矩阵，即它们的特征值都是非负实数。设 $\boldsymbol{A}\boldsymbol{A}^{\mathrm{H}}$ 的特征值满足：

$$\lambda_1\geqslant\lambda_2\geqslant\cdots\geqslant\lambda_r>\lambda_{r+1}=\lambda_{r+2}=\cdots=\lambda_m=0$$

$A^H A$ 的特征值满足：

$$\mu_1 \geqslant \mu_2 \geqslant \cdots \geqslant \mu_r > \mu_{r+1} = \mu_{r+2} = \cdots = \mu_n = 0$$

接下来分析这两组特征值之间的关系。根据特征值的定义，取 $\boldsymbol{\alpha}_i$ 为矩阵 $A^H A$ 的属于非零特征值 λ_i 的特征向量，这里 $1 \leqslant i \leqslant r$，即 $A^H A\boldsymbol{\alpha}_i = \lambda_i \boldsymbol{\alpha}_i$，两边同时左乘矩阵 A，可得：

$$A(A^H A\boldsymbol{\alpha}_i) = \lambda_i A\boldsymbol{\alpha}_i$$

利用矩阵乘法的结合律，可知：

$$(AA^H)A\boldsymbol{\alpha}_i = \lambda_i A\boldsymbol{\alpha}_i$$

所以，矩阵 $A^H A$ 的属于非零特征值 λ_i 也是矩阵 AA^H 的非零特征值。同理，反之也成立。

下面证明两个矩阵的特征值个数相等。

设 V_λ 是矩阵 $A^H A$ 的属于非零特征值 λ 的特征向量构成的特征子空间，$y_1,\cdots,y_p$ 是 V_λ 的一组基，则对于线性组合：

$$k_1 Ay_1 + k_2 Ay_2 + \cdots + k_p Ay_p = 0$$

两边同时左乘矩阵 A^H，得

$$k_1 A^H Ay_1 + k_2 A^H Ay_2 + \cdots + k_p A^H Ay_p = 0$$

再根据 $A^H A\boldsymbol{y}_i = \lambda \boldsymbol{y}_i$，代入上式，可得：

$$\lambda(k_1 y_1 + k_2 y_2 + \cdots + k_p y_p) = 0$$

根据 λ 是非零特征值，且 $y_1,\cdots,y_p$ 是 V_λ 的一组基（线性无关），得到 $k_1 = k_2 = \cdots = k_p = 0$，进一步得到 $Ay_1, Ay_2,\cdots,Ay_p$ 也是一组线性无关向量组，从而推出矩阵 AA^H 的特征子空间的维数不小于矩阵 $A^H A$ 的特征子空间的维数 p。

同理可以得到：矩阵 $A^H A$ 的特征子空间的维数不小于矩阵 AA^H 的特征子空间的维数。

综上可知：矩阵 $A^H A$ 和矩阵 AA^H 的非零特征值具有相同的代数重数。

证毕。

基于引理 4.3 中特征值 λ_i 与 μ_i 之间的关系，我们有如下定义：

定义 4.4　设矩阵 $A \in C_r^{m\times n}$，矩阵 AA^H 的特征值为 $\lambda_1 \geqslant \lambda_2 \geqslant \cdots \geqslant \lambda_r > \lambda_{r+1} = \cdots = \lambda_n = 0$，称 $\sigma_i = \sqrt{\lambda_i}$，$i = 1,2,\cdots,n$，为矩阵 A 的奇异值。

例 4.6　计算 $A = \begin{pmatrix} 0 & 1 \\ -1 & 0 \\ 0 & 2 \\ 1 & 0 \end{pmatrix}$ 的奇异值。

解：$A^T A = \begin{pmatrix} 0 & -1 & 0 & 1 \\ 1 & 0 & 2 & 0 \end{pmatrix} \cdot \begin{pmatrix} 0 & 1 \\ -1 & 0 \\ 0 & 2 \\ 1 & 0 \end{pmatrix} = \begin{pmatrix} 2 & 0 \\ 0 & 5 \end{pmatrix}$，对应的奇异值分别为 $\sqrt{2}$、$\sqrt{5}$。

定理 4.10(奇异值分解定理)设 $A\in C_r^{m\times n}$，$\sigma_1\geqslant\sigma_2\geqslant\cdots\geqslant\sigma_r>0$ 是 A 的 r 个奇异值，那么存在 m 阶酉矩阵 V 和 n 阶酉矩阵 U，使得 $V^{\mathrm{H}}AU=\begin{pmatrix}\Delta & 0\\ 0 & 0\end{pmatrix}$，其中 $\Delta=\begin{pmatrix}\sigma_1 & & & \\ & \sigma_2 & & \\ & & \ddots & \\ & & & \sigma_r\end{pmatrix}$。

证明：因为 rank$(A)=r$，根据奇异值的定义可知，矩阵 $A^{\mathrm{H}}A$ 的特征值为 $\sigma_1^2\geqslant\sigma_2^2\geqslant\cdots\geqslant\sigma_r^2>\sigma_{r+1}^2=\sigma_{r+2}^2=\cdots=\sigma_n^2=0$。因为 $A^{\mathrm{H}}A$ 是一个共轭对称阵，所以存在 n 阶酉矩阵 U 满足

$$U^{\mathrm{H}}A^{\mathrm{H}}AU=\begin{pmatrix}\Delta^2 & 0\\ 0 & 0\end{pmatrix}$$

将酉矩阵 U 按列进行分块，记 $U=[U_1,U_2]$，其中 $U_1\in C^{n\times r}$，$U_2\in C^{n\times(n-r)}$，于是有：

$$\begin{pmatrix}U_1^{\mathrm{H}}\\ U_2^{\mathrm{H}}\end{pmatrix}A^{\mathrm{H}}A[U_1\quad U_2]=\begin{pmatrix}\Delta^2 & 0\\ 0 & 0\end{pmatrix}$$

从而有 $U_1^{\mathrm{H}}A^{\mathrm{H}}AU_1=\Delta^2$，$U_2^{\mathrm{H}}A^{\mathrm{H}}AU_2=0$，$U_2^{\mathrm{H}}A^{\mathrm{H}}AU_1=0$，$U_1^{\mathrm{H}}A^{\mathrm{H}}AU_2=0$，记 $V_1=AU_1\Delta^{-1}$，则 $V_1\in C^{m\times r}$，$V_1^{\mathrm{H}}V_1=I_r$。选取 $V_2\in C^{m\times(m-r)}$，使得 $V=[V_1,V_2]$，是酉矩阵，则 $V_2^{\mathrm{H}}AU_1=V_2^{\mathrm{H}}V_1\Delta=0$，由上述式子可得：

$$V^{\mathrm{H}}AU=\begin{pmatrix}V_1^{\mathrm{H}}\\ V_2^{\mathrm{H}}\end{pmatrix}A[U_1\quad U_2]=\begin{pmatrix}V_1^{\mathrm{H}}AU_1 & V_1^{\mathrm{H}}AU_2\\ V_2^{\mathrm{H}}AU_1 & V_2^{\mathrm{H}}AU_2\end{pmatrix}=\begin{pmatrix}\Delta & 0\\ 0 & 0\end{pmatrix}$$

这里，需要注意 $AU_2=0$。

证毕。

我们称表达式 $A=V\begin{pmatrix}\Delta & 0\\ 0 & 0\end{pmatrix}U^{\mathrm{H}}$ 为矩阵 A 的奇异值分解式。下面分析如何求矩阵 U、V。注意下面的关系式：

$$A^{\mathrm{H}}A=U\begin{pmatrix}\Delta^2 & 0\\ 0 & 0\end{pmatrix}_{n\times n}U^{\mathrm{H}},\ AA^{\mathrm{H}}=V\begin{pmatrix}\Delta^2 & 0\\ 0 & 0\end{pmatrix}_{m\times m}V^{\mathrm{H}}$$

即 $A^{\mathrm{H}}AU=U\begin{pmatrix}\Delta^2 & 0\\ 0 & 0\end{pmatrix}_{n\times n}$，$AA^{\mathrm{H}}V=V\begin{pmatrix}\Delta^2 & 0\\ 0 & 0\end{pmatrix}_{m\times m}$。

由此可知 U 的列向量就是 $A^{\mathrm{H}}A$ 的标准正交特征向量；而 V 的列向量就是 AA^{H} 的标准正交特征向量。这里需要强调的是，尽管矩阵 A 的奇异值是由 A 唯一确定的，但是酉矩阵 U 和 V 一般是不唯一的。

例 4.7 计算 $A=\begin{pmatrix}0 & 1\\ -1 & 0\\ 0 & 2\\ 1 & 0\end{pmatrix}$ 的奇异值分解。

解：通过例 4.6 的计算，得到 $A^{\mathrm{T}}A=\begin{pmatrix}2&0\\0&5\end{pmatrix}$，对应的特征值分别为 2 和 5，相应的矩阵 A 的奇异值分别为 $\sqrt{2}$、$\sqrt{5}$。接下来计算矩阵 $A^{\mathrm{T}}A$ 的对应的特征向量：$(2I-A^{\mathrm{T}}A)\begin{pmatrix}x_1\\x_2\end{pmatrix}=\begin{pmatrix}0&0\\0&-3\end{pmatrix}\cdot\begin{pmatrix}x_1\\x_2\end{pmatrix}=0$，得到对应于特征值 2 的标准特征向量为 $\begin{pmatrix}1\\0\end{pmatrix}$；同理，得到对应于特征值 5 的标准特征向量为 $\begin{pmatrix}0\\1\end{pmatrix}$。由这两个标准正交特征向量组成矩阵 $U=\begin{pmatrix}1&0\\0&1\end{pmatrix}$。

下面计算矩阵 V。首先计算矩阵 $AA^{\mathrm{T}}=\begin{pmatrix}1&0&2&0\\0&1&0&-1\\2&0&4&0\\0&-1&0&1\end{pmatrix}$ 的特征值，写出其特征方程：

$$\left|\lambda I-AA^{\mathrm{T}}\right|=\begin{pmatrix}\lambda-1&0&-2&0\\0&\lambda-1&0&1\\-2&0&\lambda-4&0\\0&1&0&\lambda-1\end{pmatrix}$$
$$=\lambda^2(\lambda-2)(\lambda-5)=0$$

得到对应的特征值为 0(二重根)，2(单根)和 5(单根)。下面求其对应的特征向量。

对于特征值 0 对应的特征向量，解下面的齐次线性方程组：

$$(0I-AA^{\mathrm{T}})\begin{pmatrix}x_1\\x_2\\x_3\\x_4\end{pmatrix}=\begin{pmatrix}-1&0&-2&0\\0&-1&0&1\\-2&0&-4&0\\0&1&0&-1\end{pmatrix}\begin{pmatrix}x_1\\x_2\\x_3\\x_4\end{pmatrix}=0$$

得到解空间的基础解系为：$(-2,0,1,0)^{\mathrm{T}},(0,1,0,1)^{\mathrm{T}}$。由于两个向量是正交的，所以只需单位化，简单计算得到标准的正交向量组：

$$\left(-\frac{2}{\sqrt{5}},0,\frac{1}{\sqrt{5}},0\right)^{\mathrm{T}},\left(0,\frac{1}{\sqrt{2}},0,\frac{1}{\sqrt{2}}\right)^{\mathrm{T}}$$

同理，分别求得对于特征值 2 和 5 的特征向量为：$(0,-1,0,1)^{\mathrm{T}},(1,0,2,0)^{\mathrm{T}}$。由于这两个特征向量是正交的，所以只需单位化，简单计算得到标准的正交向量组：

$$\left(0,-\frac{1}{\sqrt{2}},0,\frac{1}{\sqrt{2}}\right)^{\mathrm{T}},\left(\frac{1}{\sqrt{5}},0,\frac{2}{\sqrt{5}},0\right)^{\mathrm{T}}$$

把上面两个正交向量组写成矩阵的形式，可得

$$V=\begin{pmatrix} 0 & \frac{1}{\sqrt{5}} & 0 & -\frac{2}{\sqrt{5}} \\ -\frac{1}{\sqrt{2}} & 0 & \frac{1}{\sqrt{2}} & 0 \\ 0 & \frac{2}{\sqrt{5}} & 0 & \frac{1}{\sqrt{5}} \\ \frac{1}{\sqrt{2}} & 0 & \frac{1}{\sqrt{2}} & 0 \end{pmatrix}$$

于是得到矩阵 $\boldsymbol{A}$ 的奇异值分解式为：

$$\boldsymbol{A}=\boldsymbol{V}\begin{pmatrix} \sqrt{2} & 0 \\ 0 & \sqrt{5} \\ 0 & 0 \\ 0 & 0 \end{pmatrix}\boldsymbol{U}^{\mathrm{H}}=\begin{pmatrix} 0 & \frac{1}{\sqrt{5}} & 0 & -\frac{2}{\sqrt{5}} \\ -\frac{1}{\sqrt{2}} & 0 & \frac{1}{\sqrt{2}} & 0 \\ 0 & \frac{2}{\sqrt{5}} & 0 & \frac{1}{\sqrt{5}} \\ \frac{1}{\sqrt{2}} & 0 & \frac{1}{\sqrt{2}} & 0 \end{pmatrix}\begin{pmatrix} \sqrt{2} & 0 \\ 0 & \sqrt{5} \\ 0 & 0 \\ 0 & 0 \end{pmatrix}\begin{pmatrix} 1 & 0 \\ 0 & 1 \end{pmatrix}$$

这里需要强调的是，尽管矩阵 $\boldsymbol{U}$ 的列向量就是 $\boldsymbol{A}^{\mathrm{H}}\boldsymbol{A}$ 的标准正交特征向量，矩阵 $\boldsymbol{V}$ 的列向量就是 $\boldsymbol{A}\boldsymbol{A}^{\mathrm{H}}$ 的标准正交特征向量，但是得到的酉矩阵 $\boldsymbol{U}$ 和 $\boldsymbol{V}$ 不一定能够形成矩阵 $\boldsymbol{A}$ 的奇异值分解。下面举一个例子说明。

取矩阵 $\boldsymbol{A}=\begin{pmatrix} -1 & 0 \\ 0 & 1 \\ 2 & 0 \end{pmatrix}$，简单计算 $\boldsymbol{A}^{\mathrm{T}}\boldsymbol{A}=\begin{pmatrix} 5 & 0 \\ 0 & 1 \end{pmatrix}$，$\boldsymbol{A}\boldsymbol{A}^{\mathrm{T}}=\begin{pmatrix} 1 & 0 & -2 \\ 0 & 1 & 0 \\ -2 & 0 & 4 \end{pmatrix}$，进一步计算矩阵 $\boldsymbol{A}^{\mathrm{T}}\boldsymbol{A}$ 的特征值和特征向量，得到对应的正交矩阵 $\boldsymbol{V}=\begin{pmatrix} 1 & 0 \\ 0 & 1 \end{pmatrix}$；矩阵 $\boldsymbol{A}\boldsymbol{A}^{\mathrm{T}}$ 的特征值和特征向量，如果取正交矩阵 $\boldsymbol{U}=\frac{1}{\sqrt{5}}\begin{pmatrix} 1 & 0 & 2 \\ 0 & \sqrt{5} & 0 \\ -2 & 0 & 1 \end{pmatrix}$，则 $\boldsymbol{U}\begin{pmatrix} \sqrt{5} & 0 \\ 0 & 1 \\ 0 & 0 \end{pmatrix}\boldsymbol{V}^{\mathrm{T}}\neq\boldsymbol{A}$，而如果取正交矩阵

$\boldsymbol{U}=\frac{1}{\sqrt{5}}\begin{pmatrix} -1 & 0 & 2 \\ 0 & \sqrt{5} & 0 \\ 2 & 0 & 1 \end{pmatrix}$，则 $\boldsymbol{U}\begin{pmatrix} \sqrt{5} & 0 \\ 0 & 1 \\ 0 & 0 \end{pmatrix}\boldsymbol{V}^{\mathrm{T}}=\boldsymbol{A}$。

4.5 矩阵的极分解

下面考虑如何将一个矩阵分解成酉矩阵与正定(半正定矩阵)乘积的形式，即矩阵的极分解表达式。

定理 4.11 设 $A\in C^{m\times n}$，则存在 $U\in U^{n\times n}$ 与半正定 H-矩阵 H_1 和 H_2，使得 $A=H_1U=UH_2$，且满足 $A^{H}A=H_2^2$，$AA^{H}=H_1^2$。称分解式 $A=H_1U=UH_2$ 为矩阵 A 的极分解表达式。

证明：不失一般性，假设矩阵 A 的秩为 r。根据矩阵的奇异值分解定理可知，存在酉矩阵 U_1，U_2 使得：

$$A=U_1\begin{pmatrix}\alpha_1 & & & \\ & \alpha_2 & & \\ & & \ddots & \\ & & & \alpha_n\end{pmatrix}U_2$$

式中 $\alpha_1\geqslant\alpha_2\geqslant\cdots\geqslant\alpha_r>\alpha_{r+1}=\alpha_{r+2}=\cdots=\alpha_n=0$ 为 A 的 r 个奇异值。根据酉矩阵的定义，可得：

$$A=\left(U_1\begin{pmatrix}\alpha_1 & & & \\ & \alpha_2 & & \\ & & \ddots & \\ & & & \alpha_n\end{pmatrix}U_1^{H}\right)(U_1U_2)=(U_1U_2)\left(U_2^{H}\begin{pmatrix}\alpha_1 & & & \\ & \alpha_2 & & \\ & & \ddots & \\ & & & \alpha_n\end{pmatrix}U_2\right)$$

分别令：

$$U=U_1U_2$$

$$H_1=U_1\begin{pmatrix}\alpha_1 & & & \\ & \alpha_2 & & \\ & & \ddots & \\ & & & \alpha_n\end{pmatrix}U_1^{H}$$

$$H_2=U_2^{H}\begin{pmatrix}\alpha_1 & & & \\ & \alpha_2 & & \\ & & \ddots & \\ & & & \alpha_n\end{pmatrix}U_2$$

可得 $A=H_1U=UH_2$。这里 H_1，H_2 是半正定的 H-矩阵，U 是个酉矩阵。

证毕。

如果矩阵 $A\in C_n^{n\times n}$ 是一个可逆矩阵，则其奇异值 $\alpha_1\geqslant\alpha_2\geqslant\cdots\geqslant\alpha_n>0$，通过上面的证明过程可以得到：$H_1$，$H_2$ 是正定的 H-矩阵，所以如下定理也是成立的。

定理 4.12 设 $A\in C_n^{n\times n}$，那么必存在酉矩阵 $U\in U^{n\times n}$ 与正定的 H-矩阵 H_1，H_2 使得 $A=H_1U=UH_2$，且这样的分解式是唯一的。同时有 $A^{H}A=H_2^{\,2}$，$AA^{H}=H_1^{\,2}$。

定理 4.13 设 $A\in C^{m\times n}$，则 A 是正规矩阵的充分必要条件是 $A=HU=UH$。这里 H 是半正定的 H-矩阵，U 是酉矩阵，且 $A^{H}A=H^2$。

证明：充分性。已知 $A=HU=UH$，直接利用正规矩阵的定义即可。

必要性。根据定理 4.11，对于矩阵 $A\in C^{m\times n}$，存在酉矩阵 $U\in U^{n\times n}$ 与半正定 H-矩阵 H_1

和 $\boldsymbol{H}_2$，使得 $\boldsymbol{A}=\boldsymbol{H}_1\boldsymbol{U}=\boldsymbol{U}\boldsymbol{H}_2$，且满足 $\boldsymbol{A}^{\mathrm{H}}\boldsymbol{A}=\boldsymbol{H}_2{}^2$，$\boldsymbol{A}\boldsymbol{A}^{\mathrm{H}}=\boldsymbol{H}_1{}^2$。因为 $\boldsymbol{A}$ 是正规矩阵，即 $\boldsymbol{A}^{\mathrm{H}}\boldsymbol{A}=\boldsymbol{A}\boldsymbol{A}^{\mathrm{H}}$，所以 $\boldsymbol{H}_1^2=\boldsymbol{H}_2^2$，即 $\boldsymbol{H}_1=\boldsymbol{H}_2$。

证毕。

4.6 矩阵的谱分解

谱分解就是将方阵 $\boldsymbol{A}$ 分解为谱(特征值的全体)与矩阵的线性组合。下面介绍一个谱分解存在的条件。

定义 4.5 如果矩阵 $\boldsymbol{A}$ 可对角化，则称该矩阵为单纯矩阵。

根据第 2 章的知识可知，矩阵 $\boldsymbol{A}$ 可对角化的充要条件是每一个特征值的几何重数等于其代数重数，则可以得到单纯矩阵的另一个等价定义，即如果矩阵 $\boldsymbol{A}$ 的每一个特征值的几何重数等于其代数重数，则称该矩阵为单纯矩阵。

下面介绍矩阵 $\boldsymbol{A}$ 的谱分解表达式。

定义 4.6 设矩阵 $\boldsymbol{A}\in C^{n\times n}$，$\boldsymbol{A}$ 的谱为 $\{\lambda_1,\lambda_2,\cdots,\lambda_s\}$，其中 λ_i 是 $\boldsymbol{A}$ 的 n_i 重特征值 $i=1,2,\cdots,s$，且 $\sum\limits_{i=1}^{s}n_i=n$，如果 $\boldsymbol{A}$ 可以对角化，则 $\boldsymbol{A}$ 有谱分解表达式 $\boldsymbol{A}=\sum\limits_{i=1}^{s}\lambda_i\boldsymbol{P}_i$，且 $\boldsymbol{P}_i$ 具有以下性质：

(1) $\sum\limits_{i=1}^{s}\boldsymbol{P}_i=\boldsymbol{I}_n$；

(2) $\boldsymbol{P}_i^2=\boldsymbol{P}_i$，$i=1,2,\cdots,s$；

(3) $\boldsymbol{P}_i\boldsymbol{P}_j\neq 0$，$i\neq j$。

下面介绍谱分解存在的充要条件。

定理 4.14 方阵 $\boldsymbol{A}$ 存在谱分解的充要条件是 $\boldsymbol{A}$ 相似于对角矩阵，且只有当矩阵的特征值互不相同时，谱分解才是唯一的。

本小节主要讨论两种矩阵的谱分解：正规矩阵与可对角化矩阵。设 $\boldsymbol{A}$ 为正规矩阵，那么存在 $\boldsymbol{U}\in U^{n\times n}$，使得：

$$\boldsymbol{A}=[\boldsymbol{\alpha}_1,\boldsymbol{\alpha}_2,\cdots,\boldsymbol{\alpha}_n]\begin{pmatrix}\lambda_1 & & & \\ & \lambda_2 & & \\ & & \ddots & \\ & & & \lambda_n\end{pmatrix}\begin{pmatrix}\boldsymbol{\alpha}_1{}^{\mathrm{H}}\\ \boldsymbol{\alpha}_2{}^{\mathrm{H}}\\ \vdots\\ \boldsymbol{\alpha}_n{}^{\mathrm{H}}\end{pmatrix}$$

$$=\lambda_1\boldsymbol{\alpha}_1\boldsymbol{\alpha}_1{}^{\mathrm{H}}+\lambda_2\boldsymbol{\alpha}_2\boldsymbol{\alpha}_2{}^{\mathrm{H}}+\cdots+\lambda_n\boldsymbol{\alpha}_n\boldsymbol{\alpha}_n{}^{\mathrm{H}}$$

其中 $\boldsymbol{\alpha}_i$ 是矩阵 $\boldsymbol{A}$ 的特征值 λ_i 所对应的单位特征向量。称上式为正规矩阵 $\boldsymbol{A}$ 的谱分解表达式。

例 4.8 求正规矩阵 $\boldsymbol{A}=\begin{pmatrix}0 & 1 & 1 & -1\\ 1 & 0 & -1 & 1\\ 1 & -1 & 0 & 1\\ -1 & 1 & 1 & 0\end{pmatrix}$ 的谱分解表达式。

解：首先求出矩阵 $\boldsymbol{A}$ 的特征值与特征向量。容易计算：

$$|\lambda \boldsymbol{I}-\boldsymbol{A}|=(\lambda-1)^3(\lambda+3)=0$$

得 $\lambda_1=\lambda_2=\lambda_3=1$，$\lambda_4=-3$。

当 $\lambda=1$ 时，求得三个线性无关的特征向量为：

$$\boldsymbol{\alpha}_1=[1,1,0,0]^{\mathrm{T}},\boldsymbol{\alpha}_2=[1,0,1,0]^{\mathrm{T}},\boldsymbol{\alpha}_3=[-1,0,0,1]^{\mathrm{T}}$$

当 $\lambda=-3$ 时，求得一个线性无关的特征向量为 $\boldsymbol{\alpha}_4=[1,-1,-1,1]^{\mathrm{T}}$。采用施密特正交化方法，将 $\boldsymbol{\alpha}_1,\boldsymbol{\alpha}_2,\boldsymbol{\alpha}_3$ 正交化，同时再单位化可得：

$$\boldsymbol{\eta}_1=\left[1/\sqrt{2},1/\sqrt{2},0,0\right]^{\mathrm{T}}$$

$$\boldsymbol{\eta}_2=\left[1/\sqrt{6},1/\sqrt{6},2/\sqrt{6},0\right]^{\mathrm{T}}$$

$$\boldsymbol{\eta}_3=\left[-1/\sqrt{12},1/\sqrt{12},1/\sqrt{12},3/\sqrt{12}\right]^{\mathrm{T}}$$

将 $\boldsymbol{\alpha}_4$ 单位化可得：$\boldsymbol{\eta}_4=\left[1/2,-1/2,-1/2,1/2\right]^{\mathrm{T}}$。于是有：

$$\boldsymbol{G}_1=\boldsymbol{\eta}_1\boldsymbol{\eta}_1^{\mathrm{H}}+\boldsymbol{\eta}_2\boldsymbol{\eta}_2^{\mathrm{H}}+\boldsymbol{\eta}_3\boldsymbol{\eta}_3^{\mathrm{H}}=\begin{pmatrix} 3/4 & 1/4 & 1/4 & -1/4 \\ 1/4 & 3/4 & -1/4 & 1/4 \\ 1/4 & -1/4 & 3/4 & 1/4 \\ -1/4 & 1/4 & 1/4 & 3/4 \end{pmatrix}$$

$$\boldsymbol{G}_2=\boldsymbol{\eta}_4\boldsymbol{\eta}_4^{\mathrm{H}}=\begin{pmatrix} 1/4 & -1/4 & -1/4 & 1/4 \\ -1/4 & 1/4 & 1/4 & -1/4 \\ -1/4 & 1/4 & 1/4 & -1/4 \\ 1/4 & -1/4 & -1/4 & 1/4 \end{pmatrix}$$

这样可得其谱分解表达式为 $\boldsymbol{A}=\boldsymbol{G}_1-3\boldsymbol{G}_2$。

下面讨论可对角化矩阵的谱分解表达式。

设 $\boldsymbol{A}$ 是一个 n 阶可对角化的矩阵，特征值为 $\lambda_1,\lambda_2,\cdots,\lambda_n$，与其相应的特征向量分别为 $\boldsymbol{\alpha}_1,\boldsymbol{\alpha}_2,\cdots,\boldsymbol{\alpha}_n$，如果记 $\boldsymbol{P}=[\boldsymbol{\alpha}_1,\boldsymbol{\alpha}_2,\cdots,\boldsymbol{\alpha}_n]$，那么

$$\boldsymbol{A}=\boldsymbol{P}\begin{pmatrix} \lambda_1 & & & \\ & \lambda_2 & & \\ & & \ddots & \\ & & & \lambda_n \end{pmatrix}\boldsymbol{P}^{-1}=[\boldsymbol{\alpha}_1,\boldsymbol{\alpha}_2,\cdots,\boldsymbol{\alpha}_n]\begin{pmatrix} \lambda_1 & & & \\ & \lambda_2 & & \\ & & \ddots & \\ & & & \lambda_n \end{pmatrix}\begin{pmatrix} \boldsymbol{\beta}_1^{\mathrm{T}} \\ \boldsymbol{\beta}_2^{\mathrm{T}} \\ \vdots \\ \boldsymbol{\beta}_n^{\mathrm{T}} \end{pmatrix}$$

$$=\lambda_1\boldsymbol{\alpha}_1\boldsymbol{\beta}_1^{\mathrm{T}}+\lambda_2\boldsymbol{\alpha}_2\boldsymbol{\beta}_2^{\mathrm{T}}+\cdots+\lambda_n\boldsymbol{\alpha}_n\boldsymbol{\beta}_n^{\mathrm{T}}$$

其中 $\boldsymbol{P}^{-1}=\begin{pmatrix}\boldsymbol{\beta}_1^{\mathrm{T}}\\ \boldsymbol{\beta}_2^{\mathrm{T}}\\ \vdots\\ \boldsymbol{\beta}_n^{\mathrm{T}}\end{pmatrix}$，由于 $\boldsymbol{P}\boldsymbol{P}^{-1}=\boldsymbol{I}$，所以有 $\boldsymbol{\alpha}_1\boldsymbol{\beta}_1^{\mathrm{T}}+\boldsymbol{\alpha}_2\boldsymbol{\beta}_2^{\mathrm{T}}+\cdots+\boldsymbol{\alpha}_n\boldsymbol{\beta}_n^{\mathrm{T}}=\boldsymbol{I}$。又由于 $\boldsymbol{P}^{-1}\boldsymbol{P}=\boldsymbol{I}$，从而 $\boldsymbol{\beta}_i^{\mathrm{T}}\boldsymbol{\alpha}_j=\boldsymbol{\delta}_{ij}$，$i,j=1,2,\cdots,n$。

现在观察矩阵 $\boldsymbol{A}$ 与列向量 $\boldsymbol{\beta}_i$ 之间的关系：

$$\boldsymbol{A}^{\mathrm{T}}=(\boldsymbol{P}^{-1})^{\mathrm{T}}\begin{pmatrix}\lambda_1 & & & \\ & \lambda_2 & & \\ & & \ddots & \\ & & & \lambda_n\end{pmatrix}\boldsymbol{P}^{\mathrm{T}}=(\boldsymbol{P}^{\mathrm{T}})^{-1}\begin{pmatrix}\lambda_1 & & & \\ & \lambda_2 & & \\ & & \ddots & \\ & & & \lambda_n\end{pmatrix}\boldsymbol{P}^{\mathrm{T}}$$

这说明矩阵 $(\boldsymbol{P}^{\mathrm{T}})^{-1}$ 的列向量是矩阵 $\boldsymbol{A}^{\mathrm{T}}$ 的特征向量，这里需要注意以下结论：$(\boldsymbol{P}^{\mathrm{T}})^{-1}=(\boldsymbol{P}^{-1})^{T}=[\boldsymbol{\beta}_1,\boldsymbol{\beta}_2,\cdots,\boldsymbol{\beta}_n]$。

定理 4.15 当矩阵 $A\in C^{n\times n}$ 是单纯矩阵时，则 $\boldsymbol{A}$ 可以分解成一组幂等矩阵 $\boldsymbol{P}_i\,(i=1,2,\cdots,n)$ 的加权和的形式，即：

$$\boldsymbol{A}=\sum_{i=1}^{n}\lambda_i\boldsymbol{P}_i$$

式中，$\lambda_i\,(i=1,2,\cdots,n)$ 是矩阵 $\boldsymbol{A}$ 的特征值。

证明：因为矩阵 $\boldsymbol{A}$ 是单纯矩阵，根据单纯矩阵的定义，可知矩阵 $\boldsymbol{A}$ 可对角化，即存在可逆矩阵 $\boldsymbol{P}$，使得：

$$\boldsymbol{A}=\boldsymbol{P}\mathrm{diag}(\lambda_1,\cdots,\lambda_n)\boldsymbol{P}^{-1}$$

令 $\boldsymbol{P}=(v_1,v_2,\cdots,v_n)$，$\boldsymbol{P}^{-1}=\begin{pmatrix}\boldsymbol{\omega}_1^{\mathrm{T}}\\ \boldsymbol{\omega}_2^{\mathrm{T}}\\ \vdots\\ \boldsymbol{\omega}_n^{\mathrm{T}}\end{pmatrix}$，则：

$$\boldsymbol{A}=(v_1,v_2,\cdots,v_n)\begin{pmatrix}\lambda_1 & 0 & \cdots & 0\\ 0 & \lambda_2 & \cdots & 0\\ \vdots & \vdots & \ddots & \vdots\\ 0 & 0 & \cdots & \lambda_n\end{pmatrix}\begin{pmatrix}\boldsymbol{\omega}_1^{\mathrm{T}}\\ \boldsymbol{\omega}_2^{\mathrm{T}}\\ \vdots\\ \boldsymbol{\omega}_n^{\mathrm{T}}\end{pmatrix}$$

把等式右边展开，可得：

$$\boldsymbol{A}=\sum_{i=1}^{n}\lambda_i v_i\boldsymbol{\omega}_i^{\mathrm{T}}=\sum_{i=1}^{n}\lambda_i\boldsymbol{P}_i\text{，这里 }\boldsymbol{P}_i=v_i\boldsymbol{\omega}_i^{\mathrm{T}}\text{，}$$

根据 $\boldsymbol{P}^{-1}\boldsymbol{P}=\boldsymbol{I}$，可得 $\boldsymbol{\omega}_i^{\mathrm{T}}v_j=\begin{cases}1 & i=j\\ 0 & i\neq j\end{cases}$，计算：

$$P_iP_j=(v_i\omega_i^{\mathrm{T}})(v_j\omega_j^{\mathrm{T}})=v_i(\omega_i^{\mathrm{T}}v_j)\omega_j^{\mathrm{T}}=\begin{cases}v_i\omega_i^{\mathrm{T}}, & i=j\\0, & i\neq j\end{cases}$$

从而可知矩阵 $\boldsymbol{P}_i$ 是幂等矩阵，定理得证。

证毕。

例 4.9　已知矩阵 $\boldsymbol{A}=\begin{pmatrix}4 & 6 & 0\\-3 & -5 & 0\\-3 & -6 & 0\end{pmatrix}$ 为一个可对角化矩阵，求其谱分解表达式。

解：首先求出矩阵 $\boldsymbol{A}$ 的特征值与特征向量。容易计算：

$$|\lambda\boldsymbol{I}-\boldsymbol{A}|=(\lambda-1)^2(\lambda+2)=0$$

从而 $\boldsymbol{A}$ 的特征值为 $\lambda_1=\lambda_2=1,\lambda_3=-2$。可以求出分别属于这三个特征值的三个线性无关的特征向量：

$$\lambda_1\to\boldsymbol{\alpha}_1=[2,-1,0]^{\mathrm{T}}$$
$$\lambda_2\to\boldsymbol{\alpha}_2=[0,0,1]^{\mathrm{T}}$$
$$\lambda_3\to\boldsymbol{\alpha}_3=[-1,1,1]^{\mathrm{T}}$$

于是可得 $\boldsymbol{P}=[\boldsymbol{\alpha}_1,\boldsymbol{\alpha}_2,\boldsymbol{\alpha}_3]=\begin{pmatrix}2 & 0 & -1\\-1 & 0 & 1\\0 & 1 & 1\end{pmatrix}$，$\boldsymbol{P}^{-1}=[\boldsymbol{\alpha}_1,\boldsymbol{\alpha}_2,\boldsymbol{\alpha}_3]^{-1}=\begin{pmatrix}1 & 1 & 0\\-1 & -2 & 1\\1 & 2 & 0\end{pmatrix}$，$(\boldsymbol{P}^{-1})^{\mathrm{T}}=\begin{pmatrix}1 & -1 & 1\\1 & -2 & 2\\0 & 1 & 0\end{pmatrix}$。

分别取向量 $\boldsymbol{\beta}_1=[1,1,0]^{\mathrm{T}},\boldsymbol{\beta}_2=[-1,-2,1]^{\mathrm{T}},\boldsymbol{\beta}_3=[1,2,0]^{\mathrm{T}}$，令：

$$\boldsymbol{G}_1=\boldsymbol{\alpha}_1\boldsymbol{\beta}_1^{\mathrm{T}}+\boldsymbol{\alpha}_2\boldsymbol{\beta}_2^{\mathrm{T}}=\begin{pmatrix}2 & 2 & 0\\-1 & -1 & 0\\-1 & -2 & 1\end{pmatrix}$$

$$\boldsymbol{G}_2=\boldsymbol{\alpha}_3\boldsymbol{\beta}_3^{\mathrm{T}}=\begin{pmatrix}-1 & -2 & 0\\1 & 2 & 0\\1 & 2 & 0\end{pmatrix}$$

那么其谱分解表达式为 $\boldsymbol{A}=\boldsymbol{G}_1-2\boldsymbol{G}_2$。

4.7　扩展主题——广义逆矩阵

对于线性方程组 $\boldsymbol{Ax}=\boldsymbol{b}$，如果 $\boldsymbol{A}$ 是可逆矩阵，那么它有唯一解：$\boldsymbol{x}=\boldsymbol{A}^{-1}\boldsymbol{b}$；如果 $\boldsymbol{A}$ 不可逆，但是 $\boldsymbol{Ax}=\boldsymbol{b}$ 还有解，那么它的解是否也有类似 $\boldsymbol{x}=\boldsymbol{A}^{-1}\boldsymbol{b}$ 的简洁表达式？下面，我们分析 $\boldsymbol{A}^{-1}$ 的性质。

如果 $\boldsymbol{A}$ 可逆，那么 $\boldsymbol{A}^{-1}\boldsymbol{A}=\boldsymbol{I}$。两边同时右乘矩阵 $\boldsymbol{A}$，得到：

$$\boldsymbol{A}\boldsymbol{A}^{-1}\boldsymbol{A}=\boldsymbol{A}$$

上式表明：当 $\boldsymbol{A}$ 可逆时，$\boldsymbol{A}^{-1}$ 是矩阵方程 $\boldsymbol{AXA}=\boldsymbol{A}$ 的一个解。因此受到启发，当 $\boldsymbol{A}$ 不可逆时，为了找到 $\boldsymbol{A}^{-1}$ 的替代物，应去寻找矩阵方程 $\boldsymbol{AXA}=\boldsymbol{A}$ 的解。由此，我们引出了广义逆的概念。

定义 4.7 设矩阵 $\boldsymbol{A}\in C^{m\times n}$，若存在矩阵 $\boldsymbol{X}\in C^{n\times m}$ 满足如下四个方程(称之为 Penrose 方程组)：

1. $\boldsymbol{AXA}=\boldsymbol{A}$
2. $\boldsymbol{XAX}=\boldsymbol{X}$
3. $(\boldsymbol{AX})^{\mathrm{H}}=\boldsymbol{AX}$
4. $(\boldsymbol{XA})^{\mathrm{H}}=\boldsymbol{XA}$

中的一个或几个，则称 $\boldsymbol{X}$ 为矩阵 $\boldsymbol{A}$ 的广义逆。

根据定义可知，满足 1 个、2 个、3 个和 4 个方程的广义逆矩阵共有 15 种，但是应用较多的主要有 $\boldsymbol{A}^{(1)},\boldsymbol{A}^{(1,3)},\boldsymbol{A}^{(1,4)}$和$\boldsymbol{A}^{(1,2,3,4)}$四种广义逆，这里上标表示该广义逆矩阵所满足的 Penrose 方程组中对应标号的方程，分别记作 $\boldsymbol{A}^{-},\boldsymbol{A}_l^{-},\boldsymbol{A}_m^{-},\boldsymbol{A}^{+}$，并称 $\boldsymbol{A}^{-}$ 为减号逆，$\boldsymbol{A}_l^{-}$ 为最小二乘广义逆，$\boldsymbol{A}_m^{-}$ 为极小范数广义逆，$\boldsymbol{A}^{+}$ 为加号逆或 Moore-Penrose 广义逆。

由于广义逆矩阵理论涉及的内容非常多，篇幅所限，这里仅就如何求广义逆矩阵进行介绍。下面的定理为求解广义逆矩阵提供了一个思路。

定理 4.16 设 $\boldsymbol{A}$ 是数域 $\boldsymbol{F}$ 上一个 $m\times n$ 阶矩阵，则矩阵方程：

$$\boldsymbol{AXA}=\boldsymbol{A} \tag{4-1}$$

总是有解。如果 $\mathrm{rank}(\boldsymbol{A})=r$，并且：

$$\boldsymbol{A}=\boldsymbol{P}\begin{pmatrix}\boldsymbol{I}_r & \boldsymbol{0}\\ \boldsymbol{0} & \boldsymbol{0}\end{pmatrix}\boldsymbol{Q} \tag{4-2}$$

式中，$\boldsymbol{P}$ 与 $\boldsymbol{Q}$ 分别是 m 阶、n 阶可逆矩阵，则矩阵方程(4-1)的一般解(通解)为：

$$\boldsymbol{X}=\boldsymbol{Q}^{-1}\begin{pmatrix}\boldsymbol{I}_r & \boldsymbol{B}\\ \boldsymbol{C} & \boldsymbol{D}\end{pmatrix}\boldsymbol{P}^{-1} \tag{4-3}$$

式中，$\boldsymbol{B},\boldsymbol{C},\boldsymbol{D}$ 分别是任意 $r\times(m-r),\ (n-r)\times r,\ (n-r)\times(m-r)$ 矩阵。

证明：把形如(4-3)的矩阵及式(4-2)代入矩阵方程(4-1)，得到：

$$\begin{aligned}
\text{左边}&=\boldsymbol{P}\begin{pmatrix}\boldsymbol{I}_r & \boldsymbol{0}\\ \boldsymbol{0} & \boldsymbol{0}\end{pmatrix}\boldsymbol{Q}\boldsymbol{Q}^{-1}\begin{pmatrix}\boldsymbol{I}_r & \boldsymbol{B}\\ \boldsymbol{C} & \boldsymbol{D}\end{pmatrix}\boldsymbol{P}^{-1}\boldsymbol{P}\begin{pmatrix}\boldsymbol{I}_r & \boldsymbol{0}\\ \boldsymbol{0} & \boldsymbol{0}\end{pmatrix}\boldsymbol{Q}\\
&=\boldsymbol{P}\begin{pmatrix}\boldsymbol{I}_r & \boldsymbol{0}\\ \boldsymbol{0} & \boldsymbol{0}\end{pmatrix}\begin{pmatrix}\boldsymbol{I}_r & \boldsymbol{B}\\ \boldsymbol{C} & \boldsymbol{D}\end{pmatrix}\begin{pmatrix}\boldsymbol{I}_r & \boldsymbol{0}\\ \boldsymbol{0} & \boldsymbol{0}\end{pmatrix}\boldsymbol{Q}\\
&=\boldsymbol{P}\begin{pmatrix}\boldsymbol{I}_r & \boldsymbol{B}\\ \boldsymbol{0} & \boldsymbol{0}\end{pmatrix}\begin{pmatrix}\boldsymbol{I}_r & \boldsymbol{0}\\ \boldsymbol{0} & \boldsymbol{0}\end{pmatrix}\boldsymbol{Q}\\
&=\boldsymbol{P}\begin{pmatrix}\boldsymbol{I}_r & \boldsymbol{0}\\ \boldsymbol{0} & \boldsymbol{0}\end{pmatrix}\boldsymbol{Q}\\
&=\boldsymbol{A}=\text{右边}
\end{aligned}$$

所以形如式(4-3)的每一个矩阵都是矩阵方程(4-1)的解。

为了说明式(4-3)是矩阵方程(4-1)的通解，现在任取式(4-1)的一个解 $\boldsymbol{X}=\boldsymbol{G}$，则由式(4-1)和式(4-2)得：

$$\boldsymbol{P}\begin{pmatrix}\boldsymbol{I}_r & \boldsymbol{0}\\ \boldsymbol{0} & \boldsymbol{0}\end{pmatrix}\boldsymbol{QGP}\begin{pmatrix}\boldsymbol{I}_r & \boldsymbol{0}\\ \boldsymbol{0} & \boldsymbol{0}\end{pmatrix}\boldsymbol{Q}=\boldsymbol{P}\begin{pmatrix}\boldsymbol{I}_r & \boldsymbol{0}\\ \boldsymbol{0} & \boldsymbol{0}\end{pmatrix}\boldsymbol{Q}$$

因为 $\boldsymbol{P},\boldsymbol{Q}$ 可逆，所以从上式得：

$$\begin{pmatrix}\boldsymbol{I}_r & \boldsymbol{0}\\ \boldsymbol{0} & \boldsymbol{0}\end{pmatrix}\boldsymbol{QGP}\begin{pmatrix}\boldsymbol{I}_r & \boldsymbol{0}\\ \boldsymbol{0} & \boldsymbol{0}\end{pmatrix}=\begin{pmatrix}\boldsymbol{I}_r & \boldsymbol{0}\\ \boldsymbol{0} & \boldsymbol{0}\end{pmatrix} \tag{4-4}$$

把矩阵 $\boldsymbol{QGP}$ 进行相应的分块，得如下形式的分块矩阵：

$$\boldsymbol{QGP}=\begin{pmatrix}\boldsymbol{H} & \boldsymbol{B}\\ \boldsymbol{C} & \boldsymbol{D}\end{pmatrix} \tag{4-5}$$

代入式(4-4)得：

$$\begin{pmatrix}\boldsymbol{I}_r & \boldsymbol{0}\\ \boldsymbol{0} & \boldsymbol{0}\end{pmatrix}\begin{pmatrix}\boldsymbol{H} & \boldsymbol{B}\\ \boldsymbol{C} & \boldsymbol{D}\end{pmatrix}\begin{pmatrix}\boldsymbol{I}_r & \boldsymbol{0}\\ \boldsymbol{0} & \boldsymbol{0}\end{pmatrix}=\begin{pmatrix}\boldsymbol{I}_r & \boldsymbol{0}\\ \boldsymbol{0} & \boldsymbol{0}\end{pmatrix}$$

即

$$\begin{pmatrix}\boldsymbol{H} & \boldsymbol{0}\\ \boldsymbol{0} & \boldsymbol{0}\end{pmatrix}=\begin{pmatrix}\boldsymbol{I}_r & \boldsymbol{0}\\ \boldsymbol{0} & \boldsymbol{0}\end{pmatrix}$$

由此得出 $\boldsymbol{H}=\boldsymbol{I}_r$，代入式(4-5)便得出

$$\boldsymbol{G}=\boldsymbol{Q}^{-1}\begin{pmatrix}\boldsymbol{I}_r & \boldsymbol{B}\\ \boldsymbol{C} & \boldsymbol{D}\end{pmatrix}\boldsymbol{P}^{-1}$$

这证明了矩阵方程(4-1)的任意一个解都能表示成式(4-3)的形式，所以式(4-3)是矩阵方程(4-1)的通解。

证毕。

例 4.10　设 $\boldsymbol{F}\in C_r^{m\times r},r\geqslant 1$，$\boldsymbol{G}\in C_r^{r\times n},r\geqslant 1$，则有

$$\boldsymbol{F}^{+}=(\boldsymbol{F}^{\mathrm{H}}\boldsymbol{F})^{-1}\boldsymbol{F}^{\mathrm{H}},\boldsymbol{F}^{+}\boldsymbol{F}=\boldsymbol{I}_r$$

$$\boldsymbol{G}^{+}=\boldsymbol{G}^{\mathrm{H}}(\boldsymbol{G}\boldsymbol{G}^{\mathrm{H}})^{-1},\boldsymbol{G}\boldsymbol{G}^{+}=\boldsymbol{I}_r$$

解：仅验证 $\boldsymbol{F}^{+}$ 满足 Penrose 方程组中的 4 个方程，第二个类似。

$$\boldsymbol{F}\boldsymbol{F}^{+}\boldsymbol{F}=\boldsymbol{F}(\boldsymbol{F}^{\mathrm{H}}\boldsymbol{F})^{-1}\boldsymbol{F}^{\mathrm{H}}\boldsymbol{F}=\boldsymbol{F}$$

$$\boldsymbol{F}^{+}\boldsymbol{F}\boldsymbol{F}^{+}=(\boldsymbol{F}^{\mathrm{H}}\boldsymbol{F})^{-1}\boldsymbol{F}^{\mathrm{H}}\boldsymbol{F}(\boldsymbol{F}^{\mathrm{H}}\boldsymbol{F})^{-1}\boldsymbol{F}^{H}=(\boldsymbol{F}^{\mathrm{H}}\boldsymbol{F})^{-1}\boldsymbol{F}^{\mathrm{H}}$$

$$(\boldsymbol{F}(\boldsymbol{F}^{\mathrm{H}}\boldsymbol{F})^{-1}\boldsymbol{F}^{\mathrm{H}})^{\mathrm{H}}=\boldsymbol{F}((\boldsymbol{F}^{H}\boldsymbol{F})^{-1})^{\mathrm{H}}\boldsymbol{F}^{\mathrm{H}}=\boldsymbol{F}((\boldsymbol{F}^{\mathrm{H}}\boldsymbol{F})^{\mathrm{H}})^{-1}\boldsymbol{F}^{\mathrm{H}}=\boldsymbol{F}(\boldsymbol{F}^{\mathrm{H}}\boldsymbol{F})^{-1}\boldsymbol{F}^{\mathrm{H}}$$

$$((\boldsymbol{F}^{\mathrm{H}}\boldsymbol{F})^{-1}\boldsymbol{F}^{\mathrm{H}}\boldsymbol{F})^{\mathrm{H}}=(\boldsymbol{I}_r)^{\mathrm{H}}=\boldsymbol{I}_r=(\boldsymbol{F}^{\mathrm{H}}\boldsymbol{F})^{-1}\boldsymbol{F}^{\mathrm{H}}\boldsymbol{F}$$

而 $F^{+}F=I_r$ 是显然的。

定理 4.17 矩阵 $A\in C^{m\times n}$ 的广义逆 A^{+} 存在且唯一。

证明：先证存在性。这里分别采用奇异值分解和满秩分解两种方法构造广义逆 A^{+}。

方法 1：设矩阵 A 的满秩分解为 $A=BC$，定义

$$A^{+}=C^{\mathrm{H}}(CC^{\mathrm{H}})^{-1}(BB^{\mathrm{H}})^{-1}B^{\mathrm{H}} \tag{4-6}$$

验证 A^{+} 满足定义中 Penrose 方程组中的 4 个方程。

$$AA^{+}A=AC^{\mathrm{H}}(CC^{\mathrm{H}})^{-1}(BB^{\mathrm{H}})^{-1}B^{\mathrm{H}}A=BCC^{\mathrm{H}}(CC^{\mathrm{H}})^{-1}(BB^{\mathrm{H}})^{-1}B^{\mathrm{H}}BC=BC=A$$

$$\begin{aligned}A^{+}AA^{+}&=C^{\mathrm{H}}(CC^{\mathrm{H}})^{-1}(BB^{\mathrm{H}})^{-1}B^{\mathrm{H}}BCC^{\mathrm{H}}(CC^{\mathrm{H}})^{-1}(BB^{\mathrm{H}})^{-1}B^{\mathrm{H}}\\&=C^{\mathrm{H}}(CC^{\mathrm{H}})^{-1}(BB^{\mathrm{H}})^{-1}B^{\mathrm{H}}=A^{+}\end{aligned}$$

$$\begin{aligned}(AA^{+})^{\mathrm{H}}&=(AC^{\mathrm{H}}(CC^{\mathrm{H}})^{-1}(BB^{\mathrm{H}})^{-1}B^{\mathrm{H}})^{\mathrm{H}}=(BCC^{\mathrm{H}}(CC^{\mathrm{H}})^{-1}(BB^{\mathrm{H}})^{-1}B^{\mathrm{H}})^{\mathrm{H}}\\&=(B(BB^{\mathrm{H}})^{-1}B^{\mathrm{H}})^{\mathrm{H}}=B(BB^{\mathrm{H}})^{-1}B^{\mathrm{H}}=BCC^{\mathrm{H}}(CC^{\mathrm{H}})^{-1}(BB^{\mathrm{H}})^{-1}B^{\mathrm{H}}=AA^{+}\end{aligned}$$

$$\begin{aligned}(A^{+}A)^{\mathrm{H}}&=(C^{\mathrm{H}}(CC^{\mathrm{H}})^{-1}(BB^{\mathrm{H}})^{-1}B^{\mathrm{H}}A)^{\mathrm{H}}=(C^{\mathrm{H}}(CC^{\mathrm{H}})^{-1}(BB^{\mathrm{H}})^{-1}B^{\mathrm{H}}BC)^{\mathrm{H}}\\&=(C^{\mathrm{H}}(CC^{\mathrm{H}})^{-1}C)^{\mathrm{H}}=C^{\mathrm{H}}(CC^{\mathrm{H}})^{-1}C=C^{\mathrm{H}}(CC^{\mathrm{H}})^{-1}(BB^{\mathrm{H}})^{-1}B^{\mathrm{H}}BC=A^{+}A\end{aligned}$$

方法 2：设 rank$A=r$，对矩阵 A 进行奇异值分解，得

$$A=U\begin{pmatrix}\sigma_1 & & & 0\\ & \ddots & & \\ & & \sigma_r & \\ 0 & & & 0\end{pmatrix}_{n\times m}V^{\mathrm{H}}$$

式中，$\sigma_i>0(i=1,\cdots,r)$ 是 A 的奇异值，U 和 V 分别是 m 阶和 n 阶酉矩阵。取：

$$X=V\begin{pmatrix}\sigma_1^{-1} & & & 0\\ & \ddots & & \\ & & \sigma_r^{-1} & \\ 0 & & & 0\end{pmatrix}_{n\times m}U^{\mathrm{H}} \tag{4-7}$$

可以验证 X 满足 4 个 Penrose 方程。可见，A^{+} 总是存在的。

下面证唯一性。设矩阵 X 与 Y 都满足 4 个方程，通过反复运用广义逆定义中的 4 个方程，可得：

$$X=XAX=X(AX)^{\mathrm{H}}=XX^{\mathrm{H}}A^{\mathrm{H}}Y^{\mathrm{H}}A^{\mathrm{H}}=X(AX)^{\mathrm{H}}(AY)^{\mathrm{H}}=X(AXA)Y=XAY$$

$$\begin{aligned}Y&=YAY=(YA)^{\mathrm{H}}Y=A^{\mathrm{H}}Y^{\mathrm{H}}Y=(AXA)^{\mathrm{H}}Y^{\mathrm{H}}Y=A^{\mathrm{H}}X^{\mathrm{H}}A^{\mathrm{H}}Y^{\mathrm{H}}Y=(XA)^{\mathrm{H}}(YA)^{\mathrm{H}}Y\\&=XAYAY=XAY\end{aligned}$$

所以 $X=Y$。

证毕。

通过以上证明过程可以得到两种构造法证明 A^{+} 的方法。另外，由于 A^{+} 广义逆满足

全部 4 个方程，显然也满足其中的任意一组方程，即上述证明过程中构造出来的 A^+ 广义逆也是其他 14 种广义逆的解。

例 4.11　设 $A=\begin{pmatrix}-1 & 0 & 1\\ 2 & 0 & -2\end{pmatrix}$，求 A^+。

解：(方法一)利用满秩分解公式可得：

$$A=BC=\begin{pmatrix}-1\\ 2\end{pmatrix}[1\quad 0\quad -1]$$

从而：

$$\begin{aligned}A^+ &= C^{\mathrm{H}}(CC^{\mathrm{H}})^{-1}(B^{\mathrm{H}}B)^{-1}B^{\mathrm{H}}\\ &=\begin{pmatrix}1\\0\\-1\end{pmatrix}\left((1\quad 0\quad -1)\begin{pmatrix}1\\0\\-1\end{pmatrix}\right)^{-1}\left((-1\quad 2)\begin{pmatrix}-1\\2\end{pmatrix}\right)^{-1}(-1\quad 2)\\ &=\frac{1}{10}\begin{pmatrix}1\\0\\-1\end{pmatrix}(-1\quad 2)]=\frac{1}{10}\begin{pmatrix}-1 & 2\\ 0 & 0\\ 1 & -2\end{pmatrix}\end{aligned}$$

(方法二)先求 A 的奇异值分解。

$$AA^{\mathrm{H}}=\begin{pmatrix}2 & -4\\ -4 & 8\end{pmatrix}=\begin{pmatrix}\frac{1}{\sqrt5} & \frac{2}{\sqrt5}\\ -\frac{2}{\sqrt5} & \frac{1}{\sqrt5}\end{pmatrix}\begin{pmatrix}10 & 0\\ 0 & 0\end{pmatrix}\begin{pmatrix}\frac{1}{\sqrt5} & -\frac{2}{\sqrt5}\\ \frac{2}{\sqrt5} & \frac{1}{\sqrt5}\end{pmatrix}$$

令 $V_1=\frac{1}{\sqrt{10}}\begin{pmatrix}\frac{1}{\sqrt5} & -\frac{2}{\sqrt5}\end{pmatrix}\begin{pmatrix}-1 & 0 & 1\\ 2 & 0 & -2\end{pmatrix}=\begin{pmatrix}-\frac{1}{\sqrt2} & 0 & \frac{1}{\sqrt2}\end{pmatrix}$，$A$ 的奇异值分解为：

$$A=\begin{pmatrix}\frac{1}{\sqrt5}\\ -\frac{2}{\sqrt5}\end{pmatrix}\left(\sqrt{10}\right)\begin{pmatrix}-\frac{1}{\sqrt2} & 0 & \frac{1}{\sqrt2}\end{pmatrix}$$

则

$$A^+=\begin{pmatrix}-\frac{1}{\sqrt2}\\ 0\\ \frac{1}{\sqrt2}\end{pmatrix}\left(\frac{1}{\sqrt{10}}\right)\begin{pmatrix}\frac{1}{\sqrt5} & -\frac{2}{\sqrt5}\end{pmatrix}=\frac{1}{10}\begin{pmatrix}-1 & 2\\ 0 & 0\\ 1 & -2\end{pmatrix}$$

例 4.12　已知 $A^+=\begin{pmatrix}0 & 1 & 2 & 0 & -1\\ -1 & 1 & 1 & 1 & -1\\ -2 & 1 & 0 & 2 & -1\end{pmatrix}$，求矩阵 A。

解：利用$(\boldsymbol{A}^{+})^{+}=\boldsymbol{A}$，对加号逆做满秩分解：

$$\boldsymbol{F}=\begin{pmatrix}0&1\\-1&1\\-2&1\end{pmatrix},\boldsymbol{G}=\begin{pmatrix}1&0&1&-1&0\\0&1&2&0&-1\end{pmatrix}$$

$$\boldsymbol{F}^{+}=\frac{1}{6}\begin{pmatrix}3&0&-3\\5&2&-1\end{pmatrix},\boldsymbol{G}^{+}=\frac{1}{14}\begin{pmatrix}6&-2\\-2&3\\2&4\\-6&2\\2&-3\end{pmatrix}$$

从而得：

$$\boldsymbol{A}=\frac{1}{84}\begin{pmatrix}8&-4&-16\\9&6&3\\26&8&-10\\-8&4&16\\-9&-6&-3\end{pmatrix}$$

下面，总结 8 种常用广义逆的通解公式：设$\boldsymbol{A}\in C^{m\times n}$，其奇异值分解为

$$\boldsymbol{A}=\boldsymbol{V}\begin{pmatrix}\boldsymbol{\Delta}_r&\boldsymbol{0}\\\boldsymbol{0}&\boldsymbol{0}\end{pmatrix}\boldsymbol{U}^{\mathrm{H}}$$

则

$$\boldsymbol{A}^{\{1\}}=\boldsymbol{U}\begin{pmatrix}\boldsymbol{\Delta}_r^{-1}&\boldsymbol{B}\\\boldsymbol{C}&\boldsymbol{D}\end{pmatrix}\boldsymbol{V}^{\mathrm{H}};\quad \boldsymbol{A}^{\{1,2\}}=\boldsymbol{U}\begin{pmatrix}\boldsymbol{\Delta}_r^{-1}&\boldsymbol{B}\\\boldsymbol{C}&\boldsymbol{C}\boldsymbol{\Delta}_r\boldsymbol{B}\end{pmatrix}\boldsymbol{V}^{\mathrm{H}};$$

$$\boldsymbol{A}^{\{1,3\}}=\boldsymbol{U}\begin{pmatrix}\boldsymbol{\Delta}_r^{-1}&\boldsymbol{0}\\\boldsymbol{C}&\boldsymbol{D}\end{pmatrix}\boldsymbol{V}^{\mathrm{H}};\quad \boldsymbol{A}^{\{1,4\}}=\boldsymbol{U}\begin{pmatrix}\boldsymbol{\Delta}_r^{-1}&\boldsymbol{B}\\\boldsymbol{0}&\boldsymbol{D}\end{pmatrix}\boldsymbol{V}^{\mathrm{H}};$$

$$\boldsymbol{A}^{\{1,2,3\}}=\boldsymbol{U}\begin{pmatrix}\boldsymbol{\Delta}_r^{-1}&\boldsymbol{0}\\\boldsymbol{C}&\boldsymbol{0}\end{pmatrix}\boldsymbol{V}^{\mathrm{H}};\quad \boldsymbol{A}^{\{1,2,4\}}=\boldsymbol{U}\begin{pmatrix}\boldsymbol{\Delta}_r^{-1}&\boldsymbol{B}\\\boldsymbol{0}&\boldsymbol{0}\end{pmatrix}\boldsymbol{V}^{\mathrm{H}};$$

$$\boldsymbol{A}^{\{1,3,4\}}=\boldsymbol{U}\begin{pmatrix}\boldsymbol{\Delta}_r^{-1}&\boldsymbol{0}\\\boldsymbol{0}&\boldsymbol{D}\end{pmatrix}\boldsymbol{V}^{\mathrm{H}};\quad \boldsymbol{A}^{+}=\boldsymbol{A}^{\{1,2,3,4\}}=\boldsymbol{U}\begin{pmatrix}\boldsymbol{\Delta}_r^{-1}&\boldsymbol{0}\\\boldsymbol{0}&\boldsymbol{0}\end{pmatrix}\boldsymbol{V}^{\mathrm{H}}$$

这里矩阵$\boldsymbol{B},\boldsymbol{C},\boldsymbol{D}$分别是具有相应阶数的任意矩阵。

习　题

1．已知矩阵$\boldsymbol{A}=\begin{pmatrix}2&-1&3\\1&2&1\\2&4&2\end{pmatrix}$，求$\boldsymbol{A}$的$\boldsymbol{LU}$分解和$\boldsymbol{LDU}$分解。

2. 求矩阵 $\boldsymbol{A}=\begin{pmatrix}1 & 2 & 3 & 0\\ 0 & 2 & 1 & -1\\ 1 & 0 & 2 & 1\end{pmatrix}$ 的满秩分解。

3. 求下列矩阵的 $\boldsymbol{QR}$ 分解：

(1) $\boldsymbol{A}=\begin{pmatrix}1 & 2 & 2\\ 2 & 1 & 2\\ 1 & 2 & 1\end{pmatrix}$；(2) $\boldsymbol{A}=\begin{pmatrix}1 & \frac{1}{2} & 5\\ 1 & -\frac{1}{2} & 2\\ -1 & \frac{1}{2} & -2\\ 1 & -\frac{3}{2} & 0\end{pmatrix}$

4. 已知矩阵 $\boldsymbol{A}=\begin{pmatrix}0 & 1 & 0 & 1\\ 1 & 0 & 1 & 0\\ 0 & 1 & 0 & 1\\ 1 & 0 & 1 & 0\end{pmatrix}$，用 Givens 变换求其 $\boldsymbol{QR}$ 分解。

5. 已知矩阵 $\boldsymbol{A}=\begin{pmatrix}0 & 4 & 1\\ 1 & 1 & 1\\ 0 & 3 & 2\end{pmatrix}$，用 Householder 变换求其 $\boldsymbol{QR}$ 分解。

6. 求下列矩阵的奇异值及其奇异值分解：

(1) $\boldsymbol{A}=\begin{pmatrix}1 & 0 & 1\\ 0 & 1 & 1\\ 0 & 0 & 0\end{pmatrix}$，(2) $\boldsymbol{A}=\begin{pmatrix}1 & 0\\ 0 & 1\\ 2 & 0\\ 0 & -1\end{pmatrix}$

7. 验证矩阵 $\boldsymbol{A}=\begin{pmatrix}1 & -3 & 3\\ 3 & -5 & 3\\ 6 & -6 & 4\end{pmatrix}$ 为单纯矩阵，并求其谱分解。

8. 已知矩阵 $\boldsymbol{A}=\begin{pmatrix}2 & 2 & 0\\ 8 & 2 & \alpha\\ 0 & 0 & 6\end{pmatrix}$ 是可对角化矩阵：

(1) 求 α 的值；

(2) 求可逆矩阵 $\boldsymbol{P}$，使得 $\boldsymbol{P}^{-1}\boldsymbol{AP}$ 是对角矩阵；

(3) 求矩阵 $\boldsymbol{A}$ 的谱分解表达式。

9. 设 $\boldsymbol{A}$ 是 n 阶正规矩阵，证明 $\boldsymbol{A}$ 的奇异值是 $\boldsymbol{A}$ 的特征值的模。

10. 设 $\boldsymbol{A}$ 为正规矩阵，证明：

(1) 若对于正数 m，有 $\boldsymbol{A}^m=\boldsymbol{0}$，则 $\boldsymbol{A}=\boldsymbol{0}$；

(2) 若 $\boldsymbol{A}^2=\boldsymbol{A}$，则 $\boldsymbol{A}^{\mathrm{H}}=\boldsymbol{A}$；

(3) 若 $\boldsymbol{A}^3=\boldsymbol{A}^2$，则 $\boldsymbol{A}^2=\boldsymbol{A}$。

第5章　范数理论及其应用

5.1　向量范数的定义

首先，在介绍范数的概念之前，我们回忆线性代数里关于内积空间的描述。在线性空间 V 上定义了一种叫作内积的运算：对于 $\forall x,y\in V$，都有实数 (x,y) 与之对应，实数 (x,y) 称为元素 x,y 的内积，且具有如下性质：

① $(x,y)=(y,x)$；

② $(kx,y)=k(x,y)$；

③ $(x+y,z)=(x,z)+(y,z)$；

④ $(x,x)\geqslant 0$ 等号成立 $\Leftrightarrow x=\mathbf{0}$。

根据内积的定义，可以进一步引出向量长度的定义，即 $|x|=\sqrt{(x,x)}$，它具有下面三个基本性质。

① 非负性：对 $\forall x\in V$，有 $|x|\geqslant 0 \Leftrightarrow x=\mathbf{0}$ 时 $|x|=0$。

② 齐次性：$\forall k\in R,\ \forall x\in V$，有 $|kx|=|k||x|$。

③ 三角不等式：$\forall x,y\in V$，有 $|x+y|\leqslant|x|+|y|$。

实质上，向量的长度是由 $V\to R^{+}$ 的一个对应，那么在一般的线性空间中，不能按上述方式把向量的长度概念照搬过来，但我们总希望对一般的线性空间中的元素，也能建立类似向量的这种度量的概念，并使之保持向量长度的三个基本性质，为此，引入了向量范数的概念。

定义 5.1　设 V 是实数域 R（或复数域 C）上的 n 维线性空间，对于 V 中的任意一个向量 $\boldsymbol{\alpha}$，按照某一确定法则对应着一个实数，这个实数称为 $\boldsymbol{\alpha}$ 的范数，记为 $\|\boldsymbol{\alpha}\|$，并且要求范数满足下列三个条件。

(1) 非负性：当 $\boldsymbol{\alpha}\neq\mathbf{0}$ 时，$\|\boldsymbol{\alpha}\|>0$；当 $\boldsymbol{\alpha}=\mathbf{0}$ 时，$\|\boldsymbol{\alpha}\|=0$。

(2) 齐次性：对于任意的 $k\in R,\ \boldsymbol{\alpha}\in V$，有 $\|k\boldsymbol{\alpha}\|=|k|\|\boldsymbol{\alpha}\|$。

(3) 三角不等式：对于任意的 $\boldsymbol{\alpha},\boldsymbol{\beta}\in V$，有 $\|\boldsymbol{\alpha}+\boldsymbol{\beta}\|\leqslant\|\boldsymbol{\alpha}\|+\|\boldsymbol{\beta}\|$。

则称 $\|\boldsymbol{\alpha}\|$ 为 V 中向量 $\boldsymbol{\alpha}$ 的范数，简称为向量范数，并称定义了范数的线性空间 V 为赋范线性空间。

关于向量范数，具有以下基本性质。

性质 1：在 n 维线性空间 V 中，对于任意两个向量 $\boldsymbol{\alpha},\boldsymbol{\beta}\in V$，有以下性质成立：

(1) $\|\mathbf{0}\|=0;\ \|-\boldsymbol{\alpha}\|=\|\boldsymbol{\alpha}\|$；

(2) 当 $\boldsymbol{\alpha}\neq\mathbf{0}$ 时，有 $\left\|\dfrac{\boldsymbol{\alpha}}{\|\boldsymbol{\alpha}\|}\right\|=1$；

(3) $\|\alpha\|-\|\beta\|\leqslant\|\alpha-\beta\|$。

根据性质 1 的(3)，对于任意的向量 $\boldsymbol{\alpha},\boldsymbol{\beta}\in V$，定义 $\boldsymbol{\alpha}$ 与 $\boldsymbol{\beta}$ 之间的距离 $d(\boldsymbol{\alpha},\boldsymbol{\beta})$ 为：

$$d(\boldsymbol{\alpha},\boldsymbol{\beta})=\|\boldsymbol{\alpha}-\boldsymbol{\beta}\|$$

通过定义 5.1 可以看出，范数就是定义在线性空间 V 上的非负实函数。显然，前面定义的向量的长度就是向量的范数。这里需要强调的是：判断一个给定的线性空间的非负实值函数是否是范数，关键在于看它是否满足定义中的三个条件，而其中的第三个条件是证明过程的难点,通常需要用到 5.2 节介绍的三个常用的不等式。

5.2　三个常用的不等式

引理 5.1　(Young 不等式)若 u 和 v 是非负实数，p 和 q 是正实数且满足 $p,q>1$ 和 $\frac{1}{p}+\frac{1}{q}=1$，则下列不等式成立：

$$uv\leqslant\frac{1}{p}u^p+\frac{1}{q}v^q$$

证明：证明思路就是把不等式的两端分别用图形面积表示，这样不等式就转化为比较两个图形面积的大小，而图形的面积可通过求定积分的方式得到，具体描述如图 5-1 所示。

$$\begin{aligned}uv&\leqslant\int_0^u u^{p-1}\mathrm{d}u+\int_0^v v^{1/(p-1)}\mathrm{d}v\\&=\frac{1}{p}u^p+\int_0^v v^{q/p}\mathrm{d}v\\&=\frac{1}{p}u^p+\left(\frac{q}{p}+1\right)^{-1}v^{(q/p)+1}\\&=\frac{1}{p}u^p+\frac{1}{q}v^q\end{aligned}$$

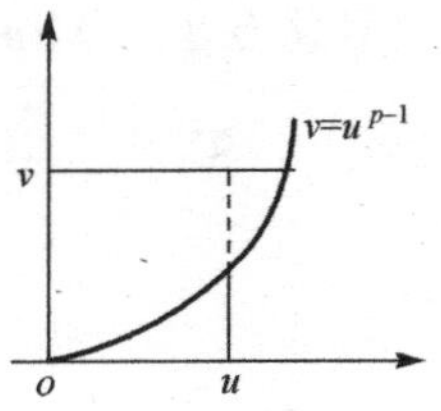

图 5-1

证毕。

引理 5.2　(Holder 不等式)若 $p,q>1$，且 $\frac{1}{p}+\frac{1}{q}=1$，则对于任意的 n 维向量 $\boldsymbol{x}=(x_1,x_2,\cdots,x_n)^{\mathrm{T}}$，$\boldsymbol{y}=(y_1,y_2,\cdots,y_n)^{\mathrm{T}}$，都有下面的不等式成立：

$$\sum_{i=1}^n|x_i|\cdot|y_i|\leqslant\left(\sum_{i=1}^n|x_i|^p\right)^{1/p}\left(\sum_{i=1}^n|y_i|^q\right)^{1/q}$$

证明：令 $u=\dfrac{|x_i|}{\left(\sum_{i=1}^n|x_i|^p\right)^{1/p}},v=\dfrac{|y_i|}{\left(\sum_{i=1}^n|y_i|^p\right)^{1/p}}$，则根据引理 5.1 可得：

$$uv=\frac{|x_i|\cdot|y_i|}{\left(\sum_{i=1}^{n}|x_i|^p\right)^{1/p}\cdot\left(\sum_{i=1}^{n}|y_i|^p\right)^{1/p}}$$

$$\leqslant\frac{1}{p}\frac{|x_i|^p}{\sum_{i=1}^{n}|x_i|^p}+\frac{1}{q}\frac{|y_i|^q}{\sum_{i=1}^{n}|y_i|^p},\quad 1\leqslant i\leqslant n$$

对上式两边关于变量 i 从 1 到 n 做连加得：

$$\sum_{i=1}^{n}\frac{|x_i|\cdot|y_i|}{\left(\sum_{i=1}^{n}|x_i|^p\right)^{1/p}\cdot\left(\sum_{i=1}^{n}|y_i|^p\right)^{1/p}}\leqslant\frac{1}{p\cdot\sum_{i=1}^{n}|x_i|^p}\sum_{i=1}^{n}|x_i|^p+\frac{1}{q\cdot\sum_{i=1}^{n}|y_i|^p}\sum_{i=1}^{n}|y_i|^q$$

$$=\frac{1}{p}+\frac{1}{q}=1$$

上式两端同时乘以 $\left(\sum_{i=1}^{n}|x_i|^p\right)^{1/p}\cdot\left(\sum_{i=1}^{n}|y_i|^p\right)^{1/p}$，则

$$\sum_{i=1}^{n}|x_i|\cdot|y_i|\leqslant\left(\sum_{i=1}^{n}|x_i|^p\right)^{1/p}\left(\sum_{i=1}^{n}|y_i|^q\right)^{1/q}$$

证毕。

引理 5.3 (Minkowski 不等式)设 $\boldsymbol{x}=(x_1,\cdots,x_n)^{\mathrm{T}},\boldsymbol{y}=(y_1,\cdots,y_n)^{\mathrm{T}}\in C^n$，则：

$$\left\{\sum_{i=1}^{n}|x_i+y_i|^p\right\}^{\frac{1}{p}}\leqslant\left(\sum_{i=1}^{n}|x_i|^p\right)^{\frac{1}{p}}+\left(\sum_{i=1}^{n}|y_i|^p\right)^{\frac{1}{p}}$$

这里，实数 $p\geqslant 1$。

证明：证明思路是利用 Holder 不等式。首先不等式左边：

$$\sum_{i=1}^{n}|x_i+y_i|^p=\sum_{i=1}^{n}|x_i+y_i|\cdot|x_i+y_i|^{p-1}$$

$$\leqslant\sum_{i=1}^{n}(|x_i|+|y_i|)\cdot|x_i+y_i|^{p-1}$$

$$=\sum_{i=1}^{n}|x_i|\cdot|x_i+y_i|^{p-1}+\sum_{i=1}^{n}|y_i|\cdot|x_i+y_i|^{p-1}$$

$$\leqslant\left(\sum_{i=1}^{n}|x_i|^p\right)^{1/p}\cdot\left(\sum_{i=1}^{n}|x_i+y_i|^{(p-1)q}\right)^{1/q}+\left(\sum_{i=1}^{n}|y_i|^p\right)^{1/p}\cdot\left(\sum_{i=1}^{n}|x_i+y_i|^{(p-1)q}\right)^{1/q}$$

因为 $\frac{1}{p}+\frac{1}{q}=1$，可得 $(p-1)q=p$，代入上述不等式后得：

$$\sum_{i=1}^{n}|x_i+y_i|^p \leqslant \left(\sum_{i=1}^{n}|x_i|^p\right)^{1/p}\cdot\left(\sum_{i=1}^{n}|x_i+y_i|^p\right)^{1/q}+\left(\sum_{i=1}^{n}|y_i|^p\right)^{1/p}\cdot\left(\sum_{i=1}^{n}|x_i+y_i|^p\right)^{1/q}$$

$$=\left\{\left(\sum_{i=1}^{n}|x_i|^p\right)^{1/p}+\left(\sum_{i=1}^{n}|y_i|^p\right)^{1/p}\right\}\cdot\left(\sum_{i=1}^{n}|x_i+y_i|^p\right)^{\frac{1}{q}}$$

上式两端同时除以$\left(\sum_{i=1}^{n}|x_i+y_i|^p\right)^{\frac{1}{q}}$，可得：

$$\left(\sum_{i=1}^{n}|x_i+y_i|^p\right)^{1-\frac{1}{q}} \leqslant \left(\sum_{i=1}^{n}|x_i|^p\right)^{1/p}+\left(\sum_{i=1}^{n}|y_i|^p\right)^{1/p}$$

再利用$\frac{1}{p}+\frac{1}{q}=1$，推出$\frac{1}{p}=1-\frac{1}{q}$，代入上式，可得

$$\left(\sum_{i=1}^{n}|x_i+y_i|^p\right)^{\frac{1}{p}} \leqslant \left(\sum_{i=1}^{n}|x_i|^p\right)^{1/p}+\left(\sum_{i=1}^{n}|y_i|^p\right)^{1/p}$$

证毕。

接下来，通过例题的方式介绍几种常见的向量范数。

5.3　常见的向量范数

下面介绍几种常见的向量范数。

例 5.1　(向量 1-范数)设n维向量$\boldsymbol{x}=[x_1,x_2,\cdots,x_n]^{\mathrm{T}}\in C^n$，证明$\|\boldsymbol{x}\|_1=\sum_{i=1}^{n}|x_i|$是$C^n$上的一种范数，并称之为向量的 1-范数。

证明：首先，按照$\|\boldsymbol{x}\|_1=\sum_{i=1}^{n}|x_i|$这一确定法则，将一个向量对应一个实数，下面，验证它满足向量范数的三个条件即可。

(1)非负性：因为对于$\forall \boldsymbol{x}\in C^n$，$\boldsymbol{x}\neq\boldsymbol{0}\Leftrightarrow x_1,x_2,\cdots,x_n$中至少有一个分量不为 0，所以$\|\boldsymbol{x}\|_1=\sum_{i=1}^{n}|x_i|>0$；而当$\boldsymbol{x}=\boldsymbol{0}$时，即$x_1=x_2=\cdots=x_n=0$，显然$\|\boldsymbol{x}\|_1=\sum_{i=1}^{n}|x_i|=0$。

(2)齐次性：$\forall k\in C$，则$\|k\boldsymbol{x}\|_1=\sum_{i=1}^{n}|kx_i|=\sum_{i=1}^{n}|k|\cdot|x_i|=|k|\sum_{i=1}^{n}|x_i|=|k|\cdot\|x\|_1$。

(3)三角不等式：$\forall \boldsymbol{y}=(y_1,y_2,\cdots,y_n)\in C^n$有

$$\|\boldsymbol{x}+\boldsymbol{y}\|_1=\sum_{i=1}^{n}|x_i+y_i|\leqslant\sum_{i=1}^{n}(|x_i|+|y_i|)=\sum_{i=1}^{n}|x_i|+\sum_{i=1}^{n}|y_i|=\|x\|_1+\|y\|_1$$

因此，$\|\boldsymbol{x}\|_1=\sum_{i=1}^{n}|x_i|$ 是 C^n 上的一种范数。

证毕。

例 5.2 （向量 ∞-范数）设 n 维向量 $\boldsymbol{x}=[x_1,x_2,\cdots,x_n]^{\mathrm{T}}\in C^n$，证明 $\|\boldsymbol{x}\|_\infty=\max\limits_{1\leqslant i\leqslant n}|x_i|$ 是 C^n 上的一种范数，并称之为向量的 ∞-范数。

证明：只需验证它满足向量范数的三个条件即可。

(1) 非负性：当 $\boldsymbol{x}\neq\boldsymbol{0}$ 时，显然有 $\|\boldsymbol{x}\|_\infty=\max\limits_{1\leqslant i\leqslant n}|x_i|>0$。

(2) 齐次性：$\forall k\in C$，$\|k\boldsymbol{x}\|_\infty=\max\limits_{1\leqslant i\leqslant n}|kx_i|=\max\limits_{1\leqslant i\leqslant n}|k|\cdot|x_i|=|k|\cdot\|\boldsymbol{x}\|_\infty$。

(3) 三角不等式：$\forall\boldsymbol{y}=(y_1,y_2,\cdots,y_n)\in C^n$，有

$$\|\boldsymbol{x}+\boldsymbol{y}\|_\infty=\max_{1\leqslant i\leqslant n}|x_i+y_i|\leqslant\max_{1\leqslant i\leqslant n}|x_i|+\max_{1\leqslant i\leqslant n}|y_i|=\|\boldsymbol{x}\|_\infty+\|\boldsymbol{y}\|_\infty$$

因此，$\|\boldsymbol{x}\|_\infty=\max\limits_{1\leqslant i\leqslant n}|x_i|$ 是 C^n 上的一种范数。

证毕。

例 5.3 （向量 p-范数）设 n 维向量 $\boldsymbol{x}=[x_1,x_2,\cdots,x_n]^{\mathrm{T}}\in C^n$，证明 $\|\boldsymbol{x}\|_p=\left(\sum\limits_{i=1}^{n}|x_i|^p\right)^{\frac{1}{p}}$ $(1\leqslant p<+\infty)$ 是 C^n 上的一种范数，并称之为向量的 p-范数。

证明：只需验证它满足向量范数的三个条件即可。

(1) 非负性：因为 $\forall\boldsymbol{x}\in C^n,\boldsymbol{x}\neq\boldsymbol{0}\Leftrightarrow x_1,x_2,\cdots,x_n$ 中至少有一个分量不为 0，所以 $\|\boldsymbol{x}\|_p=\left(\sum\limits_{i=1}^{n}|x_i|^p\right)^{\frac{1}{p}}>0$；而当 $\boldsymbol{x}=\boldsymbol{0}$ 时，即 $x_1=x_2=\cdots=x_n=0$，$\|\boldsymbol{x}\|_p=\left(\sum\limits_{i=1}^{n}|x_i|^p\right)^{\frac{1}{p}}=0$。

(2) 齐次性：$\forall k\in C$，则 $\|k\boldsymbol{x}\|_p=\left(\sum\limits_{i=1}^{n}|kx_i|^p\right)^{\frac{1}{p}}=|k|\cdot\left(\sum\limits_{i=1}^{n}|x_i|^p\right)^{\frac{1}{p}}=|k|\cdot\|\boldsymbol{x}\|_p$。

(3) 三角不等式：直接利用引理 5.3 的 Minkowski 不等式，即得证。

因此，$\|\boldsymbol{x}\|_p=\left(\sum\limits_{i=1}^{n}|x_i|^p\right)^{\frac{1}{p}}$ $(1\leqslant p<+\infty)$ 是 C^n 上的一种范数。

证毕。

显然，向量 1-范数就是向量 p-范数取 p=1 时的一个特例。下面，我们利用向量 p-范数，介绍另外一种常用的向量 ∞-范数的等价定义。

例 5.4 （向量 ∞-范数）设 n 维向量 $\boldsymbol{x}=[x_1,x_2,\cdots,x_n]^{\mathrm{T}}\in C^n$，称 $\|\boldsymbol{x}\|_\infty=\lim\limits_{p\to\infty}\|\boldsymbol{x}\|_p$ 是 C^n 上的向量 ∞-范数。

证明：只需验证它满足向量范数的三个条件即可。

(1) 非负性：当 $\boldsymbol{x}\neq\boldsymbol{0}$ 时，显然有 $\|\boldsymbol{x}\|_\infty=\lim\limits_{p\to\infty}\|\boldsymbol{x}\|_p>0$。

(2) 齐次性：$\forall k\in C$，$\|k\boldsymbol{x}\|_\infty=\lim\limits_{p\to\infty}\|k\boldsymbol{x}\|_p=\lim\limits_{p\to\infty}|k|\cdot\|\boldsymbol{x}\|_p=|k|\cdot\lim\limits_{p\to\infty}\|\boldsymbol{x}\|_p=|k|\cdot\|\boldsymbol{x}\|_\infty$。

(3) 三角不等式：$\forall\boldsymbol{y}=(y_1,y_2,\cdots,y_n)\in C^n$，有

$$\|\boldsymbol{x}+\boldsymbol{y}\|_\infty=\lim_{p\to\infty}\|\boldsymbol{x}+\boldsymbol{y}\|_p\leqslant\lim_{p\to\infty}\|\boldsymbol{x}\|_p+\lim_{p\to\infty}\|\boldsymbol{y}\|_p=\|\boldsymbol{x}\|_\infty+\|\boldsymbol{y}\|_\infty$$

因此，$\|\boldsymbol{x}\|_\infty=\lim\limits_{p\to\infty}\|\boldsymbol{x}\|_p$ 是 C^n 上的一种范数。

证毕。

下面，我们分析前面定义的两种向量∞-范数是等价的。

例 5.5　对于任意的 n 维向量 $\boldsymbol{x}=(x_1,x_2,\cdots x_n)\in C^n$，证明：$\|\boldsymbol{x}\|_\infty=\lim\limits_{p\to\infty}\|\boldsymbol{x}\|_p=\max\limits_{1\leqslant i\leqslant n}|x_i|$。

证明：当 $\boldsymbol{x}=\boldsymbol{0}$ 时，结论显然成立。当 $\boldsymbol{x}\neq\boldsymbol{0}$ 时，令 $a=\max\limits_{1\leqslant i\leqslant n}|x_i|\neq0$，则有：

$$\|\boldsymbol{x}\|_p=\left(\sum_{i=1}^n|x_i|^p\right)^{\frac{1}{p}}=\left(\sum_{i=1}^n a^p\left|\frac{x_i}{a}\right|^p\right)^{\frac{1}{p}}=a\cdot\left(\sum_{i=1}^n\left|\frac{x_i}{a}\right|^p\right)^{\frac{1}{p}}$$

这里 $y_i=\left|\frac{x_i}{a}\right|\leqslant1$，且至少有一个 $y_i=1$，$i=1,2,\cdots,n$，所以 $1\leqslant\sum\limits_{i=1}^n y_i^p\leqslant n$，进一步，当 $p\to\infty$ 时，有：

$$1\leftarrow1\leqslant\left(\sum_{i=1}^n|y_i|^p\right)^{\frac{1}{p}}\leqslant n^{\frac{1}{p}}\to1$$

利用数学分析中的两边夹定理，得到：

$$\lim_{p\to\infty}\|\boldsymbol{x}\|_p=a=\max_{1\leqslant i\leqslant n}|x_i|=\|\boldsymbol{x}\|_\infty$$

证毕。

例 5.6　(向量 2-范数) 设 n 维向量 $\boldsymbol{x}=[x_1,x_2,\cdots,x_n]^{\mathrm{T}}\in C^n$，对于向量 p-范数 $\|\boldsymbol{x}\|_p=\left(\sum\limits_{i=1}^n|x_i|^p\right)^{\frac{1}{p}}$ $(1\leqslant p<+\infty)$，当 p=2 时，称：

$$\|\boldsymbol{x}\|_2=\sqrt{\sum_{i=1}^n|x_i|^2}=\sqrt{\boldsymbol{x}^{\mathrm{T}}\boldsymbol{x}}=\sqrt{(\boldsymbol{x},\boldsymbol{x})}$$

是 C^n 上的向量 2-范数。向量 2-范数也叫 Euclid 范数(欧几里得范数)，常用来计算向量长度。

这里需要强调的是，当 $0<p<1$ 时，$\left(\sum\limits_{i=1}^n|x_i|^p\right)^{\frac{1}{p}}$ 不是向量范数。这里取一个反例加以说明。例如，取 3 维向量 $\boldsymbol{x}=(1,0,0)^{\mathrm{T}}$，$\boldsymbol{y}=(0,1,0)^{\mathrm{T}}$，有 $\boldsymbol{x}+\boldsymbol{y}=(1,1,0)^{\mathrm{T}}$，计算：

$$\left(\sum_{i=1}^3|(\boldsymbol{x}+\boldsymbol{y})_i|^p\right)^{\frac{1}{p}}=2^{\frac{1}{p}}>2=\left(\sum_{i=1}^n|x_i|^p\right)^{\frac{1}{p}}+\left(\sum_{i=1}^n|x_i|^p\right)^{\frac{1}{p}}$$

即不满足三角不等式，所以不满足向量范数的定义。

下面，我们分析一个特殊情况。在数学分析中，当 $p\to 0$ 时，可以证明 $\|\boldsymbol{x}\|_p=\left(\sum_{i=1}^{n}|x_i|^p\right)^{\frac{1}{p}}$ 的极限恰好等于向量 $\boldsymbol{x}=[x_1,x_2,\cdots,x_n]^{\mathrm{T}}$ 中非零元素的个数，所以我们做如下定义。

例 5.7 （向量 0-范数）设 n 维向量 $\boldsymbol{x}=[x_1,x_2,\cdots,x_n]^{\mathrm{T}}\in C^n$，则称

$$\|\boldsymbol{x}\|_0=\text{向量中非零元素的个数}$$

为向量 0-范数。

显然，对于上面定义的向量 0-范数不满足向量范数的齐次性，不符合范数的定义，但是，在实际应用中，人们常常规定了上述向量 0-范数。因为这样的定义确实能够在实际工程应用中带来很多便利性，特别是在信号处理领域中。

图 5.2 解释了不同 p 的取值对应的 p-范数的几何解释。在线性空间 R^2 中，将向量 $\boldsymbol{x}=(x_1,x_2)\in R^2$ 表示成平面直角坐标系中的点 (x_1,x_2)，分别画出当 p=1，p=2，p=4 时 p-范数对应的几何图形，如图 5.2 所示。

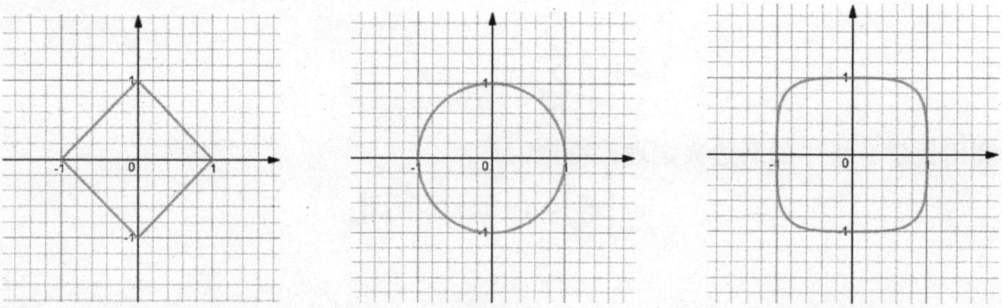

$\|\boldsymbol{x}\|_1\leqslant 1$　　$\|\boldsymbol{x}\|_2\leqslant 1$　　$\|\boldsymbol{x}\|_4\leqslant 1$

图 5.2　p-范数的几何解释

分别画出当 p=0，p=0.5，p=∞ 时所对应的几何图形，如图 5.3 所示。

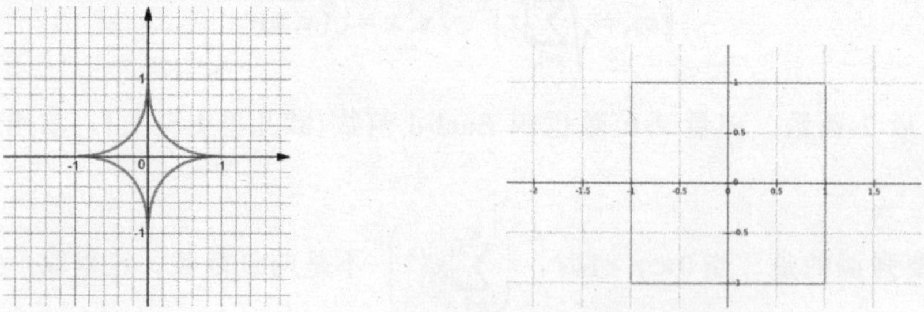

$\|\boldsymbol{x}\|_{0.5}\leqslant 1$　　$\|\boldsymbol{x}\|_{\infty}\leqslant 1$

图 5.3　p-范数的几何图形

最后介绍另外一种常见向量范数。

例 5.8 设矩阵 $\boldsymbol{A}$ 是任意一个 n 阶对称正定矩阵，列向量 $\boldsymbol{x}\in R^n$，则函数 $\|\boldsymbol{x}\|_{\boldsymbol{A}}=(\boldsymbol{x}^{\mathrm{T}}\boldsymbol{A}\boldsymbol{x})^{1/2}$ 是一种向量范数，称之为加权范数或椭圆范数。

证明：只需验证它满足向量范数的三个条件即可。

(1)非负性：因为矩阵 $\boldsymbol{A}$ 是正定矩阵，所以 $\boldsymbol{x}^{\mathrm{T}}\boldsymbol{A}\boldsymbol{x}$ 是一个正定二次型，根据定义可知，非负性成立。

(2)齐次性：对于 $\forall k\in C$，$\|k\boldsymbol{x}\|_{A}=((k\boldsymbol{x})^{\mathrm{T}}\boldsymbol{A}(k\boldsymbol{x}))^{\frac{1}{2}}=|k|\cdot(\boldsymbol{x}^{\mathrm{T}}\boldsymbol{A}\boldsymbol{x})^{\frac{1}{2}}=|k|\cdot\|\boldsymbol{x}\|_{A}$，所以齐次性成立。

(3)三角不等式：由于矩阵 $\boldsymbol{A}$ 是任意一个 n 阶对称正定矩阵，所以存在可逆矩阵 $\boldsymbol{P}$，使得 $\boldsymbol{P}^{\mathrm{T}}\boldsymbol{A}\boldsymbol{P}=\boldsymbol{I}$，从而 $\boldsymbol{A}=(\boldsymbol{P}^{\mathrm{T}})^{-1}\boldsymbol{P}^{-1}=(\boldsymbol{P}^{-1})^{\mathrm{T}}\boldsymbol{P}^{-1}$，于是

$$\|\boldsymbol{x}\|_{A}=\sqrt{\boldsymbol{x}^{\mathrm{T}}\boldsymbol{A}\boldsymbol{x}}=\sqrt{\boldsymbol{x}^{\mathrm{T}}(\boldsymbol{P}^{-1})^{\mathrm{T}}\boldsymbol{P}^{-1}\boldsymbol{x}}=\sqrt{(\boldsymbol{P}^{-1}\boldsymbol{x})^{\mathrm{T}}(\boldsymbol{P}^{-1}\boldsymbol{x})}=\|\boldsymbol{P}^{-1}\boldsymbol{x}\|_{2}$$

而

$$\|\boldsymbol{x}+\boldsymbol{y}\|_{A}=\|\boldsymbol{P}^{-1}(\boldsymbol{x}+\boldsymbol{y})\|_{2}\leqslant\|\boldsymbol{P}^{-1}\boldsymbol{x}\|_{2}+\|\boldsymbol{P}^{-1}\boldsymbol{y}\|_{2}=\|\boldsymbol{x}\|_{A}+\|\boldsymbol{y}\|_{A}$$

因此，$\|\boldsymbol{x}\|_{A}=(\boldsymbol{x}^{\mathrm{T}}\boldsymbol{A}\boldsymbol{x})^{1/2}$ 是 C^{n} 上的一种向量范数。

证毕。

通过上面的介绍可以看出，向量范数的形式是多样化的，那么就引出一个问题：这些范数之间有什么关系呢？即下面的向量范数等价性的问题。

5.4 向量范数的等价性

我们先从线性空间的基的角度来定义一类向量范数。

定理 5.1　设 P 是数域，V 是 n 维线性空间，$\{\boldsymbol{e}_1,\cdots,\boldsymbol{e}_n\}$ 是其一组基，则 V 中任意一个向量 $\boldsymbol{\alpha}$ 可唯一地表示成 $\boldsymbol{\alpha}=\sum_{i=1}^{n}x_i\boldsymbol{e}_i$，这里设向量 $\boldsymbol{x}=(x_1,\cdots,x_n)^{\mathrm{T}}\in P^{n}$。设 $\|\cdot\|$ 是 V 上的一个向量范数，令 $\|\boldsymbol{\alpha}\|_{v}=\|\boldsymbol{x}\|$，则 $\|\cdot\|_{v}$ 也是 V 上的一个向量范数。

证明：只需验证它满足向量范数的三个条件即可。

(1)非负性：当向量 $\boldsymbol{\alpha}\neq\boldsymbol{0}$ 时，根据 $\boldsymbol{\alpha}=\sum_{i=1}^{n}x_i\boldsymbol{e}_i$，可知 $\boldsymbol{x}\neq\boldsymbol{0}$。根据定义 $\|\cdot\|$ 是 V 上的一个向量范数，可知 $\|\boldsymbol{\alpha}\|_{v}=\|\boldsymbol{x}\|\neq\boldsymbol{0}$，非负性成立。

(2)齐次性：对于 $\forall k\in C$，根据 $k\boldsymbol{\alpha}=\sum_{i=1}^{n}(kx_i)\boldsymbol{e}_i$，所以 $\|k\boldsymbol{\alpha}\|_{v}=\|k\boldsymbol{x}\|=|k|\cdot\|\boldsymbol{x}\|=|k|\cdot\|\boldsymbol{\alpha}\|_{v}$，所以齐次性成立。

(3)三角不等式：任取向量 $\boldsymbol{\alpha}=\sum_{i=1}^{n}x_i\boldsymbol{e}_i$，$\boldsymbol{\beta}=\sum_{i=1}^{n}y_i\boldsymbol{e}_i$，设向量 $\boldsymbol{y}=(y_1,\cdots,y_n)^{\mathrm{T}}\in P^{n}$，则：

$$\|\boldsymbol{\alpha}+\boldsymbol{\beta}\|_{v}=\|\boldsymbol{x}+\boldsymbol{y}\|\leqslant\|\boldsymbol{x}\|+\|\boldsymbol{y}\|=\|\boldsymbol{\alpha}\|_{v}+\|\boldsymbol{\beta}\|_{v}$$

因此，$\|\cdot\|_{v}$ 也是 V 上的一个向量范数。

证毕。

这里需要注意的是，这样定义出来的向量范数$\|\cdot\|_v$不仅依赖于线性空间V上的向量范数$\|\cdot\|$的定义，还依赖于所选取的基向量$\{\boldsymbol{e}_1,\cdots,\boldsymbol{e}_n\}$。

定理 5.2 设P是数域，V是n维线性空间，$\|\cdot\|$是V上的一个向量范数，$\{\boldsymbol{e}_1,\cdots,\boldsymbol{e}_n\}$是$V$的一组基，$V$中任意一个向量$\boldsymbol{\alpha}$可唯一地表示成$\boldsymbol{\alpha}=\sum_{i=1}^{n}x_i\boldsymbol{e}_i$，这里设向量$\boldsymbol{x}=(x_1,\cdots,x_n)^{\mathrm{T}}\in P^n$，则$\|\boldsymbol{\alpha}\|$是关于$x_1,\cdots,x_n$的连续函数。

证明：取$\Delta\tilde{\boldsymbol{x}}=(\Delta x_1,\Delta x_2,\cdots,\Delta x_n)\in P^n$，且$\Delta\boldsymbol{x}=(\varepsilon_1,\varepsilon_2,\cdots,\varepsilon_n)\Delta\tilde{x}\in V_n(P)$，则根据向量范数的三角不等式，可得：

$$\big|\|\boldsymbol{x}+\Delta\boldsymbol{x}\|-\|\boldsymbol{x}\|\big|\leqslant\|\Delta\boldsymbol{x}\|\leqslant\|\Delta\boldsymbol{x}\|_2\left\|\frac{\Delta\boldsymbol{x}}{\|\Delta\boldsymbol{x}\|_2}\right\|$$

两边取极限，得$\lim\limits_{\Delta\boldsymbol{x}\to\boldsymbol{0}}\big|\|\boldsymbol{x}+\Delta\boldsymbol{x}\|-\|\boldsymbol{x}\|\big|=0$。根据函数连续的定义，可知结论成立。

证毕。

根据微积分中连续函数的性质可知，在有界闭集上，上面定义的向量范数在该集合上有最大、小值。所以我们引出向量范数等价的定义。

定义 5.2 设$\|\cdot\|_{\alpha}$与$\|\cdot\|_{\beta}$是有限维线性空间V上的两个范数，如果对于$\forall\boldsymbol{x}\in V$，都存在与$\boldsymbol{x}$无关的正常数$c_1,c_2$，使$c_1\|\boldsymbol{x}\|_{\beta}\leqslant\|\boldsymbol{x}\|_{\alpha}\leqslant c_2\|\boldsymbol{x}\|_{\beta}$成立，则称两个范数$\|\cdot\|_{\alpha}$与$\|\cdot\|_{\beta}$是等价的。

根据上面的定义，我们介绍下面一个非常重要的结论。

定理 5.3 有限维线性空间中的范数是相互等价的。

证明：任取向量$\boldsymbol{x}=(x_1,\cdots,x_n)^{\mathrm{T}}\neq\boldsymbol{0}\in P^n$，两个向量范数$\|\boldsymbol{x}\|_a,\|\boldsymbol{x}\|_b$，根据定理 5.2 可知，$\|\boldsymbol{x}\|_a,\|\boldsymbol{x}\|_b$都是关于$x_1,\cdots,x_n$的连续函数。利用向量范数的非负性，构造出的函数$\phi(\boldsymbol{x})=\dfrac{\|\boldsymbol{x}\|_a}{\|\boldsymbol{x}\|_b}$也是关于$x_1,\cdots,x_n$的连续函数。根据有界闭集上的连续函数在该集合上有最大值c_2和最小值c_1，满足$c_1\leqslant\phi(\boldsymbol{x})=\dfrac{\|\boldsymbol{x}\|_a}{\|\boldsymbol{x}\|_b}\leqslant c_2$，即$c_1\|\boldsymbol{x}\|_b\leqslant\|\boldsymbol{x}\|_a\leqslant c_2\|\boldsymbol{x}\|_b$。根据范数等价的定义可知，向量范数$\|\boldsymbol{x}\|_a,\|\boldsymbol{x}\|_b$是等价的。

证毕。

例 5.8 设向量$\boldsymbol{x}=(x_1,x_2,\cdots,x_n)\in C^n$，证明下列不等式成立：

(a) $\|\boldsymbol{x}\|_{\infty}\leqslant\|\boldsymbol{x}\|_1\leqslant n\|\boldsymbol{x}\|_{\infty}$；

(b) $\|\boldsymbol{x}\|_2\leqslant\|\boldsymbol{x}\|_1\leqslant\sqrt{n}\|\boldsymbol{x}\|_2$；

(c) $\|\boldsymbol{x}\|_{\infty}\leqslant\|\boldsymbol{x}\|_2\leqslant n\|\boldsymbol{x}\|_{\infty}$。

证明：(a) 根据定义$\|\boldsymbol{x}\|_1=\sum_{i=1}^{n}|x_i|$和$\|\boldsymbol{x}\|_{\infty}=\max\limits_{1\leqslant i\leqslant n}|x_i|$，结论是显然的。

(b) 根据$\sum_{i=1}^{n}|x_i|^2\leqslant\left(\sum_{i=1}^{n}|x_i|\right)^2$，得$\|\boldsymbol{x}\|_2\leqslant\|\boldsymbol{x}\|_1$成立。在引理 5.2 Holder 不等式中，取$p=q=2$，$\boldsymbol{y}=(1,1,\cdots,1)^{\mathrm{T}}$，则：

$$\sum_{i=1}^{n}|x_i|\leqslant\left(\sum_{i=1}^{n}|x_i|^2\right)^{1/2}(n)^{1/2}$$

则$\|\boldsymbol{x}\|_1\leqslant\sqrt{n}\|x\|_2$成立。

(c)利用定义$\|\boldsymbol{x}\|_\infty=\max\limits_{1\leqslant i\leqslant n}|x_i|$，结论是显然的。

通过以上分析可以看出，有限维线性空间里，向量范数之间具有等价关系，这在实际问题处理过程中具有非常重要的意义。遗憾的是，这里需要强调的是对无限维线性空间而言，两个向量范数可能是不等价的。

5.5　矩阵范数的定义

我们知道：向量本身可以看作矩阵，而一般的矩阵又有自身的运算特点，因此可以按照向量的范数来定义矩阵的范数，这就有了以下定义。

定义 5.3　设$\forall \boldsymbol{A}\in C^{n\times n}$，按照某种对应法则，都有一个非负实数$\|\boldsymbol{A}\|$与之对应，且对$\forall \boldsymbol{A},\boldsymbol{B}\in C^{n\times n}$，$\|\cdot\|$满足：

① 非负性：当$\boldsymbol{A}\neq\boldsymbol{0}$时，$\|\boldsymbol{A}\|>0$；当$\boldsymbol{A}=\boldsymbol{0}$时，$\|\boldsymbol{A}\|=0$。

② 齐次性：$\forall k\in C$，$\|k\boldsymbol{A}\|=|k|\cdot\|\boldsymbol{A}\|$。

③ 三角不等式：$\|\boldsymbol{A}+\boldsymbol{B}\|\leqslant\|\boldsymbol{A}\|+\|\boldsymbol{B}\|$。

④ 相容性：$\|\boldsymbol{A}\cdot\boldsymbol{B}\|\leqslant\|\boldsymbol{A}\|\cdot\|\boldsymbol{B}\|$。

则称$\|\boldsymbol{A}\|$为矩阵$\boldsymbol{A}$的一个范数，$\|\cdot\|$称为$C^{n\times n}$上的一个矩阵范数，也是一个非负实值函数。

注：有的教材里关于矩阵范数的定义只要求满足①，②，③即可，但是这样定义的矩阵范数不一定满足相容性。

下面，介绍一个例子说明。

例 5.10　设$\boldsymbol{A}=(a_{ij})\in C^{n\times n}$，令$\|\boldsymbol{A}\|=\dfrac{1}{n^2}\sum\limits_{i,j=1}^{n}|a_{ij}|$，这样定义的非负实数不是相容的矩阵范数。通过举一个反例加以说明。取$\boldsymbol{A}=\begin{pmatrix}1&1\\1&1\end{pmatrix},\boldsymbol{B}=\begin{pmatrix}1&1\\1&1\end{pmatrix}$，则简单计算，可得$\boldsymbol{AB}=\begin{pmatrix}2&2\\2&2\end{pmatrix}$，$\|\boldsymbol{A}\|=1,\|\boldsymbol{B}\|=1,\|\boldsymbol{AB}\|=2$，而$\|\boldsymbol{AB}\|>\|\boldsymbol{A}\|\cdot\|\boldsymbol{B}\|$，即不满足相容性。

5.6　常见的矩阵范数

常见的矩阵范数一般分为两大类：一类是把矩阵以拉直的方式转化成向量，然后按照 5.3 节介绍的向量范数的方式进行定义；另一类是通过向量范数导出的方式，产生新的矩阵范数，简称为从属范数。下面仍然通过例题的方式介绍第一类矩阵范数。

例 5.11　设$\boldsymbol{A}=(a_{ij})\in C^{m\times n}$，证明$\|\boldsymbol{A}\|_{m_1}=\sum\limits_{i=1}^{m}\sum\limits_{j=1}^{n}|a_{ij}|$是矩阵$\boldsymbol{A}$的矩阵范数。

证明：只需要验证此定义满足矩阵范数的四条性质即可。非负性和齐次性容易证明，难点在于证明三角不等式和相容性，这里需要灵活运用前一节介绍的三个常用的不等式。

设 $A\in C^{m\times p},B\in C^{p\times n}$，验证三角不等式：

$$\begin{aligned}\|A+B\|_{m_1}&=\sum_{i=1}^{m}\sum_{j=1}^{n}|a_{ij}+b_{ij}|\leqslant\sum_{i=1}^{m}\sum_{j=1}^{n}(|a_{ij}|+|b_{ij}|)\\&=\sum_{i=1}^{m}\sum_{j=1}^{n}|a_{ij}|+\sum_{i=1}^{m}\sum_{j=1}^{n}|b_{ij}|=\|A\|_{m_1}+\|B\|_{m_1}\end{aligned}$$

下面验证相容性：

$$\begin{aligned}\|AB\|_{m_1}&=\sum_{i=1}^{m}\sum_{j=1}^{n}\left|\sum_{k=1}^{p}a_{ik}b_{kj}\right|\\&\leqslant\sum_{i=1}^{m}\sum_{j=1}^{n}\sum_{k=1}^{p}|a_{ik}||b_{kj}|\\&\leqslant\sum_{i=1}^{m}\sum_{j=1}^{n}\left[\left(\sum_{k=1}^{p}|a_{ik}|\right)\left(\sum_{k=1}^{p}|b_{kj}|\right)\right]\\&=\left(\sum_{i=1}^{m}\sum_{k=1}^{p}|a_{ik}|\right)\left(\sum_{j=1}^{n}\sum_{k=1}^{p}|b_{kj}|\right)\\&=\|A\|_{m_1}\cdot\|B\|_{m_1}\end{aligned}$$

证毕。

例 5.12 设 $A=(a_{ij})\in C^{m\times n}$，则 $\|A\|_{m_2}=\left(\sum_{i=1}^{m}\sum_{j=1}^{n}|a_{ij}|^2\right)^{\frac{1}{2}}=(\mathrm{tr}(A^{\mathrm{H}}A))^{\frac{1}{2}}=\|A\|_F$ 是矩阵 A 的矩阵范数。这里，$\|A\|_F$ 常被称作矩阵 A 的 Frobenius 范数，简称 F-范数。

证明：非负性和齐次性是显然的。利用 Minkowski 不等式可以直接证明三角不等式。现在我们验证乘法的相容性。设 $A\in C^{m\times p},B\in C^{p\times n}$，根据定义计算：

$$\begin{aligned}\|AB\|_F^{\,2}&=\sum_{i=1}^{m}\sum_{j=1}^{n}\left|\sum_{k=1}^{p}a_{ik}b_{kj}\right|^2\\&\leqslant\sum_{i=1}^{m}\sum_{j=1}^{n}\left(\sum_{k=1}^{p}|a_{ik}||b_{kj}|\right)^2\\&\leqslant\sum_{i=1}^{m}\sum_{j=1}^{n}\left[\left(\sum_{k=1}^{p}|a_{ik}|^2\right)\left(\sum_{k=1}^{p}|b_{kj}|^2\right)\right]\\&=\left(\sum_{i=1}^{m}\sum_{k=1}^{p}|a_{ik}|^2\right)\left(\sum_{j=1}^{n}\sum_{k=1}^{p}|b_{kj}|^2\right)\\&=\|A\|_F^{\,2}\|B\|_F^{\,2}\end{aligned}$$

证毕。

Frobenious 范数是一类非常重要的矩阵范数，它具有以下性质。

性质 2：如果 $A=[\alpha_1,\alpha_2,\cdots,\alpha_n]$，那么 $\|A\|_F^{\ 2}=\sum_{i=1}^{n}\|\alpha_i\|_2^{\ 2}$。

证明：这里把矩阵按照列向量的形式表达，根据向量 2 范数的定义，可以知道性质 2 成立。

性质 3：$\|A\|_F^{\ 2}=\mathrm{tr}(A^{\mathrm{H}}A)=\sum_{i=1}^{n}\lambda_i(A^{\mathrm{H}}A)$。

证明：这里利用了矩阵的迹和矩阵特征值直接的关系。

性质 4：酉不变性。对于任何 m 阶酉矩阵 U 与 n 阶酉矩阵 V，都有下列等式成立：

$$\|A\|_F=\|UA\|_F=\|A^{\mathrm{H}}\|_F=\|AV\|_F=\|UAV\|_F$$

证明：$\|A\|_F^2=\mathrm{tr}(A^{\mathrm{H}}A)=\mathrm{tr}(AA^{\mathrm{H}})=\|A^{\mathrm{H}}\|_F^2$

$$\|A\|_F^2=\mathrm{tr}(AVV^{\mathrm{H}}A^{\mathrm{H}})=\mathrm{tr}[AV(AV)^{\mathrm{H}}]=\mathrm{tr}[(AV)^{\mathrm{H}}AV]=\|AV\|_F^2$$

同理，可证 $\|A\|_F=\|UA\|_F$。

由上面两式的结论可得：

$$\begin{aligned}\|A\|_F^2&=\mathrm{tr}(V^{\mathrm{H}}A^{\mathrm{H}}AV)=\mathrm{tr}(V^{\mathrm{H}}A^{\mathrm{H}}UU^{\mathrm{H}}AV)\\&=\mathrm{tr}((U^{\mathrm{H}}AV)^{\mathrm{H}}(U^{\mathrm{H}}AV))=\|U^{H}AV\|_F^2\end{aligned}$$

证毕。

例 5.13　设 $A=(a_{ij})\in C^{m\times n}$，证明 $\|A\|_{m_\infty}=n\cdot\max_{i,j}|a_{ij}|$ 是矩阵 A 的矩阵范数。

证明：非负性、齐次性和三角不等式容易证得。现在考虑乘法的相容性。设 $A\in C^{n\times n},B\in C^{n\times n}$，那么：

$$\begin{aligned}\|AB\|_{m_\infty}&=n\cdot\max_{i,j}\left|\sum_{k=1}^{n}a_{ik}b_{kj}\right|\leqslant n\cdot\max_{i,j}\sum_{k=1}^{n}|a_{ik}||b_{kj}|\\&\leqslant n\cdot n\cdot\max_{i,k}|a_{ik}|\max_{k,j}|b_{kj}|\\&=n\cdot\max_{i,k}|a_{ik}|\cdot n\cdot\max_{k,j}|b_{kj}|=\|A\|_{m_\infty}\cdot\|B\|_{m_\infty}\end{aligned}$$

因此 $\|A\|_{m_\infty}$ 为矩阵 A 的矩阵范数。

证毕。

这里需要强调一点，与向量的 ∞-范数的定义相比，矩阵 $\|A\|_{m_\infty}$ 的定义中多了一个常数项 n。下面通过一个例子说明，如果把矩阵范数 $\|A\|_{m_\infty}$ 定义成 $\|A\|_{m_\infty}=\max_{i,j}|a_{ij}|$，则不是一个相容的矩阵范数。例如，取矩阵 $A=B=\begin{pmatrix}1&1\\1&1\end{pmatrix}$，则 $AB=\begin{pmatrix}2&2\\2&2\end{pmatrix}$，按照定义 $\|A\|_{m_\infty}=\max_{i,j}|a_{ij}|$ 计算得到 $\|AB\|_{m_\infty}=2>\|A\|_{m_\infty}\cdot\|B\|_{m_\infty}=1$，即矩阵范数的相容性不成立。

接下来介绍另一类常用的矩阵范数。首先介绍一个利用已知向量范数构造矩阵范数的方法。

定理 5.4 已知C^m和C^n上的同类向量范数$\|\cdot\|_v$，对于$\forall \boldsymbol{A}\in C^{m\times n}$，则如下定义的非负实值函数

$$\|\boldsymbol{A}\|=\max_{\|\boldsymbol{x}\|_v=1}\|\boldsymbol{A}\boldsymbol{x}\|_v$$

为$C^{m\times n}$上的矩阵范数，且与已知的向量范数$\|\cdot\|_v$相容，并称这种矩阵范数为由向量范数导出的矩阵范数，简称为从属范数(或算子范数)。

证明：根据定理 5.2 可知，向量范数是其分类的连续函数，所以在有界闭集上存在最大值，即对于$\forall \boldsymbol{A}\in C^{m\times n}$，存在向量$\boldsymbol{x}_0$，使得$\|\boldsymbol{x}_0\|_v=1$，且$\|\boldsymbol{A}\|=\|\boldsymbol{A}\boldsymbol{x}_0\|_v$。下面证明其满足矩阵范数的 4 个性质。

(1)非负性：当矩阵$\boldsymbol{A}\neq\boldsymbol{0}$时，存在向量$\boldsymbol{x}_0$，满足$\|\boldsymbol{x}_0\|_v=1$，使得$\boldsymbol{A}\boldsymbol{x}_0\neq\boldsymbol{0}$，根据向量范数的非负性，即$\|\boldsymbol{A}\boldsymbol{x}_0\|_v>0$，以及$\|\boldsymbol{A}\|$的定义可得：

$$\|\boldsymbol{A}\|\geqslant\|\boldsymbol{A}\boldsymbol{x}_0\|_v>0$$

当矩阵$\boldsymbol{A}=\boldsymbol{0}$时，$\|\boldsymbol{A}\|=\max\limits_{\|\boldsymbol{x}\|_v=1}\|\boldsymbol{0}\boldsymbol{x}\|_v=0$。

(2)齐次性：设$\alpha\in C$，根据定义，有：

$$\|\alpha\boldsymbol{A}\|=\max_{\|\boldsymbol{x}\|_v=1}\|\alpha\boldsymbol{A}\boldsymbol{x}\|_v=|\alpha|\cdot\max_{\|\boldsymbol{x}\|_v=1}\|\boldsymbol{A}\boldsymbol{x}\|_v=|\alpha|\cdot\|\boldsymbol{A}\|$$

(3)三角不等式：设矩阵$\boldsymbol{A}\in C^{m\times n}$，$\boldsymbol{B}\in C^{m\times n}$，存在$\boldsymbol{x}_1$，满足$\|\boldsymbol{x}_1\|_v=1$，使得：

$$\|\boldsymbol{A}+\boldsymbol{B}\|=\|(\boldsymbol{A}+\boldsymbol{B})\boldsymbol{x}_1\|_v\leqslant\|\boldsymbol{A}\boldsymbol{x}_1\|_v+\|\boldsymbol{B}\boldsymbol{x}_1\|_v\leqslant\|\boldsymbol{A}\|+\|\boldsymbol{B}\|$$

(4)相容性：在证明矩阵范数的相容性之前，先证明矩阵范数和已知的向量范数之间是相容的，即对于任意的向量$\boldsymbol{y}$，$\boldsymbol{A}\in C^{m\times n}$，需要证明$\|\boldsymbol{A}\boldsymbol{y}\|_v\leqslant\|\boldsymbol{A}\|\cdot\|\boldsymbol{y}\|_v$成立。

当$\boldsymbol{y}=\boldsymbol{0}$时，结论显然成立；当$\boldsymbol{y}\neq\boldsymbol{0}$时，令$\boldsymbol{y}_0=\dfrac{\boldsymbol{y}}{\|\boldsymbol{y}\|_v}$，则$\|\boldsymbol{y}_0\|_v=1$，于是：

$$\|\boldsymbol{A}\boldsymbol{y}\|_v=\left\|\boldsymbol{A}\left(\|\boldsymbol{y}\|_v\boldsymbol{y}_0\right)\right\|_v=\|\boldsymbol{y}\|_v\cdot\|\boldsymbol{A}\boldsymbol{y}_0\|_v\leqslant\|\boldsymbol{A}\|\cdot\|\boldsymbol{y}\|_v$$

最后一项的不等式成立的依据是矩阵范数的定义。

最后证明相容性也成立。取任意的两个矩阵$\boldsymbol{A}\in C^{m\times n}$，$\boldsymbol{B}\in C^{n\times l}$，对于矩阵$\boldsymbol{AB}$，存在向量$\boldsymbol{x}_2$满足$\|\boldsymbol{x}_2\|_v=1$，使得$\|\boldsymbol{AB}\|=\|(\boldsymbol{AB})x_2\|_v$。利用两次$\|\boldsymbol{A}\boldsymbol{y}\|_v\leqslant\|\boldsymbol{A}\|\cdot\|\boldsymbol{y}\|_v$，可得：

$$\|\boldsymbol{AB}\|=\|\boldsymbol{A}(\boldsymbol{B}\boldsymbol{x}_2)\|_v\leqslant\|\boldsymbol{A}\|\cdot\|\boldsymbol{B}\boldsymbol{x}_2\|_v\leqslant\|\boldsymbol{A}\|\cdot\|\boldsymbol{B}\|\cdot\|\boldsymbol{x}_2\|_v=\|\boldsymbol{A}\|\cdot\|\boldsymbol{B}\|$$

即$\|\boldsymbol{A}\|$是$\boldsymbol{A}$的矩阵范数。

证毕。

由定理 5.4 可以看出，矩阵范数和向量范数之间有着密切的关系。下面就利用前面提到的 3 种常见向量范数构造出相应的矩阵范数。

定理 5.5 设 $A=(a_{ij})\in C^{m\times n}$，$x\in C^n$，则以下算子范数都是 $C^{n\times n}$ 上的矩阵范数：

(1) 从属于向量范数 $\|x\|_1$ 的算子范数 $\|A\|_1=\max\limits_{1\leqslant j\leqslant n}\sum\limits_{i=1}^{n}|a_{ij}|$（列和范数）；

(2) 从属于向量范数 $\|x\|_\infty$ 的算子范数 $\|A\|_\infty=\max\limits_{1\leqslant i\leqslant n}\left(\sum\limits_{j=1}^{n}|a_{ij}|\right)$（行和范数）；

(3) 设 $A\in F^{m\times n}$，从属于向量范数 $\|x\|_2$ 的算子范数 $\|A\|_2=\max\limits_{j}(\lambda_j(A^{\mathrm H}A))^{\frac{1}{2}}=\sqrt{\lambda_{A^{\mathrm H}A}}$（$A^{\mathrm H}A$ 的最大特征值）——**谱范数**。

证明：(1) 设 $x=(x_1,x_2,\cdots,x_n)\in C^n$，且 $\|x\|_1=1$，则：

$$\begin{aligned}\|Ax\|_1&=\sum_{i=1}^{n}\left|\sum_{j=1}^{n}a_{ij}x_j\right|\leqslant\sum_{i=1}^{n}\sum_{j=1}^{n}|a_{ij}|\cdot|x_j|=\sum_{j=1}^{n}\sum_{i=1}^{n}|a_{ij}|\cdot|x_j|\\&\leqslant\sum_{j=1}^{n}\left(\max_j\sum_{i=1}^{n}|a_{ij}|\right)|x_j|\\&=\left(\max_j\sum_{i=1}^{n}|a_{ij}|\right)\cdot\sum_{j=1}^{n}|x_j|\\&=\|A\|_1\cdot\|x\|_1\end{aligned}$$

得到：$\dfrac{\|Ax\|_1}{\|x\|_1}\leqslant\|A\|_1$。

令 $\lambda=\sum\limits_{i=1}^{n}|a_{is}|=\max\limits_{j}\left(\sum\limits_{i=1}^{n}|a_{ij}|\right)$，$1\leqslant s\leqslant n$，$A=(\alpha_1,\alpha_2,\cdots,\alpha_n)$，假设 $\lambda=\|\alpha_s\|_1$，取向量 $\varepsilon_s=\begin{pmatrix}0&\cdots&0&1&0&\cdots&0\\&&&\text{第}s\text{个位置}&&&\end{pmatrix}$，即 $\|\varepsilon_s\|_1=1$，则 $\|A\varepsilon_s\|_1=\|\alpha_s\|_1=\lambda=\lambda\|\varepsilon_s\|_1$，所以 $\lambda=\max\limits_{x\neq0}\dfrac{\|Ax\|_1}{\|x\|_1}=\max\limits_{j}\sum\limits_{i=1}^{n}|a_{ij}|=\|A\|_1$。

(2)
$$\begin{aligned}\|Ax\|_\infty&=\max_i\left(\left|\sum_{k=1}^{n}a_{ik}x_k\right|\right)\leqslant\max_i\left(\sum_{k=1}^{n}|a_{ik}|\cdot|x_k|\right)\\&\leqslant\max_i\left(\sum_{k=1}^{n}|a_{ik}|\cdot\max_i|x_k|\right)\\&=\max_i\left(\sum_{k=1}^{n}|a_{ik}|\right)\cdot\max_k(|x_k|)=\|A\|_\infty\cdot\|x\|_\infty\end{aligned}$$

得到：$\dfrac{\|Ax\|_\infty}{\|x\|_\infty}\leqslant\|A\|_\infty$。

令 $\mu=\sum_{j=1}^{n}|a_{sj}|=\max_i\left(\sum_{j=1}^{n}|a_{ij}|\right)$，$1\leqslant s\leqslant n$，记 $a_{sj}=|a_{sj}|e^{i\theta_j}(j=1,2,\cdots,n)$，取向量 $z=(e^{-i\theta_1},e^{-i\theta_2},\cdots,e^{-i\theta_n})$，则有 $\|z\|_\infty=1$，计算

$$\|Az\|_\infty\geqslant\left|\sum_{j=1}^{n}a_{sj}e^{-i\theta_j}\right|=\sum_{j=1}^{n}|a_{sj}|=\mu=\mu\|z\|_\infty$$

从而得到 $\frac{\|Az\|_\infty}{\|z\|_\infty}\geqslant\mu=\|A\|_\infty$，所以 $\|A\|_\infty=\max_i\left(\sum_{j=1}^{n}|a_{ij}|\right)$。

(3) 因为 $f(x)=x^H(A^HA)x=(Ax)^HAx\geqslant 0$，即矩阵 A^HA 是半正定矩阵，则其特征值满足：$\lambda_1\geqslant\lambda_2\geqslant\cdots\geqslant\lambda_n\geqslant 0$。设 x_i 是矩阵 A^HA 的对应于 λ_i 的单位正交特征向量，$i=1,2,\cdots,n$，取 $\forall u\in P^n$，且 $\|u\|_2=1$，则有 $u=a_1x_1+a_2x_2+\cdots+a_nx_n$，而

$$\|u\|_2=u^Hu=a_1^2+a_2^2+\cdots+a_n^2=1$$

根据定义可知，$A^HAu=a_1\lambda_1x_1+a_2\lambda_2x_2+\cdots+a_n\lambda_nx_n$，接下来计算：

$$\|Au\|_2^2=(Au)^HAu=u^HA^HAu=\lambda_1a_1^2+\lambda_2a_2^2+\cdots+\lambda_na_n^2\leqslant\lambda_1(a_1^2+a_2^2+\cdots+a_n^2)=\lambda_1$$

从而得到 $\max_{\|u\|_2=1}\|Au\|_2\leqslant\sqrt{\lambda_1}$。又根据 $\|Ax_1\|_2^2=x_1^HA^HAx_1=x_1^H\lambda_1x_1=\lambda_1$，所以：

$$\|A\|_2=\max_{\|u\|_2=1}\|Au\|_2=\sqrt{\lambda_1}=\sqrt{\lambda_{A^HA}}$$

证毕。

关于谱范数有以下基本性质。

设 $A\in C^{n\times n}$，则：

性质 5：$\|A\|_2=\|A^H\|_2=\|A^T\|_2=\|\bar{A}\|_2$。

性质 6：$\|A^HA\|_2=\|A^HA\|_2=\|A\|_2^2$。

性质 7：对任意 n 阶酉矩阵 U 和 V 都有 $\|UA\|_2=\|AV\|_2=\|UAV\|_2=\|A\|_2$。

例 5.14 计算 $\|A\|_1$，$\|A\|_2$，$\|A\|_\infty$ 和 $\|A\|_F$，已知：

$$A=\begin{pmatrix}2&-1&0\\0&2&3\\1&2&0\end{pmatrix}$$

解：简单计算可得 $\|A\|_1=5$，$\|A\|_\infty=5$，$\|A\|_F=\sqrt{23}$。因为

$$A^HA=\begin{pmatrix}5&0&0\\0&9&6\\0&6&9\end{pmatrix}$$

所以 $\|A\|_2=\sqrt{15}$。

5.7 矩阵范数与向量范数之间的相容性

除了前面介绍的矩阵范数的相容性以外，还有一种常用的矩阵范数与向量范数相容性的定义，具体介绍如下。

定义 5.4　设$\|\cdot\|_m$是$C^{n\times n}$上的矩阵范数，$\|\cdot\|_v$是C^n上的向量范数。如果$\forall \boldsymbol{A}\in C^{n\times n}$，$\forall \boldsymbol{x}\in C^n$，都有：

$$\|\boldsymbol{Ax}\|_v \leqslant \|\boldsymbol{A}\|_m \cdot \|\boldsymbol{x}\|_v$$

则称矩阵范数$\|\cdot\|_m$与向量范数$\|\cdot\|_v$是相容的。

例 5.15　矩阵的 Frobenius 范数与向量的 2-范数是相容的。

证明：取$\forall \boldsymbol{A}\in C^{n\times n}$，$\forall \boldsymbol{x}\in C^n$，因为$\|\boldsymbol{A}\|_F=\left(\sum\limits_{i=1}^{m}\sum\limits_{j=1}^{n}|a_{ij}|^2\right)^{\frac{1}{2}}$，$\|\boldsymbol{x}\|_2=\left(\sum\limits_{i=1}^{n}|x_i|^2\right)^{\frac{1}{2}}=(\boldsymbol{x}^{\mathrm{H}}\boldsymbol{x})^{\frac{1}{2}}$，根据 Holder 不等式可以得到：

$$\begin{aligned}
\|\boldsymbol{Ax}\|_2^{\,2} &= \sum_{i=1}^{m}\left|\sum_{j=1}^{n}a_{ij}x_j\right|^2 \leqslant \sum_{i=1}^{m}\left(\sum_{j=1}^{n}|a_{ij}x_j|\right)^2 \\
&\leqslant \sum_{i=1}^{m}\left[\left(\sum_{j=1}^{n}|a_{ij}|^2\right)\left(\sum_{j=1}^{n}|x_j|^2\right)\right] \\
&= \left(\sum_{i=1}^{m}\sum_{j=1}^{n}|a_{ij}|^2\right)\left(\sum_{j=1}^{n}|x_j|^2\right) \\
&= \|\boldsymbol{A}\|_F^{\,2}\|\boldsymbol{x}\|_2^{\,2}
\end{aligned}$$

于是有$\|\boldsymbol{Ax}\|_2 \leqslant \|\boldsymbol{A}\|_F\|\boldsymbol{x}\|_2$。

证毕。

不加证明地引出下面的结论。

定理 5.6　设$\|\cdot\|$是$P^{n\times n}$上的矩阵范数，则在P^n上必存在一个与之相容的向量范数。

接下来，我们分析矩阵范数与谱半径之间的关系。有如下两个重要结论。

定理 5.7　设$\forall \boldsymbol{A}\in C^{n\times n}$，则对任何方阵范数$\|\cdot\|$，都有$\rho(\boldsymbol{A})\leqslant\|\boldsymbol{A}\|$。

证明：设λ是$\boldsymbol{A}$的任一特征值，$\boldsymbol{x}$是$\boldsymbol{A}$对应于λ的特征向量，即$\boldsymbol{Ax}=\lambda\boldsymbol{x}$。对任何方阵范数$\|\cdot\|$，根据定理 5.6，存在向量范数$\|\cdot\|_\alpha$与之相容，所以：

$$\|\lambda\boldsymbol{x}\|_\alpha=|\lambda|\|\boldsymbol{x}\|_\alpha=\|\boldsymbol{Ax}\|_\alpha\leqslant\|\boldsymbol{A}\|\|\boldsymbol{x}\|_\alpha$$

因为$\boldsymbol{x}$是$\boldsymbol{A}$对应于λ的特征向量，所以$\boldsymbol{x}\neq\boldsymbol{0}$，从而$\|\boldsymbol{x}\|_\alpha>0$，代入上式，可得$|\lambda|\leqslant\|\boldsymbol{A}\|$，$\forall\lambda$都成立，故$\rho(\boldsymbol{A})\leqslant\|\boldsymbol{A}\|$。

定理 5.8　设$\boldsymbol{A}\in C^{n\times n}$，$\forall\varepsilon>0$，$\exists\|\cdot\|:C^{n\times n}\to R^+$，使得$\|\boldsymbol{A}\|_m\leqslant\rho(\boldsymbol{A})+\varepsilon$。

证明：（构造法证明）假设可逆矩阵 $\boldsymbol{P}$，化矩阵 $\boldsymbol{A}$ 为 Jordan 标准型 $\begin{pmatrix} \lambda_1 & \delta_1 & & \\ & \lambda_2 & \ddots & \\ & & \ddots & \delta_{n-1} \\ & & & \lambda_n \end{pmatrix}$，

这里的 δ_i 取值为 0 或 1。取矩阵 $\boldsymbol{D}=\begin{pmatrix} 1 & & & \\ & \varepsilon^1 & & \\ & & \ddots & \\ & & & \varepsilon^{n-1} \end{pmatrix}$，其逆矩阵 $\boldsymbol{D}^{-1}=\begin{pmatrix} 1 & & & \\ & \varepsilon^{-1} & & \\ & & \ddots & \\ & & & \varepsilon^{-(n-1)} \end{pmatrix}$，

计算：

$$\boldsymbol{D}^{-1}\boldsymbol{P}^{-1}\boldsymbol{APD}=\begin{pmatrix} 1 & & & \\ & \varepsilon^{-1} & & \\ & & \ddots & \\ & & & \varepsilon^{-(n-1)} \end{pmatrix}\begin{pmatrix} \lambda_1 & \delta_1 & & \\ & \lambda_2 & \ddots & \\ & & \ddots & \delta_{n-1} \\ & & & \lambda_n \end{pmatrix}\begin{pmatrix} 1 & & & \\ & \varepsilon^1 & & \\ & & \ddots & \\ & & & \varepsilon^{n-1} \end{pmatrix}$$

$$=\begin{pmatrix} \lambda_1 & \delta_1 & & & \\ & \varepsilon^{-1}\lambda_2 & \varepsilon^{-1}\delta_2 & & \\ & & \varepsilon^{-2}\lambda_2 & \ddots & \\ & & & \ddots & \varepsilon^{-(n-2)}\delta_{n-1} \\ & & & & \varepsilon^{-(n-1)}\lambda_n \end{pmatrix}\begin{pmatrix} 1 & & & \\ & \varepsilon^1 & & \\ & & \ddots & \\ & & & \varepsilon^{n-1} \end{pmatrix}$$

$$=\begin{pmatrix} \lambda_1 & \varepsilon\delta_1 & & \\ & \lambda_2 & \ddots & \\ & & \ddots & \varepsilon\delta_{n-1} \\ & & & \lambda_n \end{pmatrix}$$

两边同时取 ∞ 范数，容易验证，$\forall \boldsymbol{A}\in C^{n\times n}$，$\left\|\boldsymbol{D}^{-1}\boldsymbol{P}^{-1}\boldsymbol{APD}\right\|_\infty$ 满足 $C^{n\times n}$ 上矩阵范数定义中的 4 个条件，记此范数为 $\|\boldsymbol{A}\|_m$，则

$$\begin{aligned}\|\boldsymbol{A}\|_m &= \left\|\boldsymbol{D}^{-1}\boldsymbol{P}^{-1}\boldsymbol{APD}\right\|_\infty \\ &= \max\{\lambda_1+\varepsilon\delta_1, \lambda_2+\varepsilon\delta_2, \cdots, \lambda_{n-1}+\varepsilon\delta_{n-1}, \lambda_n\} \\ &\leqslant \max_j |\lambda_j| + \varepsilon \\ &= \rho(\boldsymbol{A})+\varepsilon\end{aligned}$$

证毕。

综合定理 5.7 和定理 5.8 可知，对于矩阵 $\boldsymbol{A}\in C^{n\times n}$，谱半径 $\rho(\boldsymbol{A})$ 是其任何矩阵范数 $\|\boldsymbol{A}\|$ 的下确界。下面，举一个例子加以说明。

对于矩阵 $\boldsymbol{A}=\begin{pmatrix} 0 & 0.2 & 0.1 \\ -0.2 & 0 & 0.2 \\ -0.1 & -0.2 & 0 \end{pmatrix}$，简单计算 $\|\boldsymbol{A}\|_{m_1}=1$，$\|\boldsymbol{A}\|_{m_\infty}=3\max\limits_{i,j}|a_{ij}|=0.6$，

$\|A\|_F=\sqrt{\mathrm{tr}(A^{\mathrm{H}}A)}=\sqrt{0.18}\approx 0.4243$，$\|A\|_1=\|A\|_\infty=0.4$，$\lambda_1=0$，$\lambda_2=-0.4i$，$\lambda_3=0.4i$，显然 $\rho(A)=0.4\leqslant\|A\|$。

最后，与向量范数的等价性类似，定义矩阵范数的等价性。

定义 5.5　若对 $\forall A\in C^{n\times n}$，及与 A 无关的正常数 c_1,c_2，使 $c_1\|A\|_\beta\leqslant\|A\|_\alpha\leqslant c_2\|A\|_\beta$ 成立，则称矩阵范数 $\|\cdot\|_\alpha$ 与 $\|\cdot\|_\beta$ 等价。

5.8　扩展主题 1：矩阵的非奇异性条件

下面介绍如何利用范数的知识来得到矩阵的非奇异性条件。

定理 5.9　设 $A\in C^{n\times n}$，且对某种矩阵范数 $\|\bullet\|$，满足 $\|A\|<1$，则 $I-A$ 非奇异，且 $\|(I-A)^{-1}\|<\dfrac{\|I\|}{1-\|A\|}$。

证明：用反证法，假设 $I-A$ 奇异，则方程 $(I-A)x=0$ 有非零解 $x_0\neq 0$，选取与矩阵范数 $\|\bullet\|$ 相容的向量范数 $\|\bullet\|_v$，根据 $\|A\|<1$，于是有：

$$\|x_0\|_v=\|Ax_0\|_v\leqslant\|A\|\|x_0\|_v<\|x_0\|_v$$

矛盾，因此 $I-A$ 非奇异。

再根据 $I=(I-A)^{-1}(I-A)=(I-A)^{-1}-(I-A)^{-1}A$，知：

$$\begin{aligned}\|(I-A)^{-1}\|&=\|I+(I-A)^{-1}A\|\\&\leqslant\|I\|+\|(I-A)^{-1}A\|\\&\leqslant\|I\|+\|(I-A)^{-1}\|\|A\|\end{aligned}$$

于是 $\|(I-A)^{-1}\|<\dfrac{\|I\|}{1-\|A\|}$。

证毕。

定理 5.9 说明了当一个矩阵 A 的矩阵范数 $\|A\|$ 很小时，由于 $\|A\|$ 是关于它的元素的连续函数，根据数学分析的知识可得，矩阵 A 接近于零矩阵，所以才有 $I-A$ 非奇异的结论成立。下面的定理刻画了 $I-A$ 的逆矩阵与单位矩阵之间的近似程度。

定理 5.10　设 $A\in C^{n\times n}$，且对范数 $\|\bullet\|$ 有 $\|A\|<1$，则有 $\|I-(I-A)^{-1}\|\leqslant\dfrac{\|A\|}{1-\|A\|}$。

证明：由于 $\|A\|<1$，根据定理 5.9 可知 $(I-A)^{-1}$ 存在，由：

$$A=A(I-A)(I-A)^{-1}=A(I-A)^{-1}-AA(I-A)^{-1}$$

整理后两边同时取矩阵范数，利用矩阵范数的三角不等式和相容性，知：

$$\|A(I-A)^{-1}\|=\|A+AA(I-A)^{-1}\|\leqslant\|A\|+\|A\|\|A(I-A)^{-1}\|$$

整理得：

$$\left\|A(I-A)^{-1}\right\| \leqslant \frac{\|A\|}{1-\|A\|}$$

再根据 $I=(I-A)(I-A)^{-1}=(I-A)^{-1}-A(I-A)^{-1}$，整理后利用矩阵范数的齐次性和前述不等式，得：

$$\left\|I-(I-A)^{-1}\right\|=\left\|-A(I-A)^{-1}\right\| \leqslant \frac{\|A\|}{1-\|A\|}。$$

证毕。

在解决实际问题的过程中，往往需要经过多次运算，每一次运算都可能产生误差，而反复多次计算的过程中，必然会产生误差的传播和累积，当误差累积过大时，就会使计算结果失真。下面介绍一个简单的例子加以说明。

例 5.16 线性方程组

$$\begin{pmatrix} 2.0002 & 1.9998 \\ 1.9998 & 2.0002 \end{pmatrix} \cdot \begin{pmatrix} x_1 \\ x_2 \end{pmatrix} = \begin{pmatrix} 4 \\ 4 \end{pmatrix}$$

的解为 $x=(1,1)^{\mathrm{T}}$。若方程组右端常数项加一个扰动项 $\delta b=(2\times10^{-4},-2\times10^{-4})^{\mathrm{T}}$，则原方程组变为

$$\begin{pmatrix} 2.0002 & 1.9998 \\ 1.9998 & 2.0002 \end{pmatrix} \cdot \begin{pmatrix} x_1' \\ x_2' \end{pmatrix} = \begin{pmatrix} 4.0002 \\ 3.9998 \end{pmatrix}$$

其解变为 $x'=(1.5,0.5)^{\mathrm{T}}$。简单计算，解的相对误差 $\dfrac{\|x'-x\|_\infty}{\|x\|_\infty}=0.5$，常数项的相对误差 $\dfrac{\|\delta b\|_\infty}{\|b\|_\infty}=\dfrac{1}{20000}$，两者相差 10000 倍。

若系数矩阵 A 或常数项 b 的微小改变都会导致线性方程组的解产生很大的变化，这时，我们称这个线性方程组是病态的。在数值分析中，专门定义了条件数的概念来刻画扰动对于线性方程组解的影响程度。

定义 5.6 设矩阵 $A\in C^{n\times n}$ 是非奇异的，对于其任意一种算子范数 $\|A\|$，称

$$\operatorname{cond}(A)=\|A\|\cdot\left\|A^{-1}\right\|$$

为 A 的条件数。

显然，条件数的取值和所选取的算子范数有关。下面的定理经常用于分析矩阵的条件数。

定理 5.11 设 $A\in C^{n\times n}$ 非奇异，$B\in C^{n\times n}$ 且对范数 $\|\cdot\|$ 有 $\left\|A^{-1}B\right\|<1$，则有以下结论：

(1) $A+B$ 非奇异；

(2) $\left\|I-(I+A^{-1}B)^{-1}\right\| \leqslant \dfrac{\left\|A^{-1}B\right\|}{1-\left\|A^{-1}B\right\|}$；

(3) $\dfrac{\left\|A^{-1}-(A+B)^{-1}\right\|}{\left\|A^{-1}\right\|}\leqslant\dfrac{\left\|A^{-1}B\right\|}{1-\left\|A^{-1}B\right\|}$。

证明：(1) 由于 $A+B=A(I+A^{-1}B)$，知 $A+B$ 非奇异。

(2) 由定理 5.10，有 $\left\|I-(I+A^{-1}B)^{-1}\right\|\leqslant\dfrac{\left\|-A^{-1}B\right\|}{1-\left\|-A^{-1}B\right\|}=\dfrac{\left\|A^{-1}B\right\|}{1-\left\|A^{-1}B\right\|}$。

(3) 由 $A^{-1}-(A+B)^{-1}=[I-(A+B)^{-1}(A^{-1})^{-1}]A^{-1}=[I-(I+A^{-1}B)^{-1}]A^{-1}$，可得：

$$\left\|A^{-1}-(A+B)^{-1}\right\|\leqslant\left\|I-(I+A^{-1}B)^{-1}\right\|\left\|A^{-1}\right\|\leqslant\frac{\left\|A^{-1}B\right\|}{1-\left\|A^{-1}B\right\|}\left\|A^{-1}\right\|$$

证毕。

5.9　扩展主题 2：特征值估计

本节应用范数理论来讨论特征值估计问题。在实际问题中，计算特征值是一件非常困难的事情，但是有时不需要计算出精确的特征值，只需估计出特征值的范围就足够了。下面介绍几个关于特征值估计的结论。

定理 5.12　设 $A=(a_{ij})\in C^{n\times n}$，则 A 的任一特征值 λ 满足 $|\lambda|\leqslant\|A\|_{m_\infty}$，$|\mathrm{Re}(\lambda)|\leqslant\frac{1}{2}\cdot\left\|A+A^{\mathrm{H}}\right\|_{m_\infty}$，$|\mathrm{Im}(\lambda)|\leqslant\frac{1}{2}\cdot\left\|A-A^{\mathrm{H}}\right\|_{m_\infty}$。这里 $\mathrm{Re}(\lambda)$ 和 $\mathrm{Im}(\lambda)$ 分别表示复数 λ 的实部和虚部。

证明：设矩阵 A 的任一特征值 λ，特征向量 x 满足 $\|x\|_2=1$，则根据定义 $Ax=\lambda x$，两边同时左乘以 x^{H}，可得：

$$x^{\mathrm{H}}Ax=\lambda x^{\mathrm{H}}x=\lambda$$

对上式两边取共轭转置，得 $\overline{\lambda}=x^{\mathrm{H}}A^{\mathrm{H}}x$，则

(1) $|\lambda|=\left|x^{\mathrm{H}}Ax\right|=\left|\sum\limits_{i,j}a_{ij}\overline{x}_i x_j\right|\leqslant\sum\limits_{i,j}|a_{ij}|\cdot|\overline{x}_i|\cdot|x_j|\leqslant\max\limits_{i,j}|a_{ij}|\cdot\left(\sum\limits_{i,j}|\overline{x}_i|\cdot|x_j|\right)$

$\leqslant\max\limits_{i,j}|a_{ij}|\cdot\left(\frac{1}{2}\cdot\sum\limits_{i,j}\left(|x_i|^2+|x_j|^2\right)\right)=n\cdot\max\limits_{i,j}|a_{ij}|\leqslant\|A\|_{m_\infty}$。

(2) $|\mathrm{Re}(\lambda)|=\frac{1}{2}\cdot\left|\overline{\lambda}+\lambda\right|=\frac{1}{2}\cdot\left|x^{\mathrm{H}}(A+A^{\mathrm{H}})x\right|\leqslant\frac{1}{2}\cdot\left\|A+A^{\mathrm{H}}\right\|_{m_\infty}$。

(3) $|\mathrm{Im}(\lambda)|=\frac{1}{2}\cdot\left|\lambda-\overline{\lambda}\right|=\frac{1}{2}\cdot\left|x^{\mathrm{H}}(A-A^{\mathrm{H}})x\right|\leqslant\frac{1}{2}\cdot\left\|A-A^{\mathrm{H}}\right\|_{m_\infty}$。

证毕。

由上述定理很容易验证前面介绍的一些性质：①实对称矩阵的特征值都是实数；②实反对称矩阵的特征值都是零或纯虚数，且成对出现；③Hermite 矩阵的特征值都是实数；④反 Hermite 矩阵的特征值为零或纯虚数。

根据 Schur 定理，很容易得到下面的关于特征值的不等式。

定理 5.13 （Schur 不等式）设 $A\in C^{n\times n}$ 的特征值为 $\lambda_1,\lambda_2,\cdots,\lambda_n$，则下列不等式成立：

$$\sum_{i=1}^{n}|\lambda_i|^2\leqslant\sum_{i=1}^{n}\sum_{j=1}^{n}|a_{ij}|^2=\|A\|_F^2$$

且等号成立的充分必要条件为矩阵 A 为正规矩阵。

证明：根据 Schur 定理，对于矩阵 $A\in C^{n\times n}$，存在酉矩阵 U，使得 $A=UTU^{\mathrm{H}}$ 成立，同时推出 $T=U^{\mathrm{H}}AU$ 也成立。由于矩阵 T 是上三角矩阵，故 T 的对角元素 $t_{ii},i=1,2,\cdots,n$ 就是矩阵 A 的特征值，因此：

$$\sum_{i=1}^{n}|\lambda_i|^2=\sum_{i=1}^{n}|t_{ii}|^2\leqslant\sum_{i=1}^{n}|t_{ii}|^2+\sum_{i\neq j}^{n}|t_{ij}|^2=\mathrm{tr}(T^{\mathrm{H}}T)$$

又 $\mathrm{tr}(T^{\mathrm{H}}T)=\mathrm{tr}(U^{\mathrm{H}}A^{\mathrm{H}}UU^{\mathrm{H}}AU)=\mathrm{tr}(U^{\mathrm{H}}A^{\mathrm{H}}AU)=\mathrm{tr}(A^{\mathrm{H}}A)=\sum_{i=1}^{n}\sum_{j=1}^{n}|a_{ij}|^2=\|A\|_F^2$，注意这里利用了 F 范数的酉不变性质，所以：

$$\sum_{i=1}^{n}|\lambda_i|^2\leqslant\sum_{i=1}^{n}\sum_{j=1}^{n}|a_{ij}|^2$$

通过上述证明过程可以看出，只有当 $\sum_{i\neq j}^{n}|t_{ij}|^2=0$ 时，即 T 为对角矩阵，等号才成立，所以只有当矩阵 A 是正规矩阵时，等号成立。

证毕。

定义 5.7 设 $A=(a_{ij})\in C^{n\times n}$，称区域 $G_i:|z-a_{ii}|\leqslant R_i$ 为矩阵 A 的第 i 个盖尔圆，其中 $R_i=\sum_{j\neq i}|a_{ij}|$ 称为盖尔圆 G_i 的半径 $(i=1,2,\cdots,n)$；称 $S_i=\{z\in C:|z-a_{ii}|\leqslant R_i=\sum_{j\neq i}|a_{ij}|\}$ 为行盖尔圆盘；相应地，称 $G_i=\{z\in C:|z-a_{ii}|\leqslant C_i=\sum_{j\neq i}|a_{ji}|\}$ 为列盖尔圆盘。

利用盖尔圆的概念可以非常方便地对矩阵的特征值进行估计。下面介绍一个非常重要的定理。

定理 5.14（圆盘定理） 矩阵 $A=(a_{ij})\in C^{n\times n}$ 的一切特征值都在它的 n 个盖尔圆的并集之内，即

$$\lambda\in S=\bigcup_{j=1}^{n}S_j$$

证明：任取矩阵 A 的特征值 λ，其相应的特征向量 $x=(x_1,x_2,\cdots,x_n)^{\mathrm{T}}\neq 0$，取 $|x_k|=\max(|x_1|,\cdots,|x_n|)>0$。根据定义有 $Ax=\lambda x$，展开后得到：

$$\sum_{j=1}^{n}a_{ij}x_j=\lambda x_i,(i=1,2,\cdots,n)$$

下标 i 取最大分量 k，即 $\sum_{j=1}^{n} a_{kj}x_j = \lambda x_k$，移项整理后，得：

$$x_k(\lambda - a_{kk}) = \sum_{j \neq k} a_{kj}x_j$$

上式两边同时取模，得：

$$|x_k| \cdot |\lambda - a_{kk}| = \left|\sum_{j \neq k} a_{kj}x_j\right| \leqslant \sum_{j \neq k} |a_{kj}||x_j| \leqslant |x_k| \sum_{j \neq k} |a_{kj}|$$

从而得到，对于任意的特征值 λ，都有：

$$|\lambda - a_{kk}| \leqslant R_k$$

证毕。

推论 1　设 $A = (a_{ij}) \in C^{n \times n}$，则其任一特征值 $\lambda_i \in \left(\bigcup_{i=1}^{n} S_i\right) \cap \left(\bigcup_{j=1}^{n} G_j\right)$。

推论 2　设 n 阶方阵 A 的 n 个盖尔圆两两互不相交，则矩阵 A 相似于对角矩阵。

推论 3　设 n 阶实方阵 A 的 n 个盖尔圆两两互不相交，则矩阵 A 有 n 个相异的特征值。

例 5.17　估计矩阵 $A = \begin{pmatrix} 1 & -\frac{1}{2} & -\frac{1}{2} & 0 \\ -\frac{1}{2} & \frac{3}{2} & i & 0 \\ 0 & -\frac{i}{2} & 5 & -\frac{i}{2} \\ -1 & 0 & 0 & 5i \end{pmatrix}$ 的特征值的分布范围。

解：根据行盖尔圆盘的定义，可得：

$$S_1: |z-1| \leqslant 1;\ S_2: \left|z - \frac{3}{2}\right| \leqslant \frac{3}{2};\ S_3: |z-5| \leqslant 1;\ S_4: |z-5i| \leqslant 1$$

在二维平面坐标系上如图 5.4 所示。

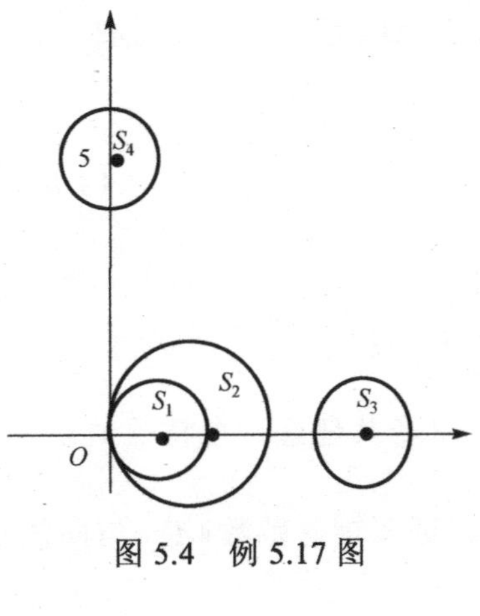

图 5.4　例 5.17 图

下面，我们分析特征值的包含区域：由两个或两个以上的盖尔圆构成的连通部分，可能在其中的一个盖尔圆中有两个或两个以上的特征值，而在另外的一个或几个盖尔圆中没有特征值。显然，我们希望能够更加精确地刻画出特征值的分布范围。根据相似变换不改变矩阵的特征值的结论，通过引入一个对角矩阵 $\boldsymbol{G}=\mathrm{diag}(d_1,d_2,\cdots,d_n)$ 的方法来适当扩大或缩小盖尔圆的半径，使得获得只含 $\boldsymbol{A}$ 的一个特征值的孤立盖尔圆，具体的方法如下：观察 $\boldsymbol{A}$ 的 n 个盖尔圆，若使第 i 个盖尔圆 G_i 的半径变大(或小)些，就取对角矩阵 $\boldsymbol{G}=\mathrm{diag}(d_1,d_2,\cdots,d_n)$ 中的 $d_i>1$(或 $d_i<1$)，而其他分量取 1，此时，$\boldsymbol{B}=\boldsymbol{GAG}^{-1}$ 的第 i 个盖尔圆的半径变大(或小)，其余盖尔圆的半径相对变小(或变大)。但是这种隔离矩阵特征值的办法还不能用于任意的具有互异特征值的矩阵，如主对角线上有相同元素的矩阵。

例 5.18 隔离矩阵 $\boldsymbol{A}=\begin{pmatrix}20&3&1\\2&10&2\\8&1&0\end{pmatrix}$ 的特征值。

解：$S_1:|z-20|\leqslant 4;S_2:|z-10|\leqslant 4;S_3:|z|\leqslant 9$；由于 S_2 和 S_3 相交，而 S_1 是孤立的，取对角矩阵 $\boldsymbol{G}=\mathrm{diag}\left(1,1,\dfrac{1}{2}\right)$，计算 $\boldsymbol{B}=\boldsymbol{GAG}^{-1}=\begin{pmatrix}20&3&2\\2&10&4\\4&0.5&0\end{pmatrix}$，虽然矩阵的前两个行盖尔圆仍然相交，但是矩阵的 3 个列盖尔圆 $G_1:|z-20|\leqslant 6;G_2:|z-10|\leqslant 3.5;G_3:|z|\leqslant 6$ 都是孤立的，从而得到隔离后的矩阵 $\boldsymbol{A}$ 的特征值范围。

习　题

1．设 $\boldsymbol{A}=\begin{pmatrix}-1&0&5&1\\10&2&6&0\\0&4&2&0\\1&0&0&-3\end{pmatrix},\boldsymbol{x}=\begin{pmatrix}1\\3\\5\\4\end{pmatrix}$，计算 $\|\boldsymbol{Ax}\|_1$，$\|\boldsymbol{Ax}\|_2$，$\|\boldsymbol{Ax}\|_\infty$。

2．设 $\boldsymbol{A}=\begin{pmatrix}-1&0&0&1\\0&2&1&0\\0&1&2&0\\1&0&0&-1\end{pmatrix}$，计算 $\|\boldsymbol{A}\|_F$，$\|\boldsymbol{A}\|_2$，$\|\boldsymbol{A}\|_\infty$。

3．已知 $\boldsymbol{A}=\begin{pmatrix}2&1\\1&3\end{pmatrix},\boldsymbol{B}=\begin{pmatrix}0&0.5\\0.2&0\end{pmatrix}$，计算 $\dfrac{\|\boldsymbol{A}^{-1}-(\boldsymbol{A}+\boldsymbol{B})^{-1}\|_\infty}{\|\boldsymbol{A}^{-1}\|_\infty}$。

4．设 $\boldsymbol{x}\in C^n$，试证明：$\dfrac{1}{n}\|\boldsymbol{x}\|_1\leqslant\|\boldsymbol{x}\|_\infty\leqslant\|\boldsymbol{x}\|_2\leqslant\|\boldsymbol{x}\|_1$。

5．设矩阵 $\boldsymbol{A}$ 是可逆矩阵，λ 是其任意一个特征值，证明：$\dfrac{1}{\|\boldsymbol{A}^{-1}\|}\leqslant|\lambda|$。

6．设矩阵 $\boldsymbol{A}\in C^{m\times n},\boldsymbol{x}\in C^n$，证明矩阵范数 $\|\boldsymbol{A}\|_{m_1}$ 与向量范数 $\|\boldsymbol{x}\|_p\,(1\leqslant p<\infty)$ 相容。

7．设矩阵 $\boldsymbol{A}\in C^{m\times n}$，$\boldsymbol{b}\in C^{m}$，且 $\boldsymbol{A}=\boldsymbol{U}\begin{pmatrix}\Sigma & \boldsymbol{0}\\ \boldsymbol{0} & \boldsymbol{0}\end{pmatrix}\boldsymbol{V}^{\mathrm{H}}$ 是 $\boldsymbol{A}$ 的奇异值分解，令

$$\boldsymbol{a}=\boldsymbol{V}\begin{pmatrix}\Sigma^{-1} & \boldsymbol{0}\\ \boldsymbol{0} & \boldsymbol{0}\end{pmatrix}\boldsymbol{U}^{\mathrm{H}}\boldsymbol{b}$$

证明：对于 $\forall \boldsymbol{x}\in C^{n}$，$\|\boldsymbol{A}\boldsymbol{a}-\boldsymbol{b}\|_2\leqslant\|\boldsymbol{A}\boldsymbol{x}-\boldsymbol{b}\|_2$。

8．设矩阵 $\boldsymbol{A}$ 是可逆矩阵，$\dfrac{1}{\|\boldsymbol{A}^{-1}\|}=a$，$\|\boldsymbol{B}-\boldsymbol{A}\|=b$，这里的矩阵范数都是算子范数，如果 $b<a$，证明：

(1) $\boldsymbol{B}$ 是可逆矩阵；

(2) $\|\boldsymbol{B}^{-1}\|\leqslant\dfrac{1}{a-b}$；

(3) $\|\boldsymbol{B}^{-1}-\boldsymbol{A}^{-1}\|\leqslant\dfrac{b}{a(a-b)}$。

9．设矩阵 $\boldsymbol{A}\in C^{n\times n}$ 是可逆矩阵，$\boldsymbol{B}\in C^{n\times n}$，若对某种矩阵范数有 $\|\boldsymbol{B}\|<\dfrac{1}{\|\boldsymbol{A}^{-1}\|}$，则 $\boldsymbol{A}+\boldsymbol{B}$ 可逆。

10．用 Gerschgorin 定理(盖尔圆定理)隔离下列矩阵的特征值(要求画图表示)。

(1) $\boldsymbol{A}=\begin{pmatrix}1 & 1 & 0 & 0\\ 1 & 9 & 1.3 & -2\\ 1 & 0 & 15 & 1.4\\ 0 & -1 & 0 & 4\end{pmatrix}$；(2) $\boldsymbol{A}=\begin{pmatrix}2 & 0 & -0.1 & 1\\ 0 & -2 & 0.1 & -1\\ -5 & 5 & 4\mathrm{i} & 2.5\\ 0 & 0.3 & 0.2 & -2\mathrm{i}\end{pmatrix}, \mathrm{i}=\sqrt{-1}$

第 6 章　矩阵分析及应用

矩阵分析研究矩阵极限、矩阵级数、矩阵微分和积分等问题。那么，研究微分积分的首要问题是怎么去定义矩阵函数。矩阵分析中是从矩阵级数这一概念引出矩阵函数的。通过微积分的知识可以知道，级数是否收敛需要研究级数部分和的极限是否存在，所以，本章首先介绍矩阵序列的极限。建议读者在学习本章之前，先复习一下微积分的相关内容。

6.1　矩阵序列及其极限

矩阵序列是微积分里数列概念的推广，即数列中每一个元素都是一个数，而矩阵序列中的每一个元素都是矩阵。

定义 6.1　设已知矩阵序列 $\{\boldsymbol{A}^{(k)}\}$，其中 $\boldsymbol{A}^{(k)}=(a_{ij}^{k})_{m\times n}\in C^{m\times n}$，当 $k\to\infty$，$a_{ij}^{k}\to a_{ij}$ 时，称 $\{\boldsymbol{A}^{(k)}\}$ 收敛，并称矩阵 $\boldsymbol{A}=(a_{ij})_{m\times n}$ 为 $\{\boldsymbol{A}^{(k)}\}$ 的极限，或称 $\{\boldsymbol{A}^{(k)}\}$ 收敛于 $\boldsymbol{A}$，记为 $\lim\limits_{k\to\infty}\boldsymbol{A}^{(k)}=\boldsymbol{A}$ 或 $\boldsymbol{A}^{(k)}\to\boldsymbol{A}$。不收敛的矩阵序列称为发散的。

例 6.1　设 $\boldsymbol{A}^{(m)}=\begin{pmatrix}\dfrac{m}{2^m} & \dfrac{m-4}{2m+3}\\ \sin\dfrac{\pi}{m} & \left(1-\dfrac{1}{m}\right)^m\end{pmatrix}$，求 $\lim\limits_{m\to\infty}\boldsymbol{A}^{(m)}$。

解：因为 $\lim\limits_{m\to\infty}\dfrac{m}{2^m}=0;\lim\limits_{m\to\infty}\dfrac{m-4}{2m+3}=\dfrac{1}{2};\lim\limits_{m\to\infty}\sin\dfrac{\pi}{m}=0;\lim\limits_{m\to\infty}\left(1-\dfrac{1}{m}\right)^m=\dfrac{1}{\mathrm{e}}$，所以：

$$\lim_{m\to\infty}\boldsymbol{A}^{(m)}=\begin{pmatrix}0 & \dfrac{1}{2}\\ 0 & \dfrac{1}{\mathrm{e}}\end{pmatrix}$$

通过这个例子可以看出，验证一个矩阵序列是否收敛需要验证 mn 个数列是否收敛，显然这个工作量是非常大的。下面的定理告诉我们一个简便的方法。

定理 6.1　设 $\{\boldsymbol{A}^{(k)}\}$ 是一个矩阵序列，$\boldsymbol{A}^{(k)}=(a_{ij}^{(k)})_{m\times n}\in C^{m\times n}$，$\|\cdot\|$ 是 $C^{m\times n}$ 上任意一个矩阵范数，则：

$$\lim_{k\to\infty}\boldsymbol{A}^{(k)}=\boldsymbol{A}\Leftrightarrow\lim_{k\to\infty}\left\|\boldsymbol{A}^{(k)}-\boldsymbol{A}\right\|=0$$

证明：取矩阵范数 $\|\boldsymbol{A}\|=\sum\limits_{i=1}^{m}\sum\limits_{j=1}^{n}|a_{ij}|$。

必要性：设 $\lim\limits_{k\to\infty}\boldsymbol{A}^{(k)}=\boldsymbol{A}=[a_{ij}]$，那么根据矩阵序列收敛定义可知对每一对 i,j 都有：

$$\lim_{k\to\infty}\left|a_{ij}{}^{(k)}-a_{ij}\right|=0\quad(i=1,2,\cdots,m;j=1,2,\cdots,n)$$

从而有 $\lim\limits_{k\to\infty}\sum\limits_{i=1}^{m}\sum\limits_{j=1}^{n}\left|a_{ij}{}^{(k)}-a_{ij}\right|=0$，即 $\lim\limits_{k\to\infty}\left\|A^{(k)}-A\right\|=0$。必要性得证。

充分性：设 $\lim\limits_{k\to\infty}\left\|A^{(k)}-A\right\|=\lim\limits_{k\to\infty}\sum\limits_{i=1}^{m}\sum\limits_{j=1}^{n}\left|a_{ij}{}^{(k)}-a_{ij}\right|=0$，那么对每一对 i,j 都有：

$$\lim_{k\to\infty}\left|a_{ij}{}^{(k)}-a_{ij}\right|=0\quad(i=1,2,\cdots,m;j=1,2,\cdots,n)$$

即

$$\lim_{k\to\infty}a_{ij}{}^{(k)}=a_{ij}\quad(i=1,2,\cdots,m;j=1,2,\cdots,n)\text{。}$$

故有 $\lim\limits_{k\to\infty}A^{(k)}=A=(a_{ij})$。充分性得证。

上面的证明过程针对所假设的矩阵范数。下面证明对于任意的矩阵范数，结论也成立。如果 $\|A\|_\alpha$ 是另外一种范数，那么由矩阵范数的等价性可知存在常数 d_1,d_2，使得：

$$d_1\left\|A^{(k)}-A\right\|\leqslant\left\|A^{(k)}-A\right\|_\alpha\leqslant d_2\left\|A^{(k)}-A\right\|$$

这样，当 $\lim\limits_{k\to\infty}\left\|A^{(k)}-A\right\|=0$ 时，根据微积分里的两边夹定理，同样可得 $\lim\limits_{k\to\infty}\left\|A^{(k)}-A\right\|_\alpha=0$，因此定理对于任意一种范数都成立。

证毕。

推论 6.1　设 $\{A^{(k)}:A^{(k)}\in C^{m\times n},k=0,1,\cdots\}$，$\lim\limits_{k\to\infty}A^{(k)}=A$，则有 $\lim\limits_{k\to\infty}\left\|A^{(k)}\right\|=\|A\|$ 成立，反之不成立。

证明：根据矩阵范数的三角不等式，可得 $\left|\left\|A^{(k)}\right\|-\|A\|\right|\leqslant\left\|A^{(k)}-A\right\|$，根据定理 6.1，由已知 $\lim\limits_{k\to\infty}A^{(k)}=A$ 可得 $\lim\limits_{k\to\infty}\left\|A^{(k)}-A\right\|=0$，所以根据微积分里的两边夹定理，得到对于 $\forall\|\cdot\|:C^{m\times n}\to R^+$，有 $\lim\limits_{k\to\infty}\left\|A^{(k)}\right\|=\|A\|$。

证毕。

但是，上述结论的逆命题不成立。这里举一个反例，取 $A^{(k)}=\begin{pmatrix}(-1)^k & \dfrac{1}{k+1}\\ 1 & 2\end{pmatrix}$，简单计算 $\lim\limits_{k\to\infty}\left\|A^{(k)}\right\|_F=\lim\limits_{k\to\infty}\sqrt{6+\dfrac{1}{(k+1)^2}}=\sqrt{6}$，但是，因为数列 $\{(-1)^k\}$ 的极限不存在，所以矩阵序列的极限不存在。

矩阵序列极限运算具有以下基本性质。

性质 1：收敛矩阵序列的极限是唯一的。

性质 2：设 $\lim\limits_{k\to\infty}A^{(k)}=A$，$\lim\limits_{k\to\infty}B^{(k)}=B$，则 $\lim\limits_{k\to\infty}aA^{(k)}+bB^{(k)}=aA+bB$，$a,b\in C$。

证明：$\left\|aA^{(k)}+bB^{(k)}-aA-bB\right\|\leqslant|a|\left\|A^{(k)}-A\right\|+|b|\left\|B^{(k)}-B\right\|\to 0$。

证毕。

性质 3：设 $\lim\limits_{k\to\infty}\boldsymbol{A}^{(k)}=\boldsymbol{A}$，$\lim\limits_{k\to\infty}\boldsymbol{B}^{(k)}=\boldsymbol{B}$，其中 $\boldsymbol{A}^{(k)}\in C^{m\times l},\boldsymbol{B}^{(k)}\in C^{l\times n}$，那么 $\lim\limits_{k\to\infty}\boldsymbol{A}^{(k)}\boldsymbol{B}^{(k)}=\boldsymbol{AB}$。

证明：
$$\begin{aligned}\left\|\boldsymbol{A}^{(k)}\boldsymbol{B}^{(k)}-\boldsymbol{AB}\right\|&=\left\|\boldsymbol{A}^{(k)}\boldsymbol{B}^{(k)}-\boldsymbol{A}^{(k)}\boldsymbol{B}+\boldsymbol{A}^{(k)}\boldsymbol{B}-\boldsymbol{AB}\right\|\\&\leqslant\left\|\boldsymbol{A}^{(k)}\boldsymbol{B}^{(k)}-\boldsymbol{A}^{(k)}\boldsymbol{B}\right\|+\left\|\boldsymbol{A}^{(k)}\boldsymbol{B}-\boldsymbol{AB}\right\|\\&\leqslant\left\|\boldsymbol{A}^{(k)}-\boldsymbol{A}+\boldsymbol{A}\right\|\left\|\boldsymbol{B}^{(k)}-\boldsymbol{B}\right\|+\left\|\boldsymbol{A}^{(k)}-\boldsymbol{A}\right\|\left\|\boldsymbol{B}\right\|\\&\leqslant\left\|\boldsymbol{A}^{(k)}-\boldsymbol{A}\right\|\left\|\boldsymbol{B}^{(k)}-\boldsymbol{B}\right\|+\left\|\boldsymbol{A}\right\|\left\|\boldsymbol{B}^{(k)}-\boldsymbol{B}\right\|+\left\|\boldsymbol{A}^{(k)}-\boldsymbol{A}\right\|\left\|\boldsymbol{B}\right\|\to 0\end{aligned}$$

证毕。

性质 4：设 $\lim\limits_{k\to\infty}\boldsymbol{A}^{(k)}=\boldsymbol{A}$，$\boldsymbol{A}^{(k)}\in C^{m\times n},\boldsymbol{P}\in C^{m\times m},\boldsymbol{Q}\in C^{n\times n}$，那么 $\lim\limits_{k\to\infty}\boldsymbol{PA}^{(k)}\boldsymbol{Q}=\boldsymbol{PAQ}$。

证明：根据矩阵范数的相容性有

$$\left\|\boldsymbol{PA}^{(k)}\boldsymbol{Q}-\boldsymbol{PAQ}\right\|=\left\|\boldsymbol{P}(\boldsymbol{A}^{(k)}-\boldsymbol{A})\boldsymbol{Q}\right\|\leqslant\left\|\boldsymbol{P}\right\|\left\|\boldsymbol{A}^{(k)}-\boldsymbol{A}\right\|\left\|\boldsymbol{Q}\right\|\to 0$$

证毕。

性质 5：设 $\lim\limits_{k\to\infty}\boldsymbol{A}^{(k)}=\boldsymbol{A}$，且 $\{\boldsymbol{A}^{(k)}\},\boldsymbol{A}$ 均可逆，则 $\{(\boldsymbol{A}^{(k)})^{-1}\}$ 也收敛，且 $\lim\limits_{k\to\infty}(\boldsymbol{A}^{(k)})^{-1}=\boldsymbol{A}^{-1}$。

证明：
$$\begin{aligned}\left\|\boldsymbol{A}^{-1}-(\boldsymbol{A}^{(k)})^{-1}\right\|&=\left\|\boldsymbol{A}^{-1}-[\boldsymbol{A}+(\boldsymbol{A}^{(k)}-\boldsymbol{A})]^{-1}\right\|=\left\|\boldsymbol{A}^{-1}-[\boldsymbol{A}+\boldsymbol{A}\cdot\boldsymbol{A}^{-1}(\boldsymbol{A}^{(k)}-\boldsymbol{A})]^{-1}\right\|\\&=\left\|\boldsymbol{A}^{-1}\right\|\cdot\left\|\boldsymbol{I}-[\boldsymbol{I}-\boldsymbol{A}^{-1}(\boldsymbol{A}-\boldsymbol{A}^{(k)})]^{-1}\right\|\\&\leqslant\frac{\left\|\boldsymbol{A}^{-1}\right\|\left\|\boldsymbol{A}^{-1}(\boldsymbol{A}^{(k)}-\boldsymbol{A})\right\|}{1-\left\|\boldsymbol{A}^{-1}(\boldsymbol{A}^{(k)}-\boldsymbol{A})\right\|}\text{（根据定理 5.10）}\\&\leqslant\frac{\left\|\boldsymbol{A}^{-1}\right\|^2\left\|\boldsymbol{A}^{(k)}-\boldsymbol{A}\right\|}{1-\left\|\boldsymbol{A}^{-1}\right\|\left\|\boldsymbol{A}^{(k)}-\boldsymbol{A}\right\|}\to 0\end{aligned}$$

证毕。

例 6.2 构造一个收敛的二阶可逆矩阵序列，但是其极限矩阵不可逆。

解：取 $a_{11}^{(k)}=\dfrac{k+1}{3k}$，$a_{12}^{(k)}=\sqrt[k]{k}$，$a_{21}^{(k)}=\sqrt[k]{5}$，$a_{22}^{(k)}=\dfrac{3k^2-k}{k^2+2}$，显然每一个 $\boldsymbol{A}^{(k)}(k=1,2,\cdots)$ 均可逆，但是其极限矩阵 $\boldsymbol{A}=\lim\limits_{k\to\infty}\boldsymbol{A}^{(k)}=\begin{pmatrix}1/3 & 1\\ 1 & 3\end{pmatrix}$ 不可逆。

性质 6：设 $\lim\limits_{k\to\infty}\boldsymbol{A}^{(k)}=\boldsymbol{A}$，则 $\left\|\boldsymbol{A}^{(k)}\right\|$ 有界，其中 $\|\cdot\|$ 是 $C^{m\times n}$ 中任意一个范数。

证明：由 $\boldsymbol{A}^{(k)}\to\boldsymbol{A}\Rightarrow\left\|\boldsymbol{A}^{(k)}-\boldsymbol{A}\right\|_F\to 0\ (k\to\infty)$，根据微积分的知识可知，数列 $\left\|\boldsymbol{A}^{(k)}-\boldsymbol{A}\right\|_F$ 有界，即存在实数 $M_1\geqslant 0$，使 $\left\|\boldsymbol{A}^{(k)}-\boldsymbol{A}\right\|_F\leqslant M_1$，又知：

$$\left\|\boldsymbol{A}^{(k)}\right\|_F=\left\|\boldsymbol{A}^{(k)}-\boldsymbol{A}+\boldsymbol{A}\right\|_F\leqslant\left\|\boldsymbol{A}^{(k)}-\boldsymbol{A}\right\|_F+\left\|\boldsymbol{A}\right\|_F\leqslant M_1+\left\|\boldsymbol{A}\right\|_F=M_1+M_2$$

其中 $\left\|\boldsymbol{A}\right\|_F=M_2$ 是常数，即结论得证。

证毕。

下面介绍由方阵的幂构成的序列、收敛矩阵。

定义 6.2　设 $A\in C^{n\times n}$，若 $\lim\limits_{k\to\infty}A^k=\mathbf{0}$，则称 A 为收敛矩阵。

关于收敛矩阵，有以下判断定理。

定理 6.2　$\lim\limits_{k\to\infty}A^k=\mathbf{0}$ 的充要条件是 $\rho(A)<1$。

证明：设 A 的 Jordan 标准型 $J=\mathrm{diag}(J_1(\lambda_1),J_2(\lambda_2),\cdots,J_r(\lambda_r))$，这里 Jordan 块：

$$J_i(\lambda_i)=\begin{pmatrix}\lambda_i & 1 & & \\ & \lambda_i & \ddots & \\ & & \ddots & 1\\ & & & \lambda_i\end{pmatrix}_{d_i\times d_i},\quad (i=1,2,\cdots,r)$$

即存在可逆矩阵 P，使得 $A=PJP^{-1}$。于是 $A^k=P\mathrm{diag}(J_1^k(\lambda_1),J_2^k(\lambda_2),\cdots,J_r^k(\lambda_r))P^{-1}$，显然，$\lim\limits_{k\to\infty}A^k=\mathbf{0}$ 的充要条件是 $\lim\limits_{k\to\infty}J_i^k(\lambda_i)=\mathbf{0},i=1,2,\cdots,r$，又因：

$$J_i^k(\lambda_i)=\begin{pmatrix}\lambda_i^k & c_k^1\lambda_i^{k-1} & \cdots & c_k^{d_i-1}\lambda_i^{k-d_i+1}\\ & \lambda_i^k & \ddots & \vdots\\ & & \ddots & c_k^1\lambda_i^{k-1}\\ & & & \lambda_i^k\end{pmatrix}_{d_i\times d_i},\text{其中}\begin{cases}c_k^l=\dfrac{k(k-1)\cdots(k-l+1)}{l!} & (\text{当}\,l\leqslant k)\\ c_k^l=0 & (\text{当}\,l>k)\end{cases}$$

于是，$\lim\limits_{k\to\infty}J_i^k(\lambda_i)=\mathbf{0}$ 的充要条件是 $|\lambda_i|<1$。因此，$\lim\limits_{k\to\infty}A^k=\mathbf{0}$ 的充要条件是 $\rho(A)<1$。

证毕。

例 6.3　判断矩阵 $A=\begin{pmatrix}0.2 & 0.1 & 0.2\\ 0.5 & 0.5 & 0.4\\ 0.1 & 0.3 & 0.2\end{pmatrix}$ 是否为收敛矩阵。

解：根据定理 5.7 可知，$\rho(A)\leqslant\|A\|_1=0.9<1$，再根据定理 6.2 可得，所以矩阵 A 是收敛矩阵。

6.2 矩阵级数

定义 6.3　设 $A^{(k)}=(a_{ij}^k)_{m\times n}\in C^{m\times n}$，如果 mn 个常数项级数 $\sum\limits_{k=1}^{\infty}a_{ij}{}^{(k)},i=1,2,\cdots,m;j=1,2,\cdots,n$ 都收敛，则称矩阵级数 $\sum\limits_{k=1}^{\infty}A^{(k)}=A^{(1)}+A^{(2)}+\cdots+A^{(k)}+\cdots$ 收敛，否则称矩阵级数发散。如果 mn 个常数项级数 $\sum\limits_{k=1}^{\infty}a_{ij}{}^{(k)}$，$i=1,2,\cdots,m;j=1,2,\cdots,n$ 都绝对收敛，则称该矩阵级数绝对收敛。

例 6.4　设 $A^{(k)}=(a_{ij}^k)_{2\times 2}\in C^{2\times 2}$，其中：

$$\sum_{k=1}^{\infty}a_{11}{}^{(k)}=\sum_{k=1}^{\infty}\frac{1}{k(k+1)},\quad \sum_{k=1}^{\infty}a_{12}{}^{(k)}=0$$

$$\sum_{k=1}^{\infty} a_{21}^{(k)} = \sum_{k=1}^{\infty} \frac{\pi}{2^k},\quad \sum_{k=1}^{\infty} a_{22}^{(k)} = \sum_{k=1}^{\infty} \frac{\pi}{3\times 4^k}$$

那么矩阵级数 $\sum\limits_{k=1}^{\infty} \boldsymbol{A}^{(k)} = \boldsymbol{A}^{(1)} + \boldsymbol{A}^{(2)} + \cdots + \boldsymbol{A}^{(k)} + \cdots$ 是收敛的，而且是绝对收敛的。

解：写出每一个数项级数的部分和

$$S_n = \sum_{k=1}^{n} \boldsymbol{A}^{(k)} = \begin{pmatrix} \sum\limits_{k=1}^{n} \dfrac{1}{k(k+1)} & 0 \\ \sum\limits_{k=1}^{n} \dfrac{\pi}{2^k} & \sum\limits_{k=1}^{n} \dfrac{\pi}{3\times 4^k} \end{pmatrix} = \begin{pmatrix} \dfrac{n}{n+1} & 0 \\ \pi\left(1-\dfrac{1}{2^n}\right) & \dfrac{\pi}{9}\left(1-\dfrac{1}{4^n}\right) \end{pmatrix}$$

当 $n\to\infty$ 时，$S = \lim\limits_{n\to\infty} S_n = \begin{pmatrix} 1 & 0 \\ \pi & \dfrac{\pi}{9} \end{pmatrix}$，结论显然成立。

下面介绍一个判断矩阵级数收敛的重要定理。

定理 6.3 设 $\boldsymbol{A}^{(k)} = (a_{ij}^{k})_{m\times n} \in C^{m\times n}$，则矩阵级数 $\sum\limits_{k=1}^{\infty} \boldsymbol{A}^{(k)} = \boldsymbol{A}^{(1)} + \boldsymbol{A}^{(2)} + \cdots + \boldsymbol{A}^{(k)} + \cdots$ 绝对收敛的充分必要条件是正项级数 $\sum\limits_{k=1}^{\infty} \left\|\boldsymbol{A}^{(k)}\right\| = \left\|\boldsymbol{A}^{(1)}\right\| + \left\|\boldsymbol{A}^{(2)}\right\| + \cdots + \left\|\boldsymbol{A}^{(k)}\right\| + \cdots$ 收敛，其中 $\|\boldsymbol{A}\|$ 为任意一种矩阵范数。

证明：取矩阵范数 $\left\|\boldsymbol{A}^{(k)}\right\| = \sum\limits_{i=1}^{m}\sum\limits_{j=1}^{n} \left|a_{ij}^{(k)}\right|$，那么对每一对 i,j 都有 $\left\|\boldsymbol{A}^{(k)}\right\| \geqslant \left|a_{ij}^{(k)}\right|$，因此如果 $\sum\limits_{k=1}^{\infty} \left\|\boldsymbol{A}^{(k)}\right\| = \left\|\boldsymbol{A}^{(1)}\right\| + \left\|\boldsymbol{A}^{(2)}\right\| + \cdots + \left\|\boldsymbol{A}^{(k)}\right\| + \cdots$ 收敛，则对每一对 i,j，常数项级数 $\sum\limits_{k=1}^{\infty} \left|a_{ij}^{(k)}\right| = \left|a_{ij}^{(1)}\right| + \left|a_{ij}^{(2)}\right| + \cdots + \left|a_{ij}^{(k)}\right| + \cdots$ 都是收敛的，于是矩阵级数 $\sum\limits_{k=1}^{\infty} \boldsymbol{A}^{(k)} = \boldsymbol{A}^{(1)} + \boldsymbol{A}^{(2)} + \cdots + \boldsymbol{A}^{(k)} + \cdots$ 绝对收敛。

反之，若矩阵级数 $\sum\limits_{k=1}^{\infty} \boldsymbol{A}^{(k)} = \boldsymbol{A}^{(1)} + \boldsymbol{A}^{(2)} + \cdots + \boldsymbol{A}^{(k)} + \cdots$ 绝对收敛，则对每一对 i,j，都有 $\sum\limits_{k=1}^{\infty} \left|a_{ij}^{(k)}\right| < \infty$，于是 $\sum\limits_{k=1}^{\infty} \left\|\boldsymbol{A}^{(k)}\right\| = \sum\limits_{k=1}^{\infty}\sum\limits_{i=1}^{m}\sum\limits_{j=1}^{n} \left|a_{ij}^{(k)}\right| = \sum\limits_{i=1}^{m}\sum\limits_{j=1}^{n}\sum\limits_{k=1}^{\infty} \left|a_{ij}^{(k)}\right| < \infty$，根据范数等价性定理知结论对任何一种范数都正确。

证毕。

矩阵级数具有以下基本性质：设 $\sum_{k=0}^{\infty} \boldsymbol{A}^{(k)} = \boldsymbol{A}$，$\sum_{k=0}^{\infty} \boldsymbol{B}^{(k)} = \boldsymbol{B}$，这里 $\boldsymbol{A}^{(k)}, \boldsymbol{B}^{(k)}, \boldsymbol{A}, \boldsymbol{B} \in C^{m\times n}, k = 0,1,\cdots$。

性质 7：$\sum_{k=0}^{\infty} (\boldsymbol{A}^{(k)} + \boldsymbol{B}^{(k)}) = \boldsymbol{A} + \boldsymbol{B}$。

性质 8：$\forall \lambda \in C$，$\sum_{k=0}^{\infty} \lambda \boldsymbol{A}^{(k)} = \lambda \boldsymbol{A}$。

性质 9：绝对收敛的矩阵级数必收敛，并且任意调换其项的顺序所得的矩阵级数仍收敛，且其和不变。

性质 10：若矩阵级数 $\sum_{k=0}^{\infty}\boldsymbol{A}^{(k)}$ 收敛(或绝对收敛)，则矩阵级数 $\sum_{k=0}^{\infty}\boldsymbol{P}\boldsymbol{A}^{(k)}\boldsymbol{Q}$ 也收敛(或绝对收敛)，并且有 $\sum_{k=0}^{\infty}\boldsymbol{P}\boldsymbol{A}^{(k)}\boldsymbol{Q}=\boldsymbol{P}(\sum_{k=0}^{\infty}\boldsymbol{A}^{(k)})\boldsymbol{Q}$。

以上性质的证明都非常容易，可以参考前面性质 1～6 的证明过程。

性质 11：若 $\sum_{k=0}^{\infty}\boldsymbol{A}^{(k)}$ 与 $\sum_{k=0}^{\infty}\boldsymbol{B}^{(k)}$ 均绝对收敛，则它们按项相乘所得的矩阵级数 $\boldsymbol{A}^{(0)}\boldsymbol{B}^{(0)}+(\boldsymbol{A}^{(0)}\boldsymbol{B}^{(1)}+\boldsymbol{A}^{(1)}\boldsymbol{B}^{(0)})+\cdots+(\boldsymbol{A}^{(0)}\boldsymbol{B}^{(k)}+\cdots+\boldsymbol{A}^{(k)}\boldsymbol{B}^{(0)})+\cdots$ 也绝对收敛，且其和为 $\boldsymbol{AB}$。

证明：记 $\sum_{k=0}^{\infty}\left\|\boldsymbol{A}^{(k)}\right\|=\sigma_1$，$\sum_{k=0}^{\infty}\left\|\boldsymbol{B}^{(k)}\right\|=\sigma_2$，考察矩阵级数

$$\boldsymbol{A}^{(0)}\boldsymbol{B}^{(0)}+(\boldsymbol{A}^{(0)}\boldsymbol{B}^{(1)}+\boldsymbol{A}^{(1)}\boldsymbol{B}^{(0)})+\cdots+(\boldsymbol{A}^{(0)}\boldsymbol{B}^{(k)}+\cdots+\boldsymbol{A}^{(k)}\boldsymbol{B}^{(0)})+\cdots$$

的通项的矩阵范数

$$\left\|\boldsymbol{A}^{(0)}\boldsymbol{B}^{(k)}+\cdots+\boldsymbol{A}^{(k)}\boldsymbol{B}^{(0)}\right\|\leqslant\left\|\boldsymbol{A}^{(0)}\right\|\left\|\boldsymbol{B}^{(k)}\right\|+\cdots+\left\|\boldsymbol{A}^{(k)}\right\|\left\|\boldsymbol{B}^{(0)}\right\|$$

根据绝对收敛的正项级数按项相乘做成的级数也绝对收敛，所以级数 $\boldsymbol{A}^{(0)}\boldsymbol{B}^{(0)}+(\boldsymbol{A}^{(0)}\boldsymbol{B}^{(1)}+\boldsymbol{A}^{(1)}\boldsymbol{B}^{(0)})+\cdots+(\boldsymbol{A}^{(0)}\boldsymbol{B}^{(k)}+\cdots+\boldsymbol{A}^{(k)}\boldsymbol{B}^{(0)})+\cdots$ 绝对收敛。

记部分和 $S_1^{(n)}=\sum_{k=0}^{n}\boldsymbol{A}^{(k)}$，$S_2^{(n)}=\sum_{k=0}^{n}\boldsymbol{B}^{(k)}$，$S_3^{(n)}=\sum_{k=0}^{n}(\boldsymbol{A}^{(0)}\boldsymbol{B}^{(k)}+\cdots+\boldsymbol{A}^{(k)}\boldsymbol{B}^{(0)})$，则

$$S_1^{(n)}S_2^{(n)}-S_3^{(n)}=\boldsymbol{A}^{(1)}\boldsymbol{B}^{(n)}+\boldsymbol{A}^{(2)}\boldsymbol{B}^{(n-1)}+\cdots+\boldsymbol{A}^{(n)}\boldsymbol{B}^{(1)}+\cdots+\boldsymbol{A}^{(n)}\boldsymbol{B}^{(n)}$$

分别记

$$\sigma_1^n=\sum_{k=0}^{n}\left\|\boldsymbol{A}^{(k)}\right\|$$

$$\sigma_2^n=\sum_{k=0}^{n}\left\|\boldsymbol{B}^{(k)}\right\|$$

$$\sigma_3^n=\sum_{k=0}^{n}\left(\left\|\boldsymbol{A}^{(0)}\right\|\left\|\boldsymbol{B}^{(k)}\right\|+\left\|\boldsymbol{A}^{(1)}\right\|\left\|\boldsymbol{B}^{(k-1)}\right\|+\cdots+\left\|\boldsymbol{A}^{(k)}\right\|\left\|\boldsymbol{B}^{(0)}\right\|\right)$$

由矩阵范数的三角不等式及相容性有：

$$\left\|S_1^{(n)}S_2^{(n)}-S_3^{(n)}\right\|\leqslant\sigma_1^n\sigma_1^n-\sigma_3^n$$

最后再由 $\lim\limits_{n\to\infty}S_1^{(n)}S_2^{(n)}=\boldsymbol{AB}$，$\lim\limits_{n\to\infty}(\sigma_1^n\sigma_1^n-\sigma_3^n)=0$，可得：

$$\lim_{n\to\infty}S_3^{(n)}=\boldsymbol{AB}$$

证毕。

6.3　矩阵幂级数

定义 6.4　设 $\boldsymbol{A}^{(k)}=(a_{ij}^k)_{n\times n}\in C^{n\times n}$，称形如 $\sum\limits_{k=0}^{\infty}c_k\boldsymbol{A}^k=c_0\boldsymbol{I}+c_1\boldsymbol{A}+c_2\boldsymbol{A}^2+\cdots+c_k\boldsymbol{A}^k+\cdots$ 的矩阵级数为矩阵幂级数。

定理 6.4 设幂级数 $\sum_{k=0}^{\infty} c_k x^k$ 的收敛半径为 R，A 为 n 阶方阵。若谱半径 $\rho(A)<R$，则矩阵幂级数 $\sum_{k=0}^{\infty} c_k A^k$ 绝对收敛；若 $\rho(A)>R$，则 $\sum_{k=0}^{\infty} c_k A^k$ 发散。

证明：设 A 的 Jordan 标准型为 $J=\mathrm{diag}(J_1(\lambda_1),J_2(\lambda_2),\cdots,J_r(\lambda_r))$，其中：

$$J_i(\lambda_i)=\begin{pmatrix} \lambda_i & 1 & & \\ & \lambda_i & \ddots & \\ & & \ddots & 1 \\ & & & \lambda_i \end{pmatrix}_{d_i\times d_i},\ (i=1,2,\cdots,r)$$

于是 $A^k=P\mathrm{diag}(J_1^k(\lambda_1),J_2^k(\lambda_2),\cdots,J_r^k(\lambda_r))P^{-1}$，这里：

$$J_i^k(\lambda_i)=\begin{pmatrix} \lambda_i^k & c_k^1\lambda_i^{k-1} & \cdots & c_k^{d_i-1}\lambda_i^{k-d_i+1} \\ & \lambda_i^k & \ddots & \vdots \\ & & \ddots & c_k^1\lambda_i^{k-1} \\ & & & \lambda_i^k \end{pmatrix}_{d_i\times d_i}$$

所以：

$$\begin{aligned}\sum_{k=0}^{\infty} c_k A^k &= \sum_{k=0}^{\infty} c_k PJ^kP^{-1}=P\left(\sum_{k=0}^{\infty} c_k J^k\right)P^{-1} \\ &= P\mathrm{diag}\left(\sum_{k=0}^{\infty} c_k J_1^k(\lambda_1),\sum_{k=0}^{\infty} c_k J_2^k(\lambda_2),\cdots,\sum_{k=0}^{\infty} c_k J_r^k(\lambda_r)\right)P^{-1}\end{aligned}$$

其中 $\sum_{k=0}^{\infty} c_k J_i^k(\lambda_i)=\begin{pmatrix} \sum_{k=0}^{\infty} c_k\lambda_i^k & \sum_{k=0}^{\infty} c_k c_k^1\lambda_i^{k-1} & \cdots & \sum_{k=0}^{\infty} c_k c_k^{d_i-1}\lambda_i^{k-d_i+1} \\ & \sum_{k=0}^{\infty} c_k\lambda_i^k & \ddots & \vdots \\ & & \ddots & \sum_{k=0}^{\infty} c_k c_k^1\lambda_i^{k-1} \\ & & & \sum_{k=0}^{\infty} c_k\lambda_i^k \end{pmatrix}_{d_i\times d_i}$。

当 $\rho(A)<R$ 时，幂级数 $\sum_{k=0}^{\infty} c_k\lambda_i^k,\sum_{k=0}^{\infty} c_k c_k^1\lambda_i^{k-1},\cdots,\sum_{k=0}^{\infty} c_k c_k^{d_i-1}\lambda_i^{k-d_i-1}$ 都是绝对收敛的，故矩阵幂级数 $\sum_{k=0}^{\infty} c_k A^k$ 绝对收敛；

当 $\rho(A)>R$ 时，幂级数 $\sum_{k=0}^{\infty} c_k\lambda_i^k$ 发散，所以 $\sum_{k=0}^{\infty} c_k A^k$ 发散。

证毕。

推论 6.2　矩阵幂级数 $\boldsymbol{I}+\boldsymbol{A}+\boldsymbol{A}^2+\cdots+\boldsymbol{A}^k+\cdots$ 绝对收敛的充分必要条件是 $\rho(\boldsymbol{A})<1$，且其和 $(\boldsymbol{I}-\boldsymbol{A})^{-1}$，称此矩阵幂级数为 Neumann 级数。

例 6.5　(1) 求下面级数的收敛半径：

$$\sum_{k=1}^{\infty}\frac{x^k}{2^k\cdot k}=\frac{x}{2\cdot 1}+\frac{x^2}{2^2\cdot 2}+\frac{x^3}{2^3\cdot 3}+\cdots+\frac{x^k}{2^k\cdot k}+\cdots$$

(2) 设 $\boldsymbol{A}=\begin{pmatrix}1 & 4\\ -1 & -3\end{pmatrix}$，判断矩阵幂级数 $\sum_{k=1}^{\infty}\frac{\boldsymbol{A}^k}{2^k\cdot k}$ 的敛散性。

解：(1) 设此数项级数的收敛半径为 R，利用比值判别法 $\lim_{k\to\infty}\left|\frac{a_{k+1}}{a_k}\right|=\frac{1}{R}$，容易求得此级数的收敛半径为 2。

(2) 简单计算，得到 $\rho(\boldsymbol{A})=1$。所以由定理 6.4 可知矩阵幂级数收敛。

定理 6.4 中，当谱半径 $\rho(\boldsymbol{A})$ 等于收敛半径 R 时，矩阵幂级数可能收敛，但不是绝对收敛；当然，也可能发散。这里仅举例说明：取两个幂级数 $\sum_{k=1}^{\infty}\frac{(-1)^k}{k^2}$，$\sum_{k=1}^{\infty}\frac{1}{k^2}$，矩阵 $\boldsymbol{A}=\begin{pmatrix}1 & 1\\ 0 & 1\end{pmatrix}$，具体验证读者可以自行完成。

6.4　矩 阵 函 数

本节以 6.3 节的矩阵级数知识为基础，给出了矩阵函数的定义。

定义 6.5　设 $\boldsymbol{A}\in C^{n\times n}$，一元函数 $f(x)$ 能够展开成关于 x 的幂级数 $f(x)=\sum_{k=0}^{\infty}c_k x^k$ $(|x|<R)$，这里，R 表示该幂级数的收敛半径。当矩阵 $\boldsymbol{A}$ 的谱半径 $\rho(\boldsymbol{A})<R$ 时，我们将收敛的矩阵幂级数 $\sum_{k=0}^{\infty}c_k\boldsymbol{A}^k$ 的和定义为矩阵函数，一般记为 $f(\boldsymbol{A})$，即

$$f(\boldsymbol{A})=\sum_{k=0}^{\infty}c_k\boldsymbol{A}^k$$

根据微积分中的知识，可以知道，当 $|x|<+\infty$ 时，有以下常用的函数展开式。

$$\mathrm{e}^x=1+x+\frac{1}{2!}x^2+\cdots+\frac{1}{n!}x^n+\cdots$$

$$\sin x=x-\frac{1}{3!}x^3+\frac{1}{5!}x^5-\cdots+(-1)^n\frac{1}{(2n+1)!}x^{2n+1}+\cdots$$

$$\cos x=1-\frac{1}{2!}x^2+\frac{1}{4!}x^4-\cdots+(-1)^n\frac{1}{(2n)!}x^{2n}+\cdots$$

根据 6.3 节的定理，我们知道对于任意的矩阵 $\boldsymbol{A}\in C^{n\times n}$，上述 3 个矩阵幂级数都是绝

对收敛的，它们的和分别记作：

$$e^{A}=I+A+\frac{1}{2!}A^{2}+\cdots+\frac{1}{n!}A^{n}+\cdots=\sum_{k=0}^{\infty}\frac{A^{k}}{k!}$$

称之为矩阵指数函数。

$$\sin A=A-\frac{1}{3!}A^{3}+\frac{1}{5!}A^{5}-\cdots+(-1)^{n}\frac{1}{(2n+1)!}A^{2n+1}+\cdots=\sum_{k=0}^{\infty}\frac{(-1)^{k}}{(2k+1)!}A^{2k+1}$$

$$\cos A=I-\frac{1}{2!}A^{2}+\frac{1}{4!}A^{4}-\cdots+(-1)^{n}\frac{1}{(2n)!}A^{2n}+\cdots=\sum_{k=0}^{\infty}\frac{(-1)^{k}}{(2k)!}A^{2k}$$

称它们为矩阵三角函数。

对于任意的矩阵 $A\in C^{n\times n}$，当 $\rho(A)<1$ 时，还有以下两类常见的矩阵函数。

$$(I-A)^{-1}=I+A+A^{2}+A^{3}+\cdots+A^{n}+\cdots=\sum_{k=0}^{\infty}A^{k}$$

$$\ln(I+A)=A-\frac{1}{2}A^{2}+\frac{1}{3}A^{3}-\frac{1}{4}A^{4}+\cdots+(-1)^{n+1}\frac{1}{n}A^{n}+\cdots=\sum_{k=0}^{\infty}\frac{(-1)^{k}}{k+1}A^{k+1}$$

通过定义，可以验证以下结论成立。

定理 6.5 设 $A,B\in C^{n\times n}$，那么当 $AB=BA$ 时，有：

(1) $e^{A+B}=e^{A}e^{B}=e^{B}e^{A}$；

(2) $\sin(A+B)=\sin A\cos B+\cos A\sin A$；

(3) $\sin 2A=2\sin A\cos A$；

(4) $\cos(A+B)=\cos A\cos B-\sin A\sin B$；

(5) $\cos 2A=\cos^{2}A-\sin^{2}A$。

证明：首先证明第一个等式：

$$\begin{aligned}e^{A}e^{B}&=\left(I+A+\frac{1}{2!}A^{2}+\cdots+\frac{1}{k!}A^{k}+\cdots\right)\left(I+B+\frac{1}{2!}B^{2}+\cdots+\frac{1}{k!}B^{k}+\cdots\right)\\&=I+(A+B)+\frac{1}{2!}(A^{2}+AB+BA+B^{2})+\frac{1}{3!}(A^{3}+3A^{2}B+3AB^{2}+B^{3})+\cdots\\&=I+(A+B)+\frac{1}{2!}(A+B)^{2}+\cdots+\frac{1}{k!}(A+B)^{k}+\cdots\end{aligned}$$

现在证明第二个等式：

$$\begin{aligned}\sin(A+B)&=\frac{1}{2i}(e^{i(A+B)}-e^{-i(A+B)})=\frac{1}{2i}(e^{iA}e^{iB}-e^{-iA}e^{-iB})\\&=\frac{1}{4i}(e^{iA}-e^{-iA})(e^{iB}+e^{-iB})+\frac{1}{4i}(e^{iA}+e^{-iA})(e^{iB}-e^{-iB})\\&=\sin A\cos B+\cos A\sin B\end{aligned}$$

同样可以证明其余的结论。

证毕。

注意：这里矩阵 A 与 B 的交换性条件是必不可少的。下面举例说明：设 $A=\begin{pmatrix}1&-1\\0&0\end{pmatrix}$，$B=\begin{pmatrix}1&1\\0&0\end{pmatrix}$，那么容易计算 $A=A^2=A^3=\cdots, B=B^2=B^3=\cdots$，并且 $A+B=\begin{pmatrix}2&0\\0&0\end{pmatrix}$，$(A+B)^k=2^{k-1}(A+B)$，$k\geqslant 1$，于是有：

$$e^A=I+(e-1)A=\begin{pmatrix}e&1-e\\0&1\end{pmatrix}$$

$$e^B=I+(e-1)B=\begin{pmatrix}e&e-1\\0&1\end{pmatrix}$$

故有：

$$e^Ae^B=\begin{pmatrix}e^2&(e-1)^2\\0&1\end{pmatrix}$$

$$e^Be^A=\begin{pmatrix}e^2&-(e-1)^2\\0&1\end{pmatrix}$$

$$e^{A+B}=I+\frac{1}{2}(e^2-1)(A+B)=\begin{pmatrix}e^2&0\\0&1\end{pmatrix}$$

显然 e^Ae^B, e^Be^A, e^{A+B} 三者互不相等。

根据定义和定理 6.5，很容易推出下面的结论成立：

(1) $e^{O_{n\times n}}=I_{n\times n}$；

(2) $e^Ae^{-A}=e^{-A}e^A=I$；

(3) $e^{iA}=\cos A+i\sin A$；

(4) $\cos A=\frac{1}{2}(e^{iA}+e^{-iA})$；

(5) $\sin A=\frac{1}{2}(e^{iA}-e^{-iA})$；

(6) $\sin(-A)=-\sin A$；

(7) $\cos(-A)=\cos A$；

(8) $\sin^2 A+\cos^2 A=I$。

根据定义可以看出，矩阵函数值的求解是一个计算量非常大的问题。下面介绍 3 种矩阵函数值的求解方法。

方法 1：利用待定系数法。

定义 6.6　已知 $A\in C^{n\times n}$ 和关于变量 x 的多项式 $f(x)=a_nx^n+a_{n-1}x^{n-1}+\cdots+a_1x+a_0$，如果满足 $f(A)=O_{n\times n}$，那么称 $f(x)$ 为矩阵 A 的一个零化多项式。

根据 Hamilton-Cayley 定理，我们知道矩阵 A 的特征多项式是一个零化多项式。

定义 6.7　已知 $A\in C^{n\times n}$，在 A 的零化多项式中，次数最低且首项系数为 1 的零化多项式称为的最小多项式，通常记为 $m(\lambda)$。

这里不加证明地介绍几个最小多项式具有的基本性质。已知 $A \in C^{n\times n}$，那么：

(1)矩阵 A 的最小多项式是唯一的；

(2)矩阵 A 的任何一个零化多项式均能被 $m(\lambda)$ 整除；

(3)相似矩阵有相同的最小多项式。

那么，如何求一个矩阵的最小多项式？首先考虑 Jordan 标准型矩阵的最小多项式。

例 6.6 已知一个 Jordan 块 $J_i = \begin{pmatrix} \lambda_i & 1 & & \\ & \lambda_i & \ddots & \\ & & \ddots & 1 \\ & & & \lambda_i \end{pmatrix}_{d_i \times d_i}$，求其最小多项式。

解：注意到其特征多项式为 $f(\lambda) = (\lambda - \lambda_i)^{d_i}$，则由 Hamilton-Cayley 定理可知其最小多项式一定具有如下形状 $m(\lambda) = (\lambda - \lambda_i)^k$，其中 $1 \leqslant k \leqslant d_i$。但是当 $k < d_i$ 时：

$$m(J_i) = (J_i - \lambda_i I)^k = \begin{pmatrix} 0 & 0 & \cdots & 1 & \cdots & 0 \\ & 0 & 0 & \ddots & \ddots & \cdots \\ & & 0 & \ddots & \ddots & 1 \\ & & & \ddots & 0 & \cdots \\ & & & & 0 & 0 \\ & & & & & 0 \end{pmatrix} \neq O_{d_i \times d_i}$$

因此有 $m(\lambda) = (\lambda - \lambda_i)^{d_i}$。

例 6.7 求矩阵 $A = \begin{pmatrix} 3 & 1 & 0 & 0 \\ 0 & 3 & 0 & 0 \\ 0 & 0 & 3 & 0 \\ 0 & 0 & 0 & 5 \end{pmatrix}$ 的最小多项式。

解：由于此矩阵本身就是一个 Jordan 标准型，所以其最小多项式 $m(x) = (x-5)(x-3)^2$。

设矩阵 $A \in C^{n\times n}$ 的最小多项式为 $m(\lambda) = (\lambda - \lambda_1)^{d_1}(\lambda - \lambda_2)^{d_2}\cdots(\lambda - \lambda_r)^{d_r}$，其中 $\lambda_1, \lambda_2, \cdots, \lambda_r$ 为矩阵 A 的 r 个互异特征值，且 $d_i \geqslant 1 (i = 1, 2\cdots, r)$，$\sum_{i=1}^{r} d_i = m$。

如何寻找多项式 $p(x)$ 使得 $p(A)$ 与所求的矩阵函数 $f(A)$ 完全相同？根据计算方法中的 Hermite 插值多项式定理可知，在众多的多项式中有一个次数为 $m-1$ 次的多项式：

$$p(x) = a_{m-1}x^{m-1} + a_{m-2}x^{m-2} + \cdots + a_1 x + a_0$$

且满足条件 $p^{(k)}(\lambda_i) = f^{(k)}(\lambda_i), i = 1, 2, \cdots, r;\ \ k = 1, 2, \cdots, d_i - 1$，这里 $p^{(k)}(\cdot)$ 和 $f^{(k)}(\cdot)$ 分别表示函数 $p(\cdot)$ 和 $f(\cdot)$ 的 k 阶导数。这样，多项式 $p(x) = a_{m-1}x^{m-1} + a_{m-2}x^{m-2} + \cdots + a_1 x + a_0$ 中的系数 $a_{m-1}, a_{m-2}, \cdots, a_1, a_0$ 完全可以通过关系式：

$$p^{(k)}(\lambda_i) = f^{(k)}(\lambda_i), i = 1, 2, \cdots, r;\quad k = 1, 2, \cdots, d_i - 1$$

确定出来，则称 $f(A) = a_{m-1}A^{m-1} + a_{m-2}A^{m-2} + \cdots + a_1 A + a_0 I$ 为矩阵函数 $f(A)$ 的多项式表示。

例 6.8 基于例 6.7，求 $f(A)$ 的多项式表示并且计算 $e^{tA}, \sin \pi A, \cos \pi A$。

解：根据例 6.7 可知，矩阵 $\boldsymbol{A}$ 的最小多项式为 $m(x)=(x-5)(x-3)^2$。这是一个 3 次多项式，从而存在一个次数为 2 的多项式：

$$p(x)=a_2x^2+a_1x+a_0$$

且满足 $p(3)=f(3), p(5)=f(5)$，$p'(3)=f'(3)$，计算可得如下 3 个方程：

$$\begin{aligned}f(3)&=9a_2+3a_1+a_0\\ f(5)&=25a_2+5a_1+a_0\\ f'(3)&=6a_2+a_1\end{aligned}$$

解得：

$$\begin{aligned}a_0&=\frac{9}{4}f(5)-\frac{5}{4}f(3)-\frac{15}{2}f'(3)\\ a_1&=-\frac{3}{2}f(5)+\frac{3}{2}f(3)+4f'(3)\\ a_2&=\frac{1}{4}f(5)-\frac{1}{4}f(3)-\frac{1}{2}f'(3)\end{aligned}$$

所以其多项式表示为

$$f(\boldsymbol{A})=a_2\boldsymbol{A}^2+a_1\boldsymbol{A}+a_0\boldsymbol{I}=\begin{pmatrix}f(3) & f'(3) & & \\ & f(3) & & \\ & & f(3) & \\ & & & f(5)\end{pmatrix}$$

当 $f(x)=\mathrm{e}^{tx}$ 时，可得 $f(3)=\mathrm{e}^{3t}, f(5)=\mathrm{e}^{5t}, f'(3)=t\mathrm{e}^{3t}$，于是有：

$$\mathrm{e}^{t\boldsymbol{A}}=\begin{pmatrix}\mathrm{e}^{3t} & t\mathrm{e}^{3t} & & \\ & \mathrm{e}^{3t} & & \\ & & \mathrm{e}^{3t} & \\ & & & \mathrm{e}^{5t}\end{pmatrix}$$

当 $f(x)=\sin\pi x$ 时，可得 $f(3)=0, f(5)=0, f'(3)=\pi$，于是有：

$$\sin\pi\boldsymbol{A}=\begin{pmatrix}0 & \pi & & \\ & 0 & & \\ & & 0 & \\ & & & 0\end{pmatrix}$$

类似得到

$$\cos\pi\boldsymbol{A}=\begin{pmatrix}-1 & 0 & & \\ & -1 & & \\ & & -1 & \\ & & & -1\end{pmatrix}$$

方法 2：利用相似对角化。

设矩阵 $\boldsymbol{A}$ 相似于对角矩阵，即存在可逆矩阵 $\boldsymbol{P}$，满足：

$$\boldsymbol{A}=\boldsymbol{P}\boldsymbol{\Lambda}\boldsymbol{P}^{-1}=\boldsymbol{P}\begin{pmatrix}\lambda_1 & & & \\ & \lambda_2 & & \\ & & \ddots & \\ & & & \lambda_n\end{pmatrix}\boldsymbol{P}^{-1}$$

则有：

$$f(\boldsymbol{A})=\sum_{k=0}^{\infty}c_k\boldsymbol{A}^k=\sum_{k=0}^{\infty}c_k(\boldsymbol{P}\boldsymbol{\Lambda}\boldsymbol{P}^{-1})^k=\boldsymbol{P}\left(\sum_{k=0}^{\infty}c_k\boldsymbol{\Lambda}^k\right)\boldsymbol{P}^{-1}$$

$$=\boldsymbol{P}\begin{pmatrix}\sum_{k=0}^{+\infty}c_k\lambda_1^k & & & \\ & \sum_{k=0}^{+\infty}c_k\lambda_1^k & & \\ & & \ddots & \\ & & & \sum_{k=0}^{+\infty}c_k\lambda_n^k\end{pmatrix}\boldsymbol{P}^{-1}=\boldsymbol{P}\begin{pmatrix}f(\lambda_1) & & & \\ & f(\lambda_2) & & \\ & & \ddots & \\ & & & f(\lambda_n)\end{pmatrix}\boldsymbol{P}^{-1}$$

例 6.9 设 $\boldsymbol{A}=\begin{pmatrix}4 & 6 & 0\\ -3 & -5 & 0\\ -3 & -6 & 1\end{pmatrix}$，求 $\mathrm{e}^{\boldsymbol{A}},\mathrm{e}^{t\boldsymbol{A}}(t\in R),\cos\boldsymbol{A}$。

解：该矩阵的特征多项式为 $\phi(t)=\begin{vmatrix}\lambda-4 & -6 & 0\\ 3 & \lambda+5 & 0\\ 3 & 6 & \lambda-1\end{vmatrix}=(\lambda-1)^2(\lambda+2)$，求得特征值 $\lambda_1=-2$，$\lambda_2=\lambda_3=1$，对应的特征向量 $\boldsymbol{x}_1=\begin{pmatrix}-1\\ 1\\ 1\end{pmatrix}$ $\boldsymbol{x}_2=\begin{pmatrix}-2\\ 1\\ 0\end{pmatrix}$ $\boldsymbol{x}_3=\begin{pmatrix}0\\ 0\\ 1\end{pmatrix}$，得到相似变换矩阵 $\boldsymbol{P}=\begin{pmatrix}-1 & -2 & 0\\ 1 & 1 & 0\\ 1 & 0 & 1\end{pmatrix}$，及其逆矩阵 $\boldsymbol{P}^{-1}=\begin{pmatrix}1 & 2 & 0\\ -1 & -1 & 0\\ -1 & -2 & 1\end{pmatrix}$，则有：

$$\boldsymbol{A}=\boldsymbol{P}\begin{pmatrix}-2 & 0 & 0\\ 0 & 1 & 0\\ 0 & 0 & 1\end{pmatrix}\boldsymbol{P}^{-1}$$

因此有：

$$\mathrm{e}^{\boldsymbol{A}}=\boldsymbol{P}\begin{pmatrix}\mathrm{e}^{-2} & 0 & 0\\ 0 & \mathrm{e} & 0\\ 0 & 0 & \mathrm{e}\end{pmatrix}\boldsymbol{P}^{-1}=\begin{pmatrix}2\mathrm{e}-\mathrm{e}^{-2} & 2\mathrm{e}-2\mathrm{e}^{-2} & 0\\ \mathrm{e}^{-2}-\mathrm{e} & 2\mathrm{e}^{-2}-\mathrm{e} & 0\\ \mathrm{e}^{-2}-\mathrm{e} & 2\mathrm{e}^{-2}-2\mathrm{e} & \mathrm{e}\end{pmatrix}$$

$$e^{tA}=P\begin{pmatrix}e^{-2t}&0&0\\0&e^{t}&0\\0&0&e^{t}\end{pmatrix}P^{-1}=\begin{pmatrix}2e^{t}-e^{-2t}&2e^{t}-2e^{-2t}&0\\e^{-2t}-e^{t}&2e^{-2t}-e^{t}&0\\e^{-2t}-e^{t}&2e^{-2t}-2e^{t}&e^{t}\end{pmatrix}$$

$$\cos A=P\begin{pmatrix}\cos(-2)&0&0\\0&\cos 1&0\\0&0&\cos 1\end{pmatrix}P^{-1}$$

前面的知识告诉我们，经过相似变换能够变成对角矩阵的矩阵通常都满足比较苛刻的条件，所以产生了下面的方法。

方法 3：利用 Jordan 标准型。

设 $A\in C^{n\times n}$，J 为矩阵 A 的 Jordan 标准型，P 为其相似变换矩阵且使得：

$A=PJP^{-1}=P\mathrm{diag}(J_1,J_2,\cdots,J_r)P^{-1}$，其中 $J_i(\lambda_i)=\begin{pmatrix}\lambda_i&1&&\\&\lambda_i&\ddots&\\&&\ddots&1\\&&&\lambda_i\end{pmatrix}_{d_i\times d_i}$，$(i=1,2,\cdots,r)$，那么

$f(A)=Pf(J)P^{-1}=P\mathrm{diag}(f(J_1),f(J_2),\cdots,f(J_r))P^{-1}$ 称为矩阵函数 $f(A)$ 的 Jordan 表示，这里

$$f(J_i)=\begin{pmatrix}f(\lambda_i)&f'(\lambda_i)&\frac{1}{2!}f''(\lambda_i)&\cdots&\cdots&\frac{1}{(d_i-1)!}f^{(d_i-1)}(\lambda_i)\\&f(\lambda_i)&&\ddots&\ddots&\vdots\\&\ddots&\ddots&&\ddots&\vdots&\ddots\\&&\ddots&\ddots&&\frac{1}{2!}f''(\lambda_i)\\&&&\ddots&\ddots&f'(\lambda_i)\\&&&&\ddots&f(\lambda_i)\end{pmatrix}_{d_i\times d_i}。$$

例 6.10　设 $A=\begin{pmatrix}-1&-2&6\\-1&0&3\\-1&-1&4\end{pmatrix}$，求 A 的 Jordan 表示并计算 $e^{A},e^{tA},\sin A$。

解：首先求出其 Jordan 标准型矩阵 $J=\begin{pmatrix}1&0&0\\0&1&1\\0&0&1\end{pmatrix}$，与相似变换矩阵 $P=\begin{pmatrix}-1&2&2\\1&1&0\\0&1&1\end{pmatrix}$，

$P^{-1}=\begin{pmatrix}-1&0&2\\1&1&-2\\-1&-1&3\end{pmatrix}$，从而 $f(A)$ 的 Jordan 表示为：

$$f(A)=Pf(J)P^{-1}$$

$$=\begin{pmatrix}-1&2&2\\1&1&0\\0&1&1\end{pmatrix}\begin{pmatrix}f(1)&0&0\\0&f(1)&f'(1)\\0&0&f(1)\end{pmatrix}\begin{pmatrix}-1&0&2\\1&1&-2\\-1&-1&3\end{pmatrix}$$

$$=\begin{pmatrix} f(1)-2f'(1) & -2f'(1) & 6f'(1) \\ -f'(1) & f(1)-f'(1) & 3f'(1) \\ -f'(1) & -f'(1) & f(1)+3f'(1) \end{pmatrix}$$

当 $f(x)=e^x$ 时，可得 $f(1)=e, f'(1)=e$，从而有 $e^A=\begin{bmatrix} -e & -2e & 6e \\ -e & 0 & 3e \\ -e & -e & 4e \end{bmatrix}$；

当 $f(x)=e^{tx}$ 时，可得 $f(1)=e^t, f'(1)=te^t$，从而有 $e^{tA}=\begin{pmatrix} (1-2t)e^t & -2te^t & 6te^t \\ -te^t & (1-t)e^t & 3te^t \\ -te^t & -te^t & (1+3t)e^t \end{pmatrix}$；

当 $f(x)=\sin x$ 时，可得 $f(1)=\sin 1, f'(1)=\cos 1$，从而有：

$$\sin A=\begin{pmatrix} \sin 1-2\cos 1 & -2\cos 1 & 6\cos 1 \\ -\cos 1 & \sin 1-\cos 1 & 3\cos 1 \\ -\cos 1 & -\cos 1 & \sin 1+3\cos 1 \end{pmatrix}$$

本节最后进行总结，具体见表 6-1。

表 6-1 实值函数分类[5]

函数类型	向量变元 $\boldsymbol{x}\in R^m$	矩阵变元 $\boldsymbol{X}\in R^{m\times n}$
标量函数 $f\in R$	$f(\boldsymbol{x})$ $f:R^m\to R$	$f(\boldsymbol{X})$ $f:R^{m\times n}\to R$
向量函数 $\boldsymbol{f}\in R^p$	$\boldsymbol{f}(\boldsymbol{x})$ $\boldsymbol{f}:R^m\to R^p$	$\boldsymbol{f}(\boldsymbol{X})$ $\boldsymbol{f}:R^{m\times n}\to R^p$
矩阵函数 $\boldsymbol{F}\in R^{p\times q}$	$\boldsymbol{F}(\boldsymbol{x})$ $\boldsymbol{F}:R^m\to R^{p\times q}$	$\boldsymbol{F}(\boldsymbol{X})$ $\boldsymbol{F}:R^{m\times n}\to R^{p\times q}$

6.5 函数矩阵的微分

定义 6.8 以实变量 x 的函数为元素的矩阵 $\boldsymbol{A}(x)=\begin{pmatrix} a_{11}(x) & a_{12}(x) & \cdots & a_{1n}(x) \\ a_{21}(x) & a_{22}(x) & \cdots & a_{2n}(x) \\ \vdots & \vdots & \ddots & \vdots \\ a_{m1}(x) & a_{m2}(x) & \cdots & a_{mn}(x) \end{pmatrix}$ 称为函数矩阵，其中所有的元素 $a_{ij}(x)(i=1,2,\cdots,m; j=1,2,\cdots,n)$ 都是定义在闭区间 $[a,b]$ 上的实函数。

函数矩阵与数字矩阵一样也有加法、数乘、乘法、转置等几种运算，并且运算法则完全相同。这里不再一一说明。

定义 6.9 如果 $\boldsymbol{A}(x)=(a_{ij}(x))_{m\times n}$ 的所有各元素 $a_{ij}(x)(i=1,\cdots,m; j=1,\cdots,n)$ 在点 $x=x_0$ 处

(或在区间 $[a,b]$ 上)可导，便称此函数矩阵 $\boldsymbol{A}(x)$ 在点 $x=x_0$ 处(或在区间 $[a,b]$ 上)可导，并且记为：

$$\boldsymbol{A}'(x_0)=\left.\frac{\mathrm{d}\boldsymbol{A}(x)}{\mathrm{d}x}\right|_{x=x_0}=\lim_{\Delta x\to 0}\frac{\boldsymbol{A}(x_0+\Delta x)-\boldsymbol{A}(x_0)}{\Delta x}=\begin{pmatrix} a'_{11}(x_0) & a'_{12}(x_0) & \cdots & a'_{1n}(x_0) \\ a'_{21}(x_0) & a'_{22}(x_0) & \cdots & a'_{2n}(x_0) \\ \vdots & \vdots & \ddots & \vdots \\ a'_{m1}(x_0) & a'_{m2}(x_0) & \cdots & a'_{mn}(x_0) \end{pmatrix}。$$

函数矩阵的导数运算有下列性质。

性质 12：$\boldsymbol{A}(x)$ 是常数矩阵的充分必要条件是 $\frac{\mathrm{d}\boldsymbol{A}(x)}{\mathrm{d}x}=\boldsymbol{0}$。

性质 13：设 $\boldsymbol{A}(x)=(a_{ij}(x))_{m\times n},\boldsymbol{B}(x)=(b_{ij}(x))_{m\times n}$ 均可导，则：

$$\frac{\mathrm{d}}{\mathrm{d}x}[\boldsymbol{A}(x)+\boldsymbol{B}(x)]=\frac{\mathrm{d}\boldsymbol{A}(x)}{\mathrm{d}x}+\frac{\mathrm{d}\boldsymbol{B}(x)}{\mathrm{d}x}$$

性质 14：设 $k(x)$ 是 x 的纯量函数，$\boldsymbol{A}(x)$ 是函数矩阵，$k(x)$ 与 $\boldsymbol{A}(x)$ 均可导，则：

$$\frac{\mathrm{d}}{\mathrm{d}x}[k(x)\boldsymbol{A}(x)]=\frac{\mathrm{d}k(x)}{\mathrm{d}x}\boldsymbol{A}(x)+k(x)\frac{\mathrm{d}\boldsymbol{A}(x)}{\mathrm{d}x}$$

特别地，当 $k(x)$ 是常数 k 时，有 $\frac{\mathrm{d}}{\mathrm{d}x}[k\boldsymbol{A}(x)]=k\frac{\mathrm{d}\boldsymbol{A}(x)}{\mathrm{d}x}$。

性质 15：设 $\boldsymbol{A}(x),\boldsymbol{B}(x)$ 均可导，且 $\boldsymbol{A}(x)$ 与 $\boldsymbol{B}(x)$ 是可乘的，则：

$$\frac{\mathrm{d}}{\mathrm{d}x}[\boldsymbol{A}(x)\boldsymbol{B}(x)]=\frac{\mathrm{d}\boldsymbol{A}(x)}{\mathrm{d}x}\boldsymbol{B}(x)+\boldsymbol{A}(x)\frac{\mathrm{d}\boldsymbol{B}(x)}{\mathrm{d}x}$$

需要注意的是：因为矩阵没有交换律，所以 $\frac{\mathrm{d}}{\mathrm{d}x}\boldsymbol{A}^2(x)\neq 2\boldsymbol{A}(x)\frac{\mathrm{d}\boldsymbol{A}(x)}{\mathrm{d}x}$。

性质 16：如果 $\boldsymbol{A}(x)$ 与 $\boldsymbol{A}^{-1}(x)$ 均可导，则：

$$\frac{\mathrm{d}\boldsymbol{A}^{-1}(x)}{\mathrm{d}x}=-\boldsymbol{A}^{-1}(x)\frac{\mathrm{d}\boldsymbol{A}(x)}{\mathrm{d}x}\boldsymbol{A}^{-1}(x)$$

性质 17：设 $\boldsymbol{A}(x)$ 为矩阵函数，$x=f(t)$ 是 t 的纯量函数，$\boldsymbol{A}(x)$ 与 $f(t)$ 均可导，则：

$$\frac{\mathrm{d}}{\mathrm{d}t}\boldsymbol{A}(x)=\frac{\mathrm{d}\boldsymbol{A}(x)}{\mathrm{d}x}f'(t)=f'(t)\frac{\mathrm{d}\boldsymbol{A}(x)}{\mathrm{d}x}$$

例 6.11　已知函数矩阵 $\boldsymbol{A}(x)=\begin{pmatrix} 4 & 2x^2 \\ x & 0 \end{pmatrix}$，试计算：

(1) $\frac{\mathrm{d}}{\mathrm{d}x}\boldsymbol{A}(x),\frac{\mathrm{d}^2}{\mathrm{d}x^2}\boldsymbol{A}(x),\frac{\mathrm{d}^3}{\mathrm{d}x^3}\boldsymbol{A}(x)$；

(2) $\frac{\mathrm{d}}{\mathrm{d}x}|\boldsymbol{A}(x)|$；

(3) $\frac{\mathrm{d}}{\mathrm{d}x}\boldsymbol{A}^{-1}(x)$。

解：$\frac{\mathrm{d}}{\mathrm{d}x}\boldsymbol{A}(x)=\begin{pmatrix}0 & 4x\\ 1 & 0\end{pmatrix}$，$\frac{\mathrm{d}^2}{\mathrm{d}x^2}\boldsymbol{A}(x)=\begin{pmatrix}0 & 4\\ 0 & 0\end{pmatrix}$，$\frac{\mathrm{d}^3}{\mathrm{d}x^3}\boldsymbol{A}(x)=\begin{pmatrix}0 & 0\\ 0 & 0\end{pmatrix}$；计算 $|\boldsymbol{A}(x)|=-2x^3$，所以 $\frac{\mathrm{d}}{\mathrm{d}x}|\boldsymbol{A}(x)|=-6x^2$。

下面求 $\boldsymbol{A}^{-1}(x)$。由伴随矩阵公式可得：

$$\boldsymbol{A}^{-1}(x)=\frac{1}{|\boldsymbol{A}(x)|}\boldsymbol{A}^*(x)=\begin{pmatrix}0 & -2x^2\\ -x & 4\end{pmatrix}=\begin{pmatrix}0 & \frac{1}{x}\\ \frac{1}{2x^2} & -\frac{2}{x^3}\end{pmatrix}$$

则 $\frac{\mathrm{d}}{\mathrm{d}}\boldsymbol{A}^{-1}(x)=\begin{pmatrix}0 & -\frac{1}{x^2}\\ -\frac{1}{x^3} & \frac{6}{x^4}\end{pmatrix}$。

表 6-1 列出了常见的六种实值函数形式，下面分别介绍这些函数的求导过程。

第一类：矩阵值函数对矩阵变量的导数。

关于矩阵值函数 $F(\boldsymbol{X})=(f_{ij}(\boldsymbol{X}))_{s\times t}$ 有如下定义：

$$f_{ij}:\boldsymbol{X}\to f_{ij}(\boldsymbol{X})\,,\quad i=1,\cdots,s;\quad j=1,\cdots,t$$

这里 $\boldsymbol{X}=\begin{pmatrix}x_{11} & \cdots & x_{1n}\\ \vdots & \ddots & \vdots\\ x_{m1} & \cdots & x_{mn}\end{pmatrix}_{m\times n}$。矩阵值函数对矩阵变量的导数定义为：

$$\frac{\mathrm{d}\boldsymbol{F}}{\mathrm{d}\boldsymbol{X}}=\begin{pmatrix}\frac{\partial F}{\partial x_{11}} & \cdots & \frac{\partial F}{\partial x_{1n}}\\ \vdots & \ddots & \vdots\\ \frac{\partial F}{\partial x_{m1}} & \cdots & \frac{\partial F}{\partial x_{mn}}\end{pmatrix}_{m\times n}$$

式中，$\frac{\partial F}{\partial x_{ij}}=\begin{pmatrix}\frac{\partial f_{11}}{\partial x_{ij}} & \cdots & \frac{\partial f_{1t}}{\partial x_{ij}}\\ \vdots & \ddots & \vdots\\ \frac{\partial f_{s1}}{\partial x_{ij}} & \cdots & \frac{\partial f_{st}}{\partial x_{ij}}\end{pmatrix}_{s\times t}$，$(i=1,\cdots,s;\quad j=1,\cdots,t)$。

例 6.12 已知 $\boldsymbol{x}=\begin{pmatrix}\xi_1\\ \xi_2\\ \vdots\\ \xi_n\end{pmatrix}$，求 $\frac{\mathrm{d}\boldsymbol{x}^{\mathrm{T}}}{\mathrm{d}\boldsymbol{x}}$，$\frac{\mathrm{d}\boldsymbol{x}}{\mathrm{d}\boldsymbol{x}^{\mathrm{T}}}$。

解：令 $F(\boldsymbol{x})=\boldsymbol{x}^{\mathrm{T}}=(\xi_1,\xi_2,\cdots,\xi_n)=(f_1(\boldsymbol{x}),f_2(\boldsymbol{x}),\cdots,f_n(\boldsymbol{x}))$，则：

$$\frac{\mathrm{d}\boldsymbol{x}^{\mathrm{T}}}{\mathrm{d}\boldsymbol{x}}=\begin{pmatrix}\dfrac{\partial \boldsymbol{x}^{\mathrm{T}}}{\partial \xi_1}\\ \dfrac{\partial \boldsymbol{x}^{\mathrm{T}}}{\partial \xi_2}\\ \vdots\\ \dfrac{\partial \boldsymbol{x}^{\mathrm{T}}}{\partial \xi_n}\end{pmatrix}$$

其中 $\dfrac{\partial \boldsymbol{x}^{\mathrm{T}}}{\partial \xi_1}=\left(\dfrac{\partial f_1(\boldsymbol{x})}{\partial \xi_1},\dfrac{\partial f_2(\boldsymbol{x})}{\partial \xi_1},\cdots,\dfrac{\partial f_n(\boldsymbol{x})}{\partial \xi_1}\right)=(1,0,\cdots,0)$ ，…， $\dfrac{\partial \boldsymbol{x}^{\mathrm{T}}}{\partial \xi_n}=\left(\dfrac{\partial f_1(\boldsymbol{x})}{\partial \xi_n},\dfrac{\partial f_2(\boldsymbol{x})}{\partial \xi_n},\cdots,\dfrac{\partial f_n(\boldsymbol{x})}{\partial \xi_n}\right)=(0,0,\cdots,1)$，则 $\dfrac{\mathrm{d}\boldsymbol{x}^{\mathrm{T}}}{\mathrm{d}\boldsymbol{x}}=\boldsymbol{I}$，同理，$\dfrac{\mathrm{d}\boldsymbol{x}}{\mathrm{d}\boldsymbol{x}^{\mathrm{T}}}=\boldsymbol{I}$。

由于实际应用中经常遇到标量函数关于矩阵变量和向量变量的情形，所以下面展开详细地介绍。

第二类：标量函数关于矩阵变量的导数。

标量函数——行列式、迹、二次型、内积、范数等是这类函数的代表。

定义 6.10　设 $f:C^{m\times n}\to F$，即：$\boldsymbol{X}\to f(\boldsymbol{X}),f(\boldsymbol{X})\in F$，记：

$$\boldsymbol{X}=\begin{pmatrix}x_{11}&\cdots&x_{1n}\\ \vdots&\ddots&\vdots\\ x_{m1}&\cdots&x_{mn}\end{pmatrix}，\text{定义}\ \frac{\mathrm{d}f}{\mathrm{d}\boldsymbol{X}}=\left(\frac{\partial f}{\partial x_{ij}}\right)_{m\times n}=\begin{pmatrix}\dfrac{\partial f}{\partial x_{11}}&\cdots&\dfrac{\partial f}{\partial x_{1n}}\\ \vdots&\ddots&\vdots\\ \dfrac{\partial f}{\partial x_{m1}}&\cdots&\dfrac{\partial f}{\partial x_{mn}}\end{pmatrix}。$$

例 6.13　$\boldsymbol{A}=\begin{pmatrix}a_{11}&\cdots&a_{1n}\\ \vdots&\ddots&\vdots\\ a_{m1}&\cdots&a_{mn}\end{pmatrix}$，$\boldsymbol{X}=\begin{pmatrix}x_{11}&\cdots&x_{1m}\\ \vdots&\ddots&\vdots\\ x_{n1}&\cdots&x_{nm}\end{pmatrix}$，设 $f(\boldsymbol{X})=\mathrm{tr}(\boldsymbol{AX})$，求 $\dfrac{\mathrm{d}f}{\mathrm{d}\boldsymbol{X}}$。

解：$\boldsymbol{AX}=\left(\sum_{k=1}^{n}a_{ik}x_{kj}\right)_{m\times m}$，$\mathrm{tr}(\boldsymbol{AX})=\sum_{s=1}^{m}\sum_{k=1}^{n}a_{sk}x_{ks}$，$\dfrac{\partial f}{\partial x_{ij}}=a_{ji}\quad(i=1,\cdots,n;\quad j=1,\cdots,m)$，

则 $\dfrac{\mathrm{d}f}{\mathrm{d}\boldsymbol{X}}=\left(\dfrac{\partial f}{\partial x_{ij}}\right)_{n\times m}=(a_{ji})_{n\times m}=\boldsymbol{A}^{\mathrm{T}}$。

例 6.14　$\boldsymbol{A}=\begin{pmatrix}a_{11}&\cdots&a_{1n}\\ \vdots&\ddots&\vdots\\ a_{m1}&\cdots&a_{mn}\end{pmatrix}$，$\boldsymbol{x}=\begin{pmatrix}\xi_1\\ \xi_2\\ \vdots\\ \xi_n\end{pmatrix}$，设 $f(\boldsymbol{x})=\boldsymbol{x}^{\mathrm{T}}\boldsymbol{Ax}$，求 $\dfrac{\mathrm{d}f}{\mathrm{d}\boldsymbol{x}}$。

解：$f(\boldsymbol{x})=\boldsymbol{x}^{\mathrm{T}}\boldsymbol{Ax}=(\xi_1,\cdots,\xi_j,\cdots,\xi_n)\begin{pmatrix}a_{11}\xi_1+\cdots+a_{1j}\xi_j+\cdots+a_{1n}\xi_n\\ a_{21}\xi_1+\cdots+a_{2j}\xi_j+\cdots+a_{2n}\xi_n\\ \vdots\\ a_{n1}\xi_1+\cdots+a_{nj}\xi_j+\cdots+a_{nn}\xi_n\end{pmatrix}$

$$=\xi_1(a_{11}\xi_1+\cdots+a_{1j}\xi_j+\cdots+a_{1n}\xi_n)+\cdots+\xi_j(a_{j1}\xi_1+\cdots+a_{jj}\xi_j+\cdots+a_{jn}\xi_n)$$

$$+\cdots+\xi_n(a_{n1}\xi_1+\cdots+a_{nj}\xi_j+\cdots+a_{nn}\xi_n)$$

$$\frac{\partial f}{\partial \xi_j}=\sum_{k=1}^{n}a_{kj}\xi_k+\sum_{k=1}^{n}a_{jk}\xi_k,\quad (j=1,\cdots,n)$$

$$\frac{\mathrm{d}f}{\mathrm{d}\boldsymbol{x}}=\begin{pmatrix}\dfrac{\partial f}{\partial \xi_1}\\ \vdots \\ \dfrac{\partial f}{\partial \xi_n}\end{pmatrix}=\begin{pmatrix}\sum_{k=1}^{n}a_{k1}\xi_k+\sum_{k=1}^{n}a_{1k}\xi_k\\ \vdots \\ \sum_{k=1}^{n}a_{kn}\xi_k+\sum_{k=1}^{n}a_{nk}\xi_k\end{pmatrix}$$

$$=\begin{pmatrix}\sum_{k=1}^{n}a_{k1}\xi_k\\ \vdots \\ \sum_{k=1}^{n}a_{kn}\xi_k\end{pmatrix}+\begin{pmatrix}\sum_{k=1}^{n}a_{1k}\xi_k\\ \vdots \\ \sum_{k=1}^{n}a_{nk}\xi_k\end{pmatrix}$$

$$=\boldsymbol{A}^{\mathrm{T}}\boldsymbol{x}+\boldsymbol{A}\boldsymbol{x}=(\boldsymbol{A}^{\mathrm{T}}+\boldsymbol{A})\boldsymbol{x}$$

当 $\boldsymbol{A}$ 是对称矩阵时，上式可转换为 $\dfrac{\mathrm{d}f}{\mathrm{d}\boldsymbol{x}}=2\boldsymbol{A}\boldsymbol{x}$ 。

例 6.15 $\boldsymbol{X}=\begin{pmatrix}x_{11} & \cdots & x_{1m}\\ \vdots & \ddots & \vdots \\ x_{n1} & \cdots & x_{nm}\end{pmatrix}$，$\det\boldsymbol{X}\neq 0$，证明：$\dfrac{\mathrm{d}}{\mathrm{d}\boldsymbol{X}}\det\boldsymbol{X}=(\det\boldsymbol{X})(\boldsymbol{X}^{-1})^{\mathrm{T}}$ 。

证明：设元素 x_{ij} 的代数余子式为 $\boldsymbol{X}_{ij}$，将 $\det\boldsymbol{X}$ 按第 i 行展开：$\det\boldsymbol{X}=\sum_{j=1}^{n}x_{ij}\boldsymbol{X}_{ij}$，则：

$$\frac{\partial}{\partial x_{ij}}\det\boldsymbol{X}=\boldsymbol{X}_{ij}$$

根据 $\boldsymbol{X}^{-1}=\dfrac{\mathrm{adj}\,\boldsymbol{X}}{\det\boldsymbol{X}}$，有：

$$\frac{\mathrm{d}}{\mathrm{d}\boldsymbol{X}}\det\boldsymbol{X}=\left(\frac{\partial}{\partial x_{ij}}\det\boldsymbol{X}\right)_{n\times n}=(\boldsymbol{X}_{ij})_{n\times n}=(\mathrm{adj}\,\boldsymbol{X})^{\mathrm{T}}=(\det\boldsymbol{X})(\boldsymbol{X}^{-1})^{\mathrm{T}}$$

特别地，标量函数对向量变量的导数是一个向量，也叫梯度向量，即当 $f:R^n\to R$ 可微时，有：

$$\boldsymbol{x}=\begin{pmatrix}\xi_1\\ \xi_2\\ \vdots \\ \xi_n\end{pmatrix},\quad \mathrm{grad}\,f=\frac{\mathrm{d}f}{\mathrm{d}\boldsymbol{x}}=\begin{pmatrix}\dfrac{\partial f}{\partial \xi_1}\\ \vdots \\ \dfrac{\partial f}{\partial \xi_n}\end{pmatrix}$$

例 6.16 $\boldsymbol{a}=\begin{pmatrix} a_1 \\ a_2 \\ \vdots \\ a_n \end{pmatrix}$，$\boldsymbol{x}=\begin{pmatrix} \xi_1 \\ \xi_2 \\ \vdots \\ \xi_n \end{pmatrix}$，设 $f(\boldsymbol{x})=\boldsymbol{a}^{\mathrm{T}}\boldsymbol{x}=\boldsymbol{x}^{\mathrm{T}}\boldsymbol{a}=a_1\xi_1+a_2\xi_2+\cdots+a_n\xi_n$，求 $\dfrac{\mathrm{d}f}{\mathrm{d}\boldsymbol{x}}$。

解：$\dfrac{\partial f}{\partial \xi_i}=a_i,(i=1,\cdots,n)$，$\dfrac{\mathrm{d}f}{\mathrm{d}\boldsymbol{x}}=\begin{pmatrix} \dfrac{\partial f}{\partial \xi_1} \\ \vdots \\ \dfrac{\partial f}{\partial \xi_n} \end{pmatrix}=\begin{pmatrix} a_1 \\ \vdots \\ a_n \end{pmatrix}=\boldsymbol{a}$。

进一步，当 $f:R^n \to R$ 二次可微时，$\mathrm{grad}\, f$ 的导数记作：

$$\boldsymbol{D}^2 \boldsymbol{f}=\begin{pmatrix} \dfrac{\partial^2 f}{\partial \xi_1^2} & \dfrac{\partial^2 f}{\partial \xi_2 \partial \xi_1} & \cdots & \dfrac{\partial^2 f}{\partial \xi_n \partial \xi_1} \\ \dfrac{\partial^2 f}{\partial \xi_1 \partial \xi_2} & \dfrac{\partial^2 f}{\partial \xi_2^2} & \cdots & \dfrac{\partial^2 f}{\partial \xi_n \partial \xi_2} \\ \vdots & \vdots & \ddots & \vdots \\ \dfrac{\partial^2 f}{\partial \xi_1 \partial \xi_n} & \dfrac{\partial^2 f}{\partial \xi_2 \partial \xi_n} & \cdots & \dfrac{\partial^2 f}{\partial \xi_n^2} \end{pmatrix}$$

其中，$\dfrac{\partial^2 f}{\partial \xi_i \partial \xi_j}$ 表示函数 f 首先对 ξ_j 求导再对 ξ_i 求导的偏导数。矩阵 $\boldsymbol{D}^2 \boldsymbol{f}$ 称为汉塞矩阵。这是在实际应用中非常重要的一个矩阵。若函数 f 是二次连续可微的，那么函数 f 在向量点 $\boldsymbol{x}$ 处的汉塞矩阵是对称的，这就是著名的克莱罗定理(或施瓦茨定理)。需要注意的是，若二次偏导数是不连续的，那么就不能保证汉塞矩阵是对称的。

6.6 函数矩阵的积分

定义 6.11 如果函数矩阵 $\boldsymbol{A}(x)=(a_{ij}(x))_{m\times n}$ 的所有元素 $a_{ij}(x)(i=1,\cdots,m;j=1,\cdots,n)$ 在区间 $[a,b]$ 上可积，则称 $\boldsymbol{A}(x)$ 在 $[a,b]$ 上可积，且：

$$\int_a^b \boldsymbol{A}(x)\mathrm{d}x=\begin{pmatrix} \int_a^b a_{11}(x)\mathrm{d}x & \int_a^b a_{12}(x)\mathrm{d}x & \cdots & \int_a^b a_{1n}(x)\mathrm{d}x \\ \int_a^b a_{21}(x)\mathrm{d}x & \int_a^b a_{22}(x)\mathrm{d}x & \cdots & \int_a^b a_{2n}(x)\mathrm{d}x \\ \vdots & \vdots & \ddots & \vdots \\ \int_a^b a_{m1}(x)\mathrm{d}x & \int_a^b a_{m2}(x)\mathrm{d}x & \cdots & \int_a^b a_{mn}(x)\mathrm{d}x \end{pmatrix}$$

函数矩阵的定积分具有如下性质。

性质 18：$\int_a^b k\boldsymbol{A}(x)\mathrm{d}x=k\int_a^b \boldsymbol{A}(x)\mathrm{d}x, k\in R$。

性质 19：$\int_a^b [\boldsymbol{A}(x)+\boldsymbol{B}(x)]\mathrm{d}x=\int_a^b \boldsymbol{A}(x)\mathrm{d}x+\int_a^b \boldsymbol{B}(x)\mathrm{d}x$。

例 6.17 已知函数矩阵 $\boldsymbol{A}(x)=\begin{pmatrix}\sin x & -\cos x\\ \cos x & \sin x\end{pmatrix}$，试求 $\int_0^x \boldsymbol{A}(x)\mathrm{d}x$。

解：
$$\int_0^x \boldsymbol{A}(x)\mathrm{d}x=\begin{pmatrix}\int_0^x \sin x\mathrm{d}x & -\int_0^x \cos x\mathrm{d}x\\ \int_0^x \cos x\mathrm{d}x & \int_0^x \sin x\mathrm{d}x\end{pmatrix}=\begin{pmatrix}1-\cos x & -\sin x\\ \sin x & 1-\cos x\end{pmatrix}。$$

习　题

1．已知 $\boldsymbol{A}=\begin{pmatrix}1 & 2 & 1\\ 2 & 4 & 2\\ 1 & 2 & 1\end{pmatrix}$，计算 $\lim\limits_{k\to\infty}\left(\dfrac{\boldsymbol{A}}{\rho(\boldsymbol{A})}\right)^k$。

2．已知分块对角矩阵 $\boldsymbol{A}=\mathrm{diag}(\boldsymbol{A}_1,\boldsymbol{A}_2,\cdots,\boldsymbol{A}_r)$，$m_1(\lambda),m_2(\lambda),\cdots,m_r(\lambda)$ 分别为子块 $\boldsymbol{A}_1,\boldsymbol{A}_2,\cdots,\boldsymbol{A}_r$ 的最小多项式，则 $\boldsymbol{A}$ 的最小多项式为 $m_1(\lambda),m_2(\lambda),\cdots,m_r(\lambda)$ 的最小公倍数。

3．求矩阵幂级数 $\sum\limits_{k=0}^{\infty}\begin{pmatrix}0.1 & 0.7\\ 0.3 & 0.6\end{pmatrix}^k$ 的和。

4．已知矩阵 $\boldsymbol{A}=\begin{pmatrix}1 & 1 & 1\\ 0 & 4 & 1\\ 0 & 0 & 1\end{pmatrix}$，求 $\mathrm{e}^{t\boldsymbol{A}},\sin\boldsymbol{A},\cos\pi\boldsymbol{A}$。

5．已知矩阵 $\boldsymbol{A}=\begin{pmatrix}2 & 1 & 0 & 0\\ 0 & 2 & 0 & 0\\ 0 & 0 & 3 & 1\\ 0 & 0 & 0 & 3\end{pmatrix}$，求 $\mathrm{e}^{t\boldsymbol{A}},\sin\boldsymbol{A},\cos\pi\boldsymbol{A}$。

6．已知函数矩阵 $\boldsymbol{A}=\begin{pmatrix}\sin x & \cos x & x\\ x & 4 & x^2\\ \mathrm{e}^{2x} & \mathrm{e}^x & x^3\end{pmatrix}$，求 $\dfrac{\mathrm{d}\boldsymbol{A}(x)}{\mathrm{d}x},\dfrac{\mathrm{d}^2\boldsymbol{A}(x)}{\mathrm{d}x^2},\left|\dfrac{\mathrm{d}\boldsymbol{A}(x)}{\mathrm{d}x}\right|$。

7．已知函数矩阵 $\boldsymbol{A}=\begin{pmatrix}\sin x & x\mathrm{e}^x & x\\ x & 4 & x^2\\ \mathrm{e}^{2x} & \cos x & 1\end{pmatrix}$，求 $\int_0^3 \boldsymbol{A}(x)$。

8．已知函数矩阵：
$$\mathrm{e}^{\boldsymbol{A}t}=\begin{pmatrix}2\mathrm{e}^{2t}-\mathrm{e}^t & \mathrm{e}^{2t}-\mathrm{e}^t & x\\ \mathrm{e}^{2t}-\mathrm{e}^t & 2\mathrm{e}^{2t}-\mathrm{e}^t & x^2\\ 3\mathrm{e}^{2t}-3\mathrm{e}^t & 3\mathrm{e}^{2t}-3\mathrm{e}^t & 1\end{pmatrix}$$

求矩阵 $\boldsymbol{A}$。设 $\boldsymbol{A}\in C^{m\times n}$，$\boldsymbol{A}^{(1)}$ 表示的是一个 $\{1\}$-逆，计算 $\cos(\pi\boldsymbol{A}^{(1)}\boldsymbol{A})$。

9．已知 $\boldsymbol{A}=\begin{pmatrix}1 & 0 & 0 & 3\\ 0 & 2 & -4 & 0\\ 2 & 0 & 0 & 6\\ 0 & -3 & 6 & 0\end{pmatrix}$，$\boldsymbol{b}=\begin{pmatrix}1\\ 2\\ 2\\ -3\end{pmatrix}$。

(1) 求 $\boldsymbol{A}$ 的满秩分解；

(2) 求 $\boldsymbol{A}^{+}$；

(3) 用广义逆矩阵方法判断线性方程组 $\boldsymbol{Ax}=\boldsymbol{b}$ 是否有解；

(4) 求线性方程组 $\boldsymbol{Ax}=\boldsymbol{b}$ 的极小范数解，或者极小范数最小二乘解 $\boldsymbol{x}_0$。

第 7 章　矩阵论的高级主题

本章围绕前面介绍的知识，介绍 3 个关于矩阵论的高级主题。

7.1　线性方程组求解的问题

线性方程组的求解综合利用了前面几章介绍的众多知识点，是矩阵论的一个重要问题。下面先介绍一个基本概念。

定义 7.1　取 $A \in C^{m \times n}, b \in C^m$，若非齐次线性方程组：

$$Ax = b \tag{7.1}$$

有解，则称此方程组相容；否则，称其为不相容的或矛盾的。

下面从 4 个方面介绍线性方程组的求解问题。

(1) 方程组 (7.1) 相容的条件是什么，在相容时怎样求其通解。

(2) 如果方程组 (7.1) 相容，其解可能有无穷多个，定义满足：

$$\min_{Ax=b} \|x\| \tag{7.2}$$

的解为其极小范数解。可以证明，满足以上条件的解是唯一的。

(3) 如果方程组 (7.1) 不相容，即不存在通常意义下的解，定义满足：

$$\min_{x \in C^n} \|Ax - b\|_2 \tag{7.3}$$

的解为矛盾方程组的最小二乘解。

(4) 通常，不相容方程组的最小二乘解是不唯一的，但是满足条件：

$$\min_{\min\|Ax-b\|} \|x\| \tag{7.4}$$

的解是唯一的，称之为极小范数最小二乘解。

下面首先分析情况 (1)，有如下定理。

定理 7.1　线性方程组 $Ax = b$ 有解的充分必要条件为：

$$AA^{(1)}b = b \tag{7.5}$$

其通解为

$$x = A^{(1)}b + (I - A^{(1)}A)y \tag{7.6}$$

其中，$y \in C^n$，是任意向量。

证明：必要性。设 $Ax=b$ 有解 α，则 $A\alpha=b$。因为 $AA^{(1)}A=A$，所以 $b=A\alpha=AA^{(1)}A\alpha=AA^{(1)}b$。

充分性。设 $AA^{(1)}b=b$，取 $\alpha=A^{(1)}b$，则 α 是 $Ax=b$ 的解。

下面证明通解公式成立，只需证明 $(I-A^{(1)}A)y$ 是齐次线性方程组 $Ax=0$ 的通解即可。首先将代入方程组，可得：

$$A(I-A^{(1)}A)y=(A-AA^{(1)}A)y=0$$

即 $(I-A^{(1)}A)y$ 是 $Ax=0$ 的解。同时，对于 $Ax=0$ 的任意一个解 z，有

$$A(I-A^{(1)}A)z=(A-AA^{(1)}A)z=0$$

所以，$(I-A^{(1)}A)y$ 是齐次线性方程组 $Ax=0$ 的通解；根据充要条件的证明可知，$A^{(1)}b$ 是 $Ax=b$ 的一个特解，两者结合，可得 $Ax=b$ 的一个通解为：

$$x=A^{(1)}b+(I-A^{(1)}A)y$$

证毕。

下面分析情况(2)，即相容线性方程组的极小范数解问题。

定理 7.2　相容方程组 $Ax=b$ 的唯一极小范数解为

$$x=A^{(1,4)}b \tag{7.7}$$

证明：取 A 的奇异值分解为

$$A=V\begin{pmatrix}\Delta_r & 0\\ 0 & 0\end{pmatrix}U^{\mathrm{H}}$$

则有：

$$Ax=V\begin{pmatrix}\Delta_r & 0\\ 0 & 0\end{pmatrix}U^{\mathrm{H}}x=b \tag{7.8}$$

令 $U=[U_1,U_2],V=[V_1,V_2]$，则有：

$$U^{\mathrm{H}}x=\begin{pmatrix}U_1^{\mathrm{H}}x\\ U_2^{\mathrm{H}}x\end{pmatrix}=\begin{pmatrix}y_r\\ y_{n-r}\end{pmatrix}=y，\quad V^{\mathrm{H}}b=\begin{pmatrix}V_1^{\mathrm{H}}b\\ V_2^{\mathrm{H}}b\end{pmatrix}=\begin{pmatrix}\bar{b}_r\\ \bar{b}_{m-r}\end{pmatrix}$$

代入(7.8)式两端，则有：

$$\begin{pmatrix}\Delta_r & 0\\ 0 & 0\end{pmatrix}\begin{pmatrix}y_r\\ y_{n-r}\end{pmatrix}=\begin{pmatrix}\bar{b}_r\\ \bar{b}_{m-r}\end{pmatrix}$$

得到 $y_r=\Delta_r^{-1}\bar{b}_r$，则

$$x=Uy=U\begin{pmatrix}\Delta_r^{-1}\bar{b}_r\\ C\bar{b}_r\end{pmatrix}=U\begin{pmatrix}\Delta_r^{-1} & B\\ C & D\end{pmatrix}\begin{pmatrix}\bar{b}_r\\ \bar{b}_{m-r}\end{pmatrix}$$

下面求极小范数解，根据定义

$$\|x\|^2=\|\varDelta_r^{-1}\bar{b}_r\|^2+\|C\bar{b}\|^2$$

显然，所以极小范数解满足 $C=0$，即极小范数解：

$$x=U\begin{pmatrix}\varDelta_r^{-1} & B\\ 0 & D\end{pmatrix}V^{\mathrm{H}}b=A^{\{1,4\}}b$$

证毕。

下面考虑情况(3)，即不相容方程组的最小二乘解问题。

定理 7.3 不相容方程组 $Ax=b$ 的最小二乘解为：

$$x=A^{(1,3)}b \tag{7.9}$$

证明：取 A 的奇异值分解为

$$A=V\begin{pmatrix}\varDelta_r & 0\\ 0 & 0\end{pmatrix}U^{\mathrm{H}}$$

则有：

$$\|Ax-b\|^2=\left\|V\begin{pmatrix}\varDelta_r & 0\\ 0 & 0\end{pmatrix}U^{\mathrm{H}}x-b\right\|^2=\left\|\begin{pmatrix}\varDelta_r & 0\\ 0 & 0\end{pmatrix}U^{\mathrm{H}}x-V^{\mathrm{H}}b\right\|^2$$

这里利用了范数的酉不变性。令 $U=[U_1,U_2],V=[V_1,V_2]$，则对应的有：

$$U^{\mathrm{H}}x=\begin{pmatrix}U_1^{\mathrm{H}}x\\ U_2^{\mathrm{H}}x\end{pmatrix}=\begin{pmatrix}y_r\\ y_{n-r}\end{pmatrix}=y,\quad V^{\mathrm{H}}b=\begin{pmatrix}V_1^{\mathrm{H}}b\\ V_2^{\mathrm{H}}b\end{pmatrix}=\begin{pmatrix}\bar{b}_r\\ \bar{b}_{m-r}\end{pmatrix}$$

则有：

$$\|Ax-b\|^2=\left\|\begin{pmatrix}\varDelta_r y_r-\bar{b}_r\\ -\bar{b}_{m-r}\end{pmatrix}\right\|^2=\|\varDelta_r y_r-\bar{b}_r\|^2+\|\bar{b}_{m-r}\|^2$$

于是最小二乘解为：

$$\begin{aligned}x=Uy&=U\begin{pmatrix}\varDelta_r^{-1}\bar{b}_r\\ C\bar{b}_r+D\bar{b}_{n-r}\end{pmatrix}=U\begin{pmatrix}\varDelta_r^{-1} & 0\\ C & D\end{pmatrix}\begin{pmatrix}\bar{b}_r\\ \bar{b}_{m-r}\end{pmatrix}\\ &=U\begin{pmatrix}\varDelta_r^{-1} & 0\\ C & D\end{pmatrix}V^{\mathrm{H}}b=A^{\{1,3\}}b\end{aligned} \tag{7.10}$$

证毕。

通常，不相容方程组的最小二乘解是不唯一的，但是极小范数最小二乘解确实唯一的。最后，考虑情况(4)，即不相容方程组的极小范数最小二乘解问题，有如下结果。

定理 7.4 不相容方程组 $Ax=b$ 的最小二乘解的最小范数解为：

$$x=A^{+}b \tag{7.11}$$

证明：根据(7.10)式可得：

$$\|x\|^2=\|y\|^2=\|A_r^{-1}\bar{b}\|^2+\|C\bar{b}_r+D\bar{b}_{n-r}\|^2 \tag{7.12}$$

显然，只有当 $C=0, D=0$ 时，式(7.12)取最小值，即：

$$x=U\begin{pmatrix} A_r^{-1} & 0 \\ 0 & 0 \end{pmatrix}V^{\mathrm{H}}b=A^{+}b$$

证毕。

7.2 非负矩阵简介

非负矩阵在实际中应用广泛，下面简单介绍其基本性质。

定义 7.2 若矩阵 $A=(a_{ij})_{n\times n}$，满足 $a_{ij}\geqslant 0$，$i,j=1,2,\cdots,n$，则称矩阵 A 为非负矩阵，记作 $A\geqslant 0$；若进一步有 $a_{ij}>0$，$i,j=1,2,\cdots,n$，则称矩阵 A 为正矩阵，记作 $A>0$。

下面介绍矩阵论中一个比较重要的概念。

定义 7.3 设矩阵 $A=(a_{ij})_{n\times n}$，当 $n=1$ 时，若 A 的唯一一个元素不为零，则称矩阵 A 为不可约的，否则称为可约的；当 $n\geqslant 2$ 时，记集合 $N=\{1,2,\cdots,n\}$；若存在一个非空集合 $K\subset N$，使得 $a_{ij}=0$，对于 $i\notin K, j\in K$，则称矩阵 A 为可约的，否则称为不可约的。

关于不可约矩阵有下面的一个重要结论。

定理 7.5 设矩阵 $A\in R^{n\times n}$，且 $A\geqslant 0$，则 A 不可约的充要条件是 $(I+A)^{n-1}>0$；更一般地，设矩阵 $A\in C^{n\times n}$，则 A 不可约的充要条件是 $(I+|A|)^{n-1}>0$。这里，$|A|$ 表示由 a_{ij} 的模 $|a_{ij}|$，$i,j=1,2,\cdots,n$ 构成的矩阵。

非负矩阵分为可约和不可约两大类。最后介绍非负不可约矩阵的 Perron-Frobenius 理论的主要结果。

定理 7.6 设矩阵 $A\in R^{n\times n}$ 是一个非负不可约矩阵，则有以下结论成立：

(1) A 有一个正的实特征值等于它的谱半径 $\rho(A)$；

(2) 对应特征值 $\rho(A)$ 有一个正特征向量；

(3) 当矩阵 A 的任意元素(一个或多个)增加时，谱半径 $\rho(A)$ 不减少；

(4) $\rho(A)$ 是 A 的单特征值。

定理 7.7 设矩阵 $A\in R^{n\times n}$ 是一个非负矩阵，则有以下结论成立：

(1) A 有一个非负特征值恰好等于它的谱半径 $\rho(A)$；

(2) 对应特征值 $\rho(A)$ 有一个非负特征向量；

(3) 当矩阵 A 的任意元素(一个或多个)增加时，谱半径 $\rho(A)$ 不减少。

7.3 低秩矩阵近似

数字图像是指用工业相机、摄像机、扫描仪等设备经过拍摄得到的一个大的二维数组，该数组的元素称为像素，其值称为灰度值。图 7-1 是图像处理领域中的一幅经典灰度图。那么，我们首先考虑的一个问题是：这样一幅图片是如何在计算机里存储的？

第一步：图像的读取。

利用 Matlab 软件工具的 imread 函数读取图 7-1，运行以下命令。

命令行：Lena = imread('C:\Users\lenovo\Pictures\lena.jpg')

得到的是一个阶数是 256×256 的方阵，由于空间所限，这里只截取了部分矩阵，如图 7-2 所示。

图 7-1　灰度图

```
>> lena = imread('C:\Users\lenovo\Pictures\lena.jpg')

lena =

  1 至 36 列

162 162 160 161 164 159 159 156 156 161 154 155 155 153 154 154 155 157 161 164 165 168 173 171 171 171 168 160 150 146 124 112 95 92 93 100
162 162 160 161 164 159 159 156 156 161 154 155 155 153 155 154 154 157 161 164 165 168 173 171 171 171 168 160 150 147 124 112 95 92 93 101
163 159 159 160 161 158 156 155 156 157 154 153 156 153 153 156 155 154 160 163 166 168 172 172 172 171 167 159 149 141 122 110 97 92 92 98
160 157 159 157 160 160 154 152 155 155 154 151 153 152 151 155 156 152 158 164 167 170 171 172 172 169 165 158 148 134 122 110 94 88 89 93
154 157 156 157 158 158 156 155 155 156 155 153 153 152 151 155 152 155 161 164 170 170 171 171 170 169 164 155 146 135 122 111 93 89 88 91
155 158 156 152 158 157 155 157 156 154 156 155 151 153 155 152 154 157 162 164 168 169 171 170 170 167 166 154 140 133 124 108 92 88 88 93
157 157 156 156 157 156 154 160 156 156 157 154 154 152 154 154 156 162 164 168 169 170 168 168 168 166 163 153 141 134 120 105 96 86 91 92
158 156 156 156 156 157 155 160 156 155 154 153 152 154 154 157 161 164 166 169 169 169 168 167 166 163 157 153 143 131 122 112 95 90 91 92
156 155 156 153 157 156 156 155 153 156 156 155 151 150 154 162 161 166 168 165 167 167 165 166 166 161 158 151 141 134 121 105 93 87 87 91
155 155 157 155 158 156 157 159 159 158 155 156 154 155 157 161 163 166 165 166 168 166 167 160 167 162 156 151 142 137 125 113 95 89 88 93
156 156 156 156 156 157 157 158 159 157 154 156 153 154 158 162 164 166 163 166 166 164 164 161 160 162 157 152 142 135 127 117 96 91 87 94
157 155 153 156 158 157 158 157 159 156 157 155 153 154 157 163 167 168 166 162 165 165 164 161 159 161 157 153 145 135 127 110 94 87 90 95
154 153 154 157 159 159 158 157 159 156 157 157 156 159 161 166 167 167 167 164 163 163 162 156 160 161 158 152 146 135 124 109 95 86 85 94
154 155 156 155 157 160 159 156 159 158 156 156 156 160 164 166 167 167 166 165 160 161 159 159 159 161 160 153 146 134 119 104 89 87 81 88
157 158 158 157 157 159 158 157 158 159 158 158 159 164 167 169 169 166 166 164 159 159 157 158 160 162 160 155 145 135 121 107 93 87 84 91
157 159 158 158 159 160 161 159 160 159 161 163 164 165 167 169 168 166 164 161 159 159 155 159 160 163 163 156 144 134 122 107 93 90 86 92
155 157 159 155 158 158 158 159 160 161 159 163 167 168 169 170 168 167 166 161 160 159 158 158 162 160 160 154 147 137 125 106 94 89 90 96
160 158 157 158 159 160 161 161 160 162 164 165 167 166 168 167 167 166 166 160 160 159 157 159 160 163 159 153 143 133 120 105 94 85 90 93
158 158 158 159 162 164 161 161 164 164 166 168 167 166 168 168 165 165 162 159 156 157 159 157 159 160 160 153 142 133 123 107 91 84 86 90
```

图 7-2　部分矩阵

分析图 7-2 可知：

(1)图片在计算机中是以矩阵的形式存储的，记这个像素矩阵为 $\boldsymbol{A}$；

(2)矩阵中的每一个元素代表着图片的像素值，取值范围是 0～255。

对于一幅 256×256 的灰度图，简单计算可知，需要占用 64KB 的存储空间。显然，随着图片数量的增加，存储图片将占据大量的计算机存储空间，这就带来一个问题：是否可以在允许图片有一定失真的条件下减少保存图片所需要的存储空间呢？下面利用奇异值分解的方法来尝试解决这个问题。

利用 Matlab 的 svd 函数可以很容易地计算出 Lena 矩阵的奇异值、酉矩阵和对角矩阵。

命令行：s = svd(double(Lena))'　　　　\\得到矩阵 Lena 的特征值

运行结果是一个 256×1 的列向量，即奇异值向量：

S=[32242,5300,4095,3241,2949,2783,2304,2058,1697,1597,1347,……,4,3,3,3,2,2,2,2,2,1,1,1,0,0]

通过奇异值向量可以看出：矩阵的奇异值按照从大到小的顺序排列；有 254 个非零奇异值；第一个奇异值远远大于其他奇异值。

我们知道，奇异值分解将矩阵分解成若干个秩一矩阵之和，用公式表示就是：

$$\boldsymbol{A}=\sigma_1\boldsymbol{u}_1\boldsymbol{v}_1^{\mathrm{T}}+\sigma_2\boldsymbol{u}_2\boldsymbol{v}_2^{\mathrm{T}}+\cdots+\sigma_r\boldsymbol{u}_r\boldsymbol{v}_r^{\mathrm{T}} \tag{7-1}$$

如果令 $\boldsymbol{A}=32242\boldsymbol{u}_1\boldsymbol{v}_1^{\mathrm{T}}$，只保留式(7-1)中等式右边第一项，然后作图(见图 7-3)。

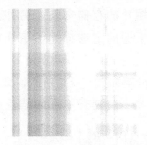

图 7-3　奇异值只取 1 个的情况下恢复出的图像

显然，复原图看不出任何信息。如果继续增加奇异值的数量到 10 个，即取前 10 个奇异值：

$$\begin{aligned}\boldsymbol{A}=&32242\boldsymbol{u}_1\boldsymbol{v}_1^{\mathrm{T}}+5300\boldsymbol{u}_2\boldsymbol{v}_2^{\mathrm{T}}+4095\boldsymbol{u}_3\boldsymbol{v}_3^{\mathrm{T}}+3241\boldsymbol{u}_4\boldsymbol{v}_4^{\mathrm{T}}+2949\boldsymbol{u}_5\boldsymbol{v}_5^{\mathrm{T}}+2783\boldsymbol{u}_6\boldsymbol{v}_6^{\mathrm{T}}+\\&2304\boldsymbol{u}_7\boldsymbol{v}_7^{\mathrm{T}}+2058\boldsymbol{u}_8\boldsymbol{v}_8^{\mathrm{T}}+1697\boldsymbol{u}_9\boldsymbol{v}_9^{\mathrm{T}}+1597\boldsymbol{u}_{10}\boldsymbol{v}_{10}^{\mathrm{T}}\end{aligned} \tag{7-2}$$

继续复原图片，得到图 7-4。

图 7-4 奇异值取 10 个的情况下恢复出的图像

尽管图片不是很清晰，但是能够依稀看出原图的大致轮廓。显然，随着奇异值数值的增大，图片也会越来越清晰。图 7-5 是取 30 个奇异值恢复出的图片。

图 7-5 奇异值取 30 个的情况下恢复出的图像

简单计算，当取前 30 个奇异值时，需要保存的元素个数为 30×(1+256+256)=15390，仅占原图存储空间的 23.49%。通过这个例子，我们采用奇异值分解的方法，在适当减少图片失真的条件下，大幅压缩了图片的存储空间。另外，可以看出：矩阵中隐含的重要信息可以通过奇异值表示出来。下面的定理描述了矩阵奇异值与其最佳低秩近似之间的关系。

定理 7.8 设矩阵 $\boldsymbol{A}$ 的奇异值分解如式(7-13)所示，即 $\boldsymbol{A}=\sigma_1\boldsymbol{u}_1\boldsymbol{v}_1^{\mathrm{T}}+\sigma_2\boldsymbol{u}_2\boldsymbol{v}_2^{\mathrm{T}}+\cdots+\sigma_r\boldsymbol{u}_r\boldsymbol{v}_r^{\mathrm{T}}$，如果记 $\boldsymbol{A}_k=\sigma_1\boldsymbol{u}_1\boldsymbol{v}_1^{\mathrm{T}}+\cdots+\sigma_k\boldsymbol{u}_k\boldsymbol{v}_k^{\mathrm{T}}$（$k<r$），则有下面的结论成立：

$$\min_{\operatorname{rank}(\boldsymbol{B})=k}\left\{\|\boldsymbol{A}-\boldsymbol{B}\|_2\right\}=\|\boldsymbol{A}-\boldsymbol{A}_k\|_2=\sigma_{k+1} \tag{7-15}$$

证明：首先，把矩阵 $\boldsymbol{A}$ 的奇异值分解写成矩阵的形式：

$$\boldsymbol{A}=\boldsymbol{U}\begin{pmatrix}\Sigma_r & 0\\ 0 & 0\end{pmatrix}\boldsymbol{V}^{\mathrm{T}} \tag{7-16}$$

这里，对角矩阵 $\Sigma_{k+1}=\operatorname{diag}(\sigma_1,\sigma_2,\cdots,\sigma_{k+1})$ $(0\leqslant k\leqslant r-1)$。把正交矩阵 $\boldsymbol{V}$ 对应的进行分块表示：$[\boldsymbol{V}_1,\boldsymbol{V}_2]$，这里 $\boldsymbol{V}_1\in R^{n\times(k+1)}$。

取任意的一个秩为 k 的矩阵 $\boldsymbol{B}$，根据线性代数的知识，可知：

$$\boldsymbol{N}(\boldsymbol{B}\boldsymbol{V}_1)\oplus\boldsymbol{R}((\boldsymbol{B}\boldsymbol{V}_1)^{\mathrm{T}})=R^{k+1} \tag{7-17}$$

进一步可以得到如下结论成立：

$$\begin{aligned}\dim(\boldsymbol{R}((\boldsymbol{B}\boldsymbol{V}_1)^{\mathrm{T}}))&=\operatorname{rank}((\boldsymbol{B}\boldsymbol{V}_1)^{\mathrm{T}})\\&=\operatorname{rank}(\boldsymbol{B}\boldsymbol{V}_1)\leqslant\operatorname{rank}(\boldsymbol{B})=k\end{aligned} \tag{7-18}$$

将式(7-18)和式(7-17)结合，可得矩阵 $\boldsymbol{B}\boldsymbol{V}_1$ 的零空间的维数：

$$\dim(\boldsymbol{N}(\boldsymbol{B}\boldsymbol{V}_1))=k+1-\operatorname{rank}(\boldsymbol{B}\boldsymbol{V}_1)\geqslant 1 \tag{7-19}$$

进而存在非零向量 $\boldsymbol{x}\in\boldsymbol{N}(\boldsymbol{B}\boldsymbol{V}_1)$, $\|\boldsymbol{x}\|_2=1$，使得 $\boldsymbol{B}\boldsymbol{V}_1\boldsymbol{x}=0$，利用矩阵 $\boldsymbol{V}_1$ 的正交性，得到：

$$\begin{aligned}\|V_1x\|_2^2 &= (V_1x)^{\mathrm T}V_1x = x^{\mathrm T}V_1^{\mathrm T}V_1x \\ &= x^{\mathrm T}x = \|x\|_2 = 1\end{aligned} \tag{7-20}$$

代入到式(7-16)中，得到：

$$\begin{aligned}AV_1x &= U\begin{pmatrix}\Sigma_r & 0\\ 0 & 0\end{pmatrix}V^{\mathrm T}V_1x = U\begin{pmatrix}\Sigma_r & 0\\ 0 & 0\end{pmatrix}\cdot\begin{pmatrix}V_1^{\mathrm T}\\ V_2^{\mathrm T}\end{pmatrix}\cdot V_1x \\ &= U\begin{pmatrix}\Sigma_r & 0\\ 0 & 0\end{pmatrix}\cdot\begin{pmatrix}I_{k+1}\\ 0\end{pmatrix}\cdot x = U\cdot\begin{pmatrix}\Sigma_{k+1}\cdot x\\ 0\end{pmatrix}\end{aligned} \tag{7-21}$$

利用算子范数的定义：$\|A-B\|_2 = \max\limits_{\|y\|_2=1}\left\{\|(A-B)y\|_2\right\}$，根据 $BV_1x=0$，可得下式成立：

$$\|A-B\|_2^2 \geqslant \|(A-B)V_1x\|_2^2 = \|AV_1x\|_2^2 \tag{7-22}$$

把式(7-21)代入到式(7-22)中，利用矩阵范数的酉不变性，继续计算，可得：

$$\begin{aligned}\|A-B\|_2^2 &\geqslant \|(A-B)V_1x\|_2^2 \\ &= \|AV_1x\|_2^2 = \|\Sigma_{k+1}x\|_2^2\end{aligned} \tag{7-23}$$

根据矩阵 Σ_{k+1} 的定义，继续计算，可得：

$$\|A-B\|_2^2 \geqslant \|\Sigma_{k+1}x\|_2^2 = \sum_{i=1}^{k+1}\sigma_i^2x_i^2 \tag{7-24}$$

根据奇异值的排列顺序，可得

$$\|A-B\|_2^2 \geqslant \sum_{i=1}^{k+1}\sigma_i^2x_i^2 \geqslant \sigma_{k+1}^2\sum_{i=1}^{k+1}x_i^2 = \sigma_{k+1}^2$$

当 $B = A_k = \sigma_1u_1v_1^{\mathrm T} + \cdots + \sigma_ku_kv_k^{\mathrm T}$ 时：

$$A-B = A-A_k = \sigma_{k+1}u_{k+1}v_{k+1}^{\mathrm T} + \cdots + \sigma_ru_rv_r^{\mathrm T}$$

所以 $\|A-B\|_2^2 = \sigma_{k+1}^2$，即 $\|A-B\|_2 = \sigma_{k+1}$。

证毕。

上述定理说明，矩阵最好的秩 k 近似就是矩阵 A_k。下面通过一个例子来说明最好的秩 1 近似。

例 7.1　设矩阵 $A=\begin{pmatrix}1 & 4\\ 5 & 2\end{pmatrix}$，简单计算可知，第一个奇异值 $\sigma_1 \approx 6.1$，对应的左、右奇异值向量分别为 $u_1 \approx \begin{pmatrix}0.54\\ 0.84\end{pmatrix}$，$v_1 \approx \begin{pmatrix}0.78\\ 0.63\end{pmatrix}$，则 $\sigma_1u_1 \approx A\cdot v_1$。进一步，令：

$$\tilde{A} = \sigma_1u_1v_1^{\mathrm T} \approx \begin{pmatrix}2.56 & 2.07\\ 4.0 & 3.23\end{pmatrix}$$

计算 $\boldsymbol{A}-\tilde{\boldsymbol{A}}\approx\begin{pmatrix}-1.56 & 1.93\\ 1.00 & -1.23\end{pmatrix}$，则：

$$\left\|\boldsymbol{A}-\tilde{\boldsymbol{A}}\right\|_F^2\approx 1.56^2+1.93^2+1^2+1.23^2=8.7$$

而 $\left\|\boldsymbol{A}-\tilde{\boldsymbol{A}}\right\|_F^2=\left\|\boldsymbol{A}\right\|_F^2-\boldsymbol{\sigma}_1^2\approx 8.7$。

在图像处理和大数据分析中，由于数据矩阵的行(或列)向量之间存在非常强的相关性，即矩阵中的大部分行(或列)向量可以由少量的线性无关向量组线性表示，即低秩矩阵，所以低秩矩阵在实际中有着较为广泛的应用。

参 考 文 献

[1] 张凯院，徐仲，等. 矩阵论. 北京：科学出版社，2013.

[2] 方保镕，方保镕，周继东，李医民. 矩阵论(第 2 版). 北京：清华大学出版社，2013.

[3] 方保镕，周继东，李医民. 矩阵论千题习题详解. 北京：清华大学出版社，2015.

[4] 赵礼峰. 矩阵论学习指导. 南京：东南大学出版社，2016.

[5] 张贤达. 矩阵分析与应用(第 2 版). 北京：清华大学出版社, 2013.

[6] Roger A. Horn[美]，Charles R. Johnson[美]. 矩阵分析(原书第 2 版). 张明尧，张凡，译. 北京：机械工业出版社，2014.

[7] 甘特马赫尔[俄]. 矩阵论(上、下). 柯召，郑元禄，译. 哈尔滨：哈尔滨工业大学出版社，2013.

[8] 徐树方，钱江. 矩阵计算六讲. 北京：高等教育出版社，2011.

[9] 李乔，张晓东. 矩阵论十讲. 长沙：中国科学技术大学出版社，2015.

[10] 张跃辉. 矩阵理论与应用. 北京：科学出版社，2011.

[11] 吴昌悫，刘向丽，尤彦玲. 矩阵理论与方法(第 2 版). 北京：电子工业出版社，2013.

[12] 丘维声. 大学高等代数课程创新教材：高等代数(上、下册). 北京：清华大学出版社，2010.

[13] 丘维声. 全国首届高等国家级教学名师倾力打造：高等代数(学习指导书上、下册). 北京：清华大学出版社，2005.

[14] 王利广，李本星. 高等代数中的典型问题与方法. 北京：机械工业出版社，2016.

[15] 王正盛. 矩阵论引论(*introduction to matrix theory*)(英文版). 北京：科学出版社，2015.

反侵权盗版声明

电子工业出版社依法对本作品享有专有出版权。任何未经权利人书面许可，复制、销售或通过信息网络传播本作品的行为；歪曲、篡改、剽窃本作品的行为，均违反《中华人民共和国著作权法》，其行为人应承担相应的民事责任和行政责任，构成犯罪的，将被依法追究刑事责任。

为了维护市场秩序，保护权利人的合法权益，我社将依法查处和打击侵权盗版的单位和个人。欢迎社会各界人士积极举报侵权盗版行为，本社将奖励举报有功人员，并保证举报人的信息不被泄露。

举报电话：（010）88254396；（010）88258888
传　　真：（010）88254397
E-mail：　dbqq@phei.com.cn
通信地址：北京市海淀区万寿路 173 信箱
　　　　　电子工业出版社总编办公室
邮　　编：100036